高等学校计算机专业系列教材

编译方法导论

史涯晴 贺汛 编著

Introduction
to Compiler Methods

机械工业出版社
China Machine Press

图书在版编目（CIP）数据

编译方法导论 / 史涯晴，贺汛编著 . -- 北京：机械工业出版社，2021.2（2021.9 重印）
（高等学校计算机专业系列教材）
ISBN 978-7-111-67421-4

Ⅰ.①编… Ⅱ.①史… ②贺… Ⅲ.①编译程序 - 程序设计 - 高等学校 - 教材 Ⅳ.① TP314

中国版本图书馆 CIP 数据核字（2021）第 030839 号

　　本书介绍了程序设计语言的编译程序的构造过程、原理和方法，主要内容包含编译概述、基本知识、词法分析、语法分析、语义分析、中间代码生成、运行时存储空间的组织、代码优化和目标代码生成。

　　本书强调抽象思维能力的培养，注重问题的抽象描述和分析思路，内容通俗易懂、循序渐进。每章精心设置了练习，便于学生及时复习、巩固章节知识。书中介绍了词法分析程序、语法分析程序等的构造，并给出了常用的有关词法分析、语法分析的自动生成工具。

　　本书适合作为高等院校计算机专业本科生教材，亦可供准备参加硕士研究生入学考试的考生及从事计算机应用和软件开发工作的工程技术人员参考。

出版发行：机械工业出版社（北京市西城区百万庄大街 22 号　邮政编码：100037）
责任编辑：姚　蕾　张梦玲　　　　　　　　　　责任校对：马荣敏
印　　刷：北京建宏印刷有限公司　　　　　　　版　　次：2021 年 9 月第 1 版第 2 次印刷
开　　本：185mm×260mm　1/16　　　　　　　印　　张：15.5
书　　号：ISBN 978-7-111-67421-4　　　　　　定　　价：59.00 元

客服电话：（010）88361066　88379833　68326294　　　投稿热线：（010）88379604
华章网站：www.hzbook.com　　　　　　　　　　　　　读者信箱：hzjsj@hzbook.com

前　言

　　编译原理是计算机专业开设的一门重要的专业课程，旨在介绍程序设计语言的编译程序的构造过程、原理和方法。从教学角度来说，编译原理与程序设计基础、离散数学和数据结构等课程联系紧密，它作为后几门课程的综合应用，能够对相关课程内容的深入理解和巩固发挥良好的作用。从技术角度来说，程序设计语言的编译过程涉及的理论与技术有利于更好地形成计算机软件到硬件乃至软硬件协同的概念，也适用于各种系统软件、应用软件的设计和实现。从思维角度来说，编译原理涉及的形式语言理论和自动机理论建立了一种对问题进行抽象、描述和识别，进而从本质上认识、分析和解决问题的思维方法，对工科学生和技术人员抽象思维能力的培养有积极的意义。本书适合作为高等院校计算机专业本科生教材，亦可供准备参加硕士研究生入学考试的考生及从事计算机应用和软件开发工作的工程技术人员参考。

　　编译原理相关理论的专业性强，内容抽象、难理解，因此本书在编写过程中始终坚持以通俗易懂的语言表达实现对学生抽象思维能力的培养。本书在阐释编译各阶段涉及的原理、方法和技术的过程中，对算法的思想、设计过程和具体内容均给出了详细的说明，引导读者设身处地，一步一步地体会其分析和实现过程，整个过程强调问题的抽象描述和分析思路。在厘清、弄透算法知识的同时，提升读者分析问题、解决问题的能力。

　　全书共 10 章。第 1 章简单介绍编译的基本概念、过程和编译程序的生成，并对形式语言和文法的相关知识进行说明。从第 2 章开始，按编译的过程逐一介绍编译各阶段的任务、原理和基本实现技术，包括词法分析、语法分析、语义分析、中间代码生成、运行时存储空间的组织、代码优化、目标代码生成等内容。

　　为帮助读者巩固知识点，把握重点和难点，掌握解题方法，本书在每章最后都给出了精选的习题。书中的例题和习题均以 C 语言为背景，算法也以 C 语言的格式给出，从而做到了与程序设计基础、数据结构等先修课程的较好融合。

　　后续将出版与本书配套的学习辅导和实验用书，为本书的每一章配套内容矩阵、例题分析和练习测试。实验包括独立的局部算法实验和综合实验。

　　本书第 1～5 章由史涯晴独自编写，第 6～10 章由贺汛、史涯晴共同编写。由于编者水平有限，书中难免存在不当和疏漏之处，敬请广大读者批评指正。

编　者

2020 年 5 月 26 日于南京

教 学 建 议

教学章节	教学要求	建议课时
第1章 引论	• 了解什么是编译程序 • 掌握编译的一般过程 • 掌握编译程序的典型结构 • 了解编译程序的自展技术和构造工具 • 掌握形式语言的概念和定义方法 • 掌握文法的形式定义和表示方法，以及与文法相关的一些概念 • 掌握文法的分类及其意义，了解文法的化简方法	4
第2章 词法分析	• 掌握词法分析程序的任务及其设计方法 • 掌握单词的描述工具，即正规文法、正规式 • 了解有穷自动机的处理对象 • 掌握 FA 的概念及分类，掌握 NFA 转换成等价 DFA 的方法，掌握 DFA 的化简方法 • 建立正规式、正规文法和 FA 等价的概念，掌握正规式与 FA、正规文法 与 FA 的相互转换方法 • 掌握词法分析程序的构造技术 • 了解词法分析程序的自动生成工具 LEX	6
第3章 自顶向下的语法分析法	• 掌握自顶向下分析法 • 了解自顶向下分析法中重点需要解决的问题 • 掌握左递归与回溯的消除方法 • 掌握 LL(1) 文法 • 掌握递归下降分析程序、预测分析程序的设计与实现	4
第4章 自底向上的语法分析法	• 掌握自底向上分析法 • 了解自底向上分析法中重点需要解决的问题 • 掌握句柄的定义与识别方法 • 掌握简单优先分析法 • 掌握算符优先分析法	4
第5章 LR 分析法	• 掌握 LR 分析法 • 了解影响句柄的因素 • 掌握 LR(0) 分析器的工作过程 • 掌握 LR(0) 分析法、SLR(1) 分析法、LR(1) 分析法、LALR(1) 分析法在 分析表构造上的区别 • 了解语法分析程序的自动生成工具 YACC	6
第6章 语义分析	• 了解语义分析的任务和语义的描述方法 • 掌握语法制导的语义计算 • 了解符号表在编译过程中发挥的作用 • 了解符号表的内容 • 了解符号表的组织方式，包含总体组织、表项的组织和域的组织 • 了解如何对符号表进行管理，包含表的初始化、符号的登录和查找、表 的层次管理	2

（续）

教学章节	教学要求	建议课时
第 7 章 中间代码生成	• 了解语法制导翻译的任务，了解中间代码的形式 • 了解自底向上的语法制导翻译的思路和特点 • 了解几种简单语句的自底向上的语法制导翻译方法，包含说明语句、含简单变量的赋值语句、含数组元素的赋值语句、布尔表达式和控制语句等	2
第 8 章 运行时存储空间的组织	• 了解数据空间的不同使用方法和管理方法 • 掌握静态存储分配方法、动态存储分配方法 • 了解栈式存储分配的实现方法	2
第 9 章 代码优化	• 了解代码优化的目的及基本技术 • 掌握局部优化的方法，包含合并已知量、利用公共子表达式和消除无用赋值等 • 掌握循环优化的技术及其实现方法	2
第 10 章 目标代码生成	• 了解代码生成的目的，掌握各类四元式的翻译方法 • 了解寄存器的分配原则与算法 • 了解 DAG 的目标代码生成方法	4
建议总课时		36

说明：

计算机专业本科教学使用本教材时，建议课堂授课学时为 36，习题、答疑、复习等根据实际需要可增加 9～12 学时，实验另行安排学时，不同学校可以根据各自的教学要求和计划学时对教材内容进行取舍。

目　录

第1章 引　论

　　C、C++、Java 等高级语言之所以能以其独特的优势被广泛使用，原因在于有翻译程序的存在，这种翻译程序能将高级语言程序翻译成等价的计算机硬件能够执行的 0/1 代码指令。高级语言程序的翻译方式有两种——**编译**和**解释**。编译程序作为这种翻译程序之一，已成为现代计算机系统的基本组成部分。编译原理与技术涉及程序设计语言、形式语言与自动机理论、算法分析与设计、软件工程等诸多方面。通过对这些知识的学习，读者不仅能掌握基本理论与方法，还将得到分析与解决问题的方法和能力的训练，并极大地提高逻辑思维和抽象思维能力。

　　本章将在说明编译程序与程序设计语言之间关系的基础上，简单叙述编译的过程及编译程序的结构，并介绍编译过程中涉及的形式语言和文法的基本知识。

1.1　编译概述

　　编译就是将高级语言程序翻译成另一种语言的等价程序，其中高级语言程序称为源程序，翻译生成的等价程序称为目标程序，完成编译任务的程序称为编译程序，简称编译器。编译器的重要任务之一是报告在翻译过程中发现的源程序内的错误。源程序、目标程序和编译程序的关系如图 1-1 所示。目标程序可以是机器语言程序，但更常见的是汇编语言程序。

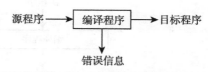

图 1-1　源程序、目标程序和编译程序的关系

　　编译的原理和技术不仅仅用于构造编译程序，而且还具有一定的普遍意义，大多数软件工具的开发都要用到编译的技术和方法，甚至在一些看似与语言翻译毫不相关的场合，也常常用到编译技术。

1. 语言的结构化编辑器

　　结构化编辑器是一个程序设计工具，它引导程序员在语言的语法制导下进行编程，可以自动地提供关键字和与之匹配的关键字。例如，程序员键入了"if"，编辑器就会自动提供后续应有的"then""else"，键入了左括号"("，编辑器就会自动给出与之配对的右括号")"，这样既减少了程序员的录入工作，又降低了出现语法错误的概率。

2. 查询解释器

　　熟悉数据库的人都知道，查询是数据库的一大操作，很多数据库应用系统都提供谓词查询：只要给出含有关系运算和逻辑运算的谓词，就可以在数据库中找到满足该谓词的记录。这种谓词查询的实现依赖于查询解释器，查询解释器的功能就是将谓词翻译成数据库命令，从而实现查询，这种翻译的实现也是编译技术的一种应用。

3. 硅编译器

硅编译器实际上是一个电路设计程序，其输入也是一个源程序，这种源程序使用的语言类似于高级程序设计语言，但其中使用的变量不代表内存地址，而是开关电路中的逻辑符号（0或1）或逻辑符号组，其输出则是一个用某种适当的语言书写的电路设计。从本质上看，硅编译器的功能也是从一个源程序翻译生成另一种语言书写的程序，这与高级语言编译程序的功能是一致的，所以其中也使用了大量的编译技术。

1.2 编译的过程

1.2.1 高级语言程序的处理过程

要创建一个可执行的目标程序，除了编译程序以外还需要一些其他程序，高级语言程序的处理过程如图 1-2 所示。

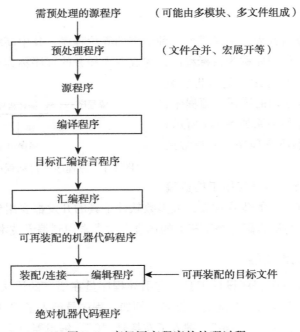

图 1-2 高级语言程序的处理过程

（1）预处理

一个高级语言程序可以是多模块的，由若干个文件组成，可以含有宏指令，这样的程序应先进行文件的合并和宏展开才能形成完整的源程序，这一工作一般由预处理程序完成。

（2）编译

形成完整的源程序后，由编译程序对其进行编译。在编译过程中，编译程序若发现错误便进行报告，一般会给出错误的个数、错误所在的行、错误的编号及错误的具体描述等信息，程序员可以根据这些信息重新修改、编辑源程序，然后再次编译。如果编译程序未发现错误，即编译成功，那么生成目标代码程序。

（3）汇编

编译生成的目标程序可以是机器代码程序，但更常见的是汇编语言程序，如果是汇编语言程序，则还要把它交给汇编程序进行汇编，从而生成机器代码程序。

（4）装配/连接

汇编生成的机器代码程序一般是可再装配的，要用装配/连接程序将其与一些可再装配的目标文件（如库函数等）连接起来，这样最终才能生成可执行的绝对机器代码程序。

由此可见，编译程序的存在使得程序员能够使用高级语言轻松地进行编程，而不必考虑与计算机硬件有关的很多烦琐细节，从而使程序独立于机器。

每一种高级语言都有相应的编译程序，所以一个计算机系统一般含有多个不同程序设计语言的编译程序。

1.2.2　编译的过程

编译程序的工作过程是比较复杂的，一般划分成若干阶段进行。每个阶段以源程序的一种表示形式作为输入，对其进行一定的分析和翻译，并将其转换成另一种表示形式来输出，以作为下一阶段的输入，完成进一步的翻译工作。编译过程各阶段的典型划分如图1-3所示。

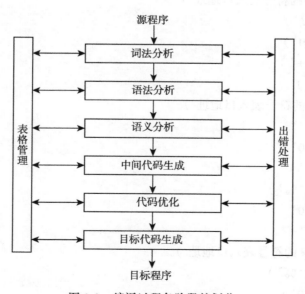

图1-3　编译过程各阶段的划分

（1）词法分析

词法分析阶段完成的主要任务是，从左到右扫描源程序，逐一读入构成源程序的字符流，识别出其中的一个个单词，识别出的单词称为**单词符号**，也简称为符号。词法分析阶段识别出的单词将作为编译的第二阶段语法分析的输入，由语法分析程序做进一步的分析。

单词是高级语言程序中有实际意义的最小语法单位，单词由字符构成。每种高级语言都规定了一个字符集，单词可以是字符集中的单个字符，如 C 语言中的"+""*""="等，也可以由字符集中的字符按一定的规则组合而成，如 C 语言中的自增符号"++"、保留字"int""while"，以及标识符"average""x1""sum"等，而程序就是由这样的单词构成的。单词的构成规则称为**词法规则**或**构词法**，是识别单词的依据。词法分析就是要把组成源程序的单词按顺序一一识别出来。

单词识别出来后，编译程序要将其转换成一种格式统一的、比较便于机器处理的内码形式，如二元式，其中指出了单词的种别和自身值。种别通常表示为语法分析使用的抽象符号，而自身值则通常指向符号表中关于这个词法单元的条目，该条目信息会被语义分析和代码生成使用。

【**例 1-1**】从 C 语言的语句

$$y=x/100+(x/10)\%10+x\%10;$$

识别出的单词的二元式序列为（假设关键字为一符一码，界符、标识符、常量和运算符均为一类一码）：

1）（标识符，y 的符号表入口地址 ）

2）（运算符，'='）

3）（标识符，x 的符号表入口地址 ）

4）（运算符，'/'）

5）（常量，'100'）

6）（运算符，'+'）

7）（界符，'('）

8）（标识符，x 的符号表入口地址 ）

9）（运算符，'/'）

10）（常量，'10'）

11）（界符，')'）

12）（运算符，'%'）

13）（常量，'10'）

14）（运算符，'+'）

15）（标识符，x 的符号表入口地址 ）

16）（运算符，'%'）

17）（常量，'10'）

18)(界符，';')

（2）语法分析

语法分析阶段完成的任务是"组词成句"，即根据词法分析阶段识别出的单词分析出组成源程序的各类语法单位，并指出其中的语法错误。语法分析的方法分为自顶向下和自底向上两大类。源程序的单词构成了各种语法单位，如表达式、语句乃至整个程序，每种语言都规定了各种语法单位的构成规则，这种规则称为**语法规则**。语法分析就是按语法规则来分析源程序（单词序列）是否构成了正确的语法单位。一个语言的词法规则和语法规则定义了一个程序的形式结构。

例如，符号串

$$z=a*6\%x-y$$

在 C 语言中是一个赋值语句，语法分析的任务就是要分析出该符号串的开头是一个变量（z），然后是一个赋值号（=），接下来分析出"z=a*6%x-y"是一个语法结构正确的算术表达式，从而分析出这样的一个符号串构成了 C 语言的一个正确的语法单位——赋值语句。

语法单位的表示一般采用语法树的形式。如赋值语句"z=a*6%x-y"表示成的语法树如图 1-4 所示。

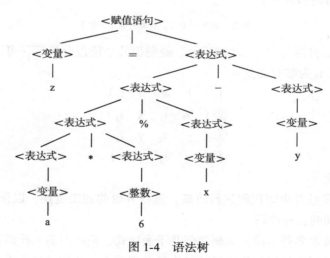

图 1-4　语法树

（3）语义分析

语义分析阶段完成的任务是在语法分析阶段识别出正确的语法单位后，进一步对其语义进行分析，分析出该语法单位具体的动作意义，即要干什么，进而进行初步的翻译，生成与源程序等价的中间代码程序。语义由**语义规则**给出，语义规则定义了一个程序所表示的实际意义。

语义分析常用的是语法制导的语义计算，这种语义计算使用一种工具（即属性文法）对语义进行说明或描述。一个属性文法就是一个上下文无关文法再加上一系列的语义规则。在属性文法基础上可以通过遍历语法树进行语义计算。

【例 1-2】表达式的属性文法如表 1-1 所示。

表 1-1　表达式的属性文法

产生式	语义规则
$S' \rightarrow E$	{ print(E.val) }
$E \rightarrow E^1 + T$	{ E.val =E^1.val+T.val }
$E \rightarrow T$	{ E.val =T.val }
$T \rightarrow T^1 * F$	{ T.val =T^1.val*F.val }
$T \rightarrow F$	{ T.val =F.val }
$F \rightarrow (E)$	{ F.val =E.val }
$F \rightarrow i$	{ F.val =i.lexval }

（4）中间代码生成

将源程序直接翻译成目标代码是一项复杂的工作，为了降低翻译工作的难度，编译程序采用了一种中间代码，也称为中间语言。在编译时，翻译工作将分两步进行——先把源程序翻译成等价的中间代码程序，再把中间代码程序翻译成目标代码程序。这样做还有另一个好处，就是便于进行代码优化。

显然，中间代码的指令应该结构简单、含义明确，易于实现源程序→中间代码→目标代码三者之间的转换。中间代码的形式有多种，常用的有逆波兰式、三元式、四元式等。如四元式代码的形式如下：

（运算符，运算对象 1，运算对象 2，结果）

【例 1-3】C 语言语句"z=a*6%x-y"经前面几个阶段分析后，可以翻译成以下四元式序列（t_1、t_2、t_3 为临时变量）：

①（　*　　a　　6　　t_1）
②（　%　　t_1　　x　　t_2）
③（　-　　t_2　　y　　t_3）
④（　=　　t_3　　_　　z）

（5）代码优化

代码优化阶段是对中间代码进行改造，进行等价的加工变换，以便生成更为有效、更节省时间和空间的目标代码。

代码优化的技术多种多样，如删除公共子表达式、强度削弱、代码外提、合并已知量等。不同的编译器在代码优化阶段的工作量差别很大，比如"优化编译器"会在代码优化阶段做大量的工作，消耗相当多的时间；而某些简单的优化方法则能够在提高目标程序运行效率的同时保证编译速度。需要指出的是，这一阶段并不是编译程序所必需的，不优化而直接进入下一阶段（目标代码生成）也是可以的，但有了这一阶段可以使生成的目标代码更为有效。

【例 1-4】例 1-3 中的语句"z=a*6%x-y"的四元式序列可改造成：

①（　*　　a　　6　　t_1）
②（　%　　t_1　　x　　t_2）
③（　-　　t_2　　y　　z）

显然，指令数减少了，同时也少用了一个临时变量，从而使代码效率得到了提高。

（6）目标代码生成

目标代码生成是编译过程的最后一个阶段，其任务是将中间代码程序变换成等价的目标代码程序，从而完成最终的翻译。目标代码可以是特定机器上的绝对指令代码，也可以是可重定位的指令代码或汇编指令代码等低级语言代码。这一阶段的任务的完成与计算机硬件系统的结构、目标指令的选择、变量存储空间的分配、寄存器和后缓寄存器的调度等均有关系。

（7）表格管理和出错处理

编译过程划分为以上六个阶段，为了完成这些工作，编译程序还要建立并使用一些表格，用以记录各种信息，而这些信息是在编译过程的各个阶段被陆续发现并录入表格的，在编译过程各阶段的分析和翻译中都需要用到这些表格，因而表格管理涉及编译过程的每个阶段。另外，若在编译过程中发现源程序有错误，就应进行出错处理。出错处理的具体方法可以是报错、纠错等。在编译过程的各个阶段都有可能发现源程序中的错误，所以出错处理也遍布编译过程的每个阶段。

以上介绍的是编译过程的典型处理模式，但事实上，并非所有的编译过程都有这些阶段，有些编译程序可能不生成中间代码，也有些编译程序可能不进行代码优化。对于编译的这六个阶段，通常划分成两大部分，前三个阶段为一部分，称为**分析部分**，后三个阶段为另一部分，称为**综合部分**。

1.3　编译程序的生成

1.3.1　编译程序的组合方式

如果编译过程各个阶段的工作用相应的程序模块完成，那么，这些模块组合到一起就构成了完整的编译程序。在实际组织编译程序时，一般要将各阶段的工作进行一定的组合，常见的组合方式有两种——"前后端"组合方式和"按遍"组合方式。

（1）前后端组合方式

一种高级语言若要在不同的机器上运行，因为目标机器不同，所以需要构造不同的编译程序；反之，不同的高级语言在同一机器上运行，也需要构造不同的编译程序。因此需要构造大量的编译程序，而构造编译程序的工作量是很大的。

将那些主要依赖于源语言而与目标机器无关的工作组合到一起，构成**前端程序**，这些工作可以包括词法分析、语法分析、语义分析、中间代码生成、某些与目标机器无关的代码优化，以及此间的表格管理和出错处理等。将那些与源语言无关、只与中间代码有关、主要依赖于目标机器的工作组合到一起，构成**后端程序**，这些工作可以包括某些与目标机器有关的代码优化、目标代码生成，以及相关的表格管理和出错处理等。

采用前后端组合的方式能较好地解决大量编译程序的构造问题，如下所示。

若一种高级语言要在不同的机器上运行，可构造一个前端程序，然后再为每种机器构造相应的后端程序，这样，一个前端程序配上该语言在不同机器上的后端程序就催生了该语言的多个编译程序（如图 1-5a 所示）。反之，若同一机器上要运行不同的高级语言，可以采用同样的中间代码分别构造每种高级语言的前端程序，然后再构造一个共同的后端程序，这样，不同语言的前端程序配上同一个后端程序就催生了该机器不同语言的编译程序（如图 1-5b 所示）。

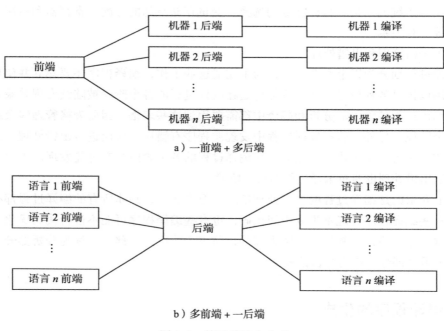

a）一前端 + 多后端

b）多前端 + 一后端

图 1-5　前后端组合方式

（2）"按遍"组合方式

"**遍**"是编译中的一个概念，对源程序或等价的中间语言程序从头到尾扫描，完成规定的任务，并生成新的中间结果或目标程序，这一过程称为一遍。在一遍中可以完成编译过程的一个或多个阶段的任务，例如仅完成词法分析，或同时完成词法分析和语法分析等，在一遍中甚至还可以完成整个编译。因此编译程序可以是一遍的，也可以是多遍的。编译程序若是多遍的，则上一遍的输出就是下一遍的输入。

如果按遍来进行组织，则应根据源语言的特征和机器的特征来决定编译程序究竟该划分成几遍。例如，某源语言规定变量的使用可发生在变量的说明之前，则编译时第一遍肯定不能为含有未说明变量的表达式生成代码，故这种语言的编译程序至少应划分为两遍。另外，编译程序的工作环境（机器）也会影响遍的划分。图 1-6 为 PDP-11 计算机上 C 语

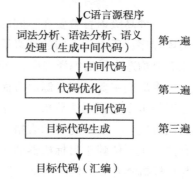

图 1-6　PDP-11 计算机上 C 语言编译程序结构

言的三遍扫描的编译程序结构。

1.3.2　编译程序的生成方式

如果要编译一种新的高级程序设计语言，或者要为一种源语言编译出一种新的目标语言，就需要构造一个新的编译程序。编译程序的构造考虑三个方面——输入、输出和编译方法。

（1）输入

编译程序的输入是源语言。源语言作为翻译的对象，程序员必须准确理解其结构、含义和用途，并将这些内容准确描述出来，这是构造编译程序的出发点。

（2）输出

编译程序的输出是目标语言。目标语言作为翻译的结果，翻译成什么样的目标语言决定了在翻译过程中应考虑的因素。如目标语言是汇编语言，则要弄清汇编语言程序的结构、指令系统等；若目标语言是机器语言，则要考虑的问题就多了，如要弄清机器的硬件系统结构、操作系统功能、存储分配方式、外设管理方式、文件管理方法等一系列问题。

（3）编译方法

编译方法就是将一种语言翻译成另一种语言的具体方法，这样的方法有很多，本书主要介绍这些方法。对于某一种具体语言而言，究竟采用哪种编译方法，应根据多种因素进行选择，如源语言的特性、目标语言的特性、对编译程序性能的要求（指编译程序本身的质量和标准，如编译的可靠性、速度、目标程序的运行速度和空间使用效率、程序的可移植性和可维护性等）、程序员的编程爱好和习惯等。

编译程序的生成方法一般来说有以下五种。

1. 机器语言编写

直接用机器语言编写编译程序。

这样做当然是可以的，但其编程的复杂程度、程序的难读程度也是可想而知的，所以这是一种不实用的方法。

2. 汇编语言编写

用汇编语言编写编译程序，之后通过汇编程序对其进行转化，从而生成可执行的编译程序。

这种用汇编语言编写的程序的难读难写程度相对于机器语言来说要好得多，但它对具体的硬件环境的依赖性较高，程序也过长，所以在实际使用中也不常用。但有些编译程序的核心部分常用汇编语言编写。

3. 其他高级语言编写

用高级语言编写编译程序是最方便的，也是目前最常用的一种方法。

例如某机器已有 A 语言的编译程序 C_A，现在要构造 B 语言的编译程序。这时可以用 A 语言编写 B 语言的编译源程序 CC_B，然后将 CC_B 交由 C_A 进行编译，结果就是生成了 B 语言的编译程序 C_B，如图 1-7 所示。

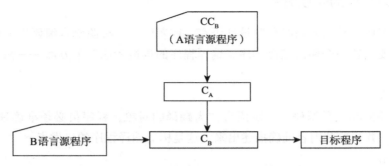

图 1-7　用 A 语言编写 B 语言的编译程序

4. 自展技术生成

20 世纪 60 年代起，人们开始使用自展技术来构造编译程序。所谓"自展"也称为"自编译"，就是用被编译的语言来书写该语言自身的编译程序。

"自展"似乎不好理解，具体来说是这样的：将源语言 L 分解成一个核心部分 L_0 和它的扩充部分 L_1，L_2，…，L_n，即 L_0 经过一次或多次扩充后就得到了完整的源语言 L。先对语言的核心部分 L_0 构造一个很小的编译程序 CL_0，该编译程序可用低级语言实现；然后再用 L_0 来编写能编译 L_1 的编译源程序，该源程序用 CL_0 来编译，从而得到能编译 L_1 的编译程序 CL_1；…；用 L_i 来编写能编译 L_{i+1} 的编译源程序，用 CL_i 编译，得到能编译 L_{i+1} 的编译程序 CL_{i+1}；…；如此滚雪球似地不断扩展下去，直到形成整个语言的编译程序（如图 1-8 所示）。PASCAL 语言的编译程序就是这样生成的。

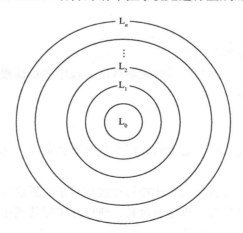

图 1-8　编译的自展技术

5. 编译工具自动生成

第一个编译程序——FORTRAN 语言的编译程序在 20 世纪 50 年代中期开发出来以

后，人们在欣喜于高级程序设计语言带来极大方便的同时，也认识到开发编译程序的工作过于复杂，于是便开始对编译的理论和技术进行研究，从而逐渐形成一套较为完整和成熟的理论与方法，还开发出编译程序的一些自动生成工具，并提出研制编译程序的编译程序——从任一语言的词法规则、语法规则、语义规则出发自动产生该语言的编译程序。现在已有多种自动生成工具，常用的有词法分析程序的生成系统 LEX、语法分析程序的生成系统 YACC 等。

1.4　基本知识

编译程序的任务是将某种程序设计语言的源程序翻译成等价的目标代码程序，要完成这样的翻译任务，首先要弄清翻译的对象究竟是什么，并将其描述清楚。程序设计语言从本质上说跟自然语言并无区别：由字符构成单词，由单词构成语句，由语句构成过程或函数（自然语言中为段落），由过程或函数构成程序（自然语言中为文章）。所以，程序设计语言仅仅是语言的一种而已。

1.4.1　形式语言

1. 什么是语言

通常人们理解的语言就是自然语言，如汉语、英语等；而对计算机从业人员来说，语言还意味着程序设计语言，如 C 语言、FORTRAN 语言、PASCAL 语言等。那么，语言究竟是什么呢？

20 世纪初，人们就开始了形式语言的研究，许多语言学家致力于用数学的方法研究自然语言的结构。1946 年电子计算机诞生以后，人们很快想到用计算机来对自然语言进行机械翻译。可这项工作在取得一些初步的成果后便停滞不前，翻译的质量很难提高，主要原因是当时人们对自然语言结构的理解太过表面化。1956 年，美国语言学家诺姆·乔姆斯基（Noam Chomsky）提出了用形式语言方法研究自然语言，并给出了语言的定义、语言描述的数学模型，从而逐渐形成了形式语言理论。

在形式语言理论中，对语言的概念是这样描述的：一种语言，就是一个集合，这个集合中的每一个元素都是一个**符号串**（也称为字，可以是空字），每个符号串中的符号都来自某个特定的符号集（称为**字母表**），并按一定的**规则**构成符号串。所以简单地说，一门语言就是符号串的一个集合。集合中的每个元素（符号串或字）称为该语言的一个**句子**。后面将会给出语言的形式定义。

对于程序设计语言，这种描述仍然适用：一种程序设计语言就是该语言所有程序的集合；每一种程序设计语言都有一个固定的符号集，称为该语言的字母表，用该语言编程必须使用其字母表中的符号；语言的每一个句子就是一个程序，反过来说，每一个程序就是一个可长可短的符号串；编程（即构造一个符号串）时必须遵循一定的规则，即语法规则，这些规则规定了程序的结构，包括程序、函数、过程的整体结构以及语句

（如赋值语句、if 语句等）的结构、单词（如标识符、常数）的结构等。

2. 符号串的相关概念和术语

由于语言是符号串的一个集合，因此在介绍语言的相关概念之前先介绍一些与符号、符号串有关的概念和术语。

（1）字母表

字母表是元素的非空有穷集合，其中的元素也称为符号，每种语言都必须有一个固定的、元素个数有限的字母表。习惯上用 V、Σ 或其他大写字母表示，例如 $V=\{0, 1\}$，$\Sigma=\{a, b, c, d, e\}$ 等。对于 C 程序设计语言而言，其字母表由基本字符（字母、数字、括号、专用字符 +、*……）、保留字（int、long、struct、static、typedef、if、sizeof……）等组成。

（2）符号串

字母表中的符号组成的任何有穷序列是符号串。例如，$\Sigma=\{0, 1\}$，则 010，0011，010001 均是 Σ 上的符号串。

关于符号串有以下相关术语。

1）**长度**：符号串中符号的个数。符号串 x 的长度表示为 $|x|$，其值是一个大于等于 0 的整数 m，即 $|x|=m$。

【例 1-5】

若字母表 $\Sigma=\{a, b, c, \cdots, z\}$，符号串 $x=$ "laugh"，则 $|x|=5$。

若字母表 $\Sigma=\{I, you, he, am, is, are, a, student\}$，符号串 $y=$ "I am a student"，空格分隔符不计算长度，则 $|y|=4$。

2）**空符号串**：无任何符号的串，简称为**空串**，用 ε 表示，显然 $|\varepsilon|=0$。

3）符号串的省略写法：

$$z=x\cdots \qquad 表示以 x 开头的符号串$$
$$z=\cdots x \qquad 表示以 x 结尾的符号串$$
$$z=\cdots x\cdots \qquad 表示含有 x 的符号串$$

（3）符号串的运算

1）**连接**：若 x、y 为两个符号串，则 x、y 的连接 xy 为一个新的符号串，该串的前面部分为 x，后面部分为 y。

显然以下等式成立：

$$|xy| = |x| + |y|$$
$$\varepsilon x = x\varepsilon = x$$

【例 1-6】若 $x=$ "home"，$y=$ "work"，则

$$|x| = 4$$
$$|y| = 4$$
$$xy = \text{"homework"}$$
$$|xy| = 4+4 = 8$$

2）**方幂**：若 x 为一符号串，则 x 的方幂就是 n 个 x 的自身连接，表示为 x^n，并规定 $x^0=\varepsilon$。

关于 x 的方幂有以下等式成立：

$$x^1=x, \quad x^2=xx, \quad x^3=xxx, \cdots$$

若 $n>0$，则有：

$$x^n=xx^{n-1}=x^{n-1}x$$

用 x^* 表示 x 的任意多次方幂（可以是 0 次），用 x^+ 表示 x 的任意非 0 次方幂。

【**例 1-7**】若 $x=$ "ab"，则

$$x^0=\varepsilon$$
$$x^1=\text{"ab"}$$
$$x^2=\text{"abab"}$$
$$x^3=\text{"ababab"}$$
$$\cdots$$

（4）符号串的集合

若集合 A 中的所有元素都是某字母表上的符号串，则称 A 为该字母表上的符号串集合。

关于符号串的集合有以下运算。

1）**乘积**：两符号串集 U、V 的乘积为

$$UV=\{\ \alpha\beta \mid \alpha \in U \wedge \beta \in V\}$$

对于集合的乘积有以下等式成立：

$$\{\varepsilon\}U = U\{\varepsilon\} = U$$
$$V^n = VV\cdots V \quad (n \text{ 个 } V)$$

规定：$V^0=\{\varepsilon\}$

$$V^*=V^0 \cup V^1 \cup V^2 \cup \cdots$$
$$V^+== V^1 \cup V^2 \cup \cdots$$

【**例 1-8**】若 $U=\{\ a,\ b\ \}$，$V=\{\ c,\ d\ \}$，则

$$UV=\{\ ac,\ ad,\ bc,\ bd\ \}$$

2）**闭包**：若指定字母表 Σ，则 Σ^* 表示 Σ 上的所有有穷长的符号串的集合，用方幂的形式可表示为：

$$\Sigma^*=\Sigma^0 \cup \Sigma^1 \cup \Sigma^2 \cup \cdots \cup \Sigma^n \cup \cdots$$

Σ^* 称为集合 Σ 的闭包。

$$\Sigma^+=\Sigma^1 \cup \Sigma^2 \cup \cdots \cup \Sigma^n \cup \cdots$$

Σ^+ 称为集合 Σ 的正闭包。

显然，以下等式成立：

$$\Sigma^*=\Sigma^0 \cup \Sigma^+ \qquad \Sigma^+=\Sigma\Sigma^*=\Sigma^*\Sigma$$

若符号串 x 是 Σ^* 的元素，可表示为 $x \in \Sigma^*$，否则 $x \notin \Sigma^*$。

3. 语言的定义方式

一种语言就是一个以句子（符号串）为元素的集合，元素的个数可以是有限的，也可以是无限的。如果语言的句子个数有限，则可以采用枚举的方法，将它的句子全部罗列出来，这样这种语言也就定义清楚了。如果语言的句子有很多，甚至是无穷多个，这样的语言又该如何定义呢？由于语言的句子是按一定规则组成的，因此可以把这些规则描述出来，只要一个符号串是按这些规则构成的，就说明它是这种语言的一个句子，这种描述规则称为文法规则，用这样的**一组文法规则定义**一种语言就是形式语言理论定义语言的方式。

【例 1-9】有以下一组用巴克斯 – 诺尔范式（BNF）表示的汉语文法规则：

$$< 句子 > ::= < 主语 >< 谓语 >$$
$$< 主语 > ::= < 代词 > | < 名词 >$$
$$< 谓语 > ::= < 动词 >< 宾语 >$$
$$< 宾语 > ::= < 代词 > | < 冠词 >< 名词 >$$
$$< 名词 > ::= student | computer | sister | English$$
$$< 代词 > ::= I | you | he$$
$$< 动词 > ::= am | is | are | have | study$$
$$< 冠词 > ::= a | an | the$$

那么，符号串"I am a student"是不是该语言的句子呢？可以用以下称为"推导"的方式来进行判断：

$$< 句子 > \Rightarrow < 主语 >< 谓语 >$$
$$\Rightarrow < 代词 >< 谓语 >$$
$$\Rightarrow I < 谓语 >$$
$$\Rightarrow I < 动词 >< 宾语 >$$
$$\Rightarrow I\ am < 宾语 >$$
$$\Rightarrow I\ am < 冠词 >< 名词 >$$
$$\Rightarrow I\ am\ a < 名词 >$$
$$\Rightarrow I\ am\ a\ student$$

由此说明这个符号串是该语言的一个合法的句子。

从此例可以看出，文法规则的作用有以下两点：

1）严格定义了一种语言的句子的结构；

2）用适当条数的规则描述了一种语言的全部句子。

1.4.2   文法

1. 文法的形式定义

文法是用有限条规则来展现语言句子结构的形式语言工具。

（1）终结符

终结符是语言中不可分割的符号串，是组成句子的最基本的单位，如前面例子中的 I、am、computer。一种语言允许使用的所有终结符组成的集合称为终结符集，用 V_T 表示。

（2）非终结符

非终结符是表示语言中的语法单位的符号，常用尖括号"< >"括起，如<句子>、<谓语>等。一个非终结符一般可以推导出终结符串。一种语言可以使用的所有非终结符组成的集合称为非终结符集，用 V_N 表示。

（3）规则

规则也称为重写规则、产生式或生成式，是两个符号串的有序对，形如 $\alpha \to \beta$ 或 $\alpha ::= \beta$ 或 (α, β)，其中 α 为某字母表 V 的正闭包 V^+ 中的一个符号串，β 为 V^* 中的一个符号串，α 称为规则的左部，β 称为规则的右部，"$\to$""$::=$"可读作"产生"或"定义为"。

（4）文法

定义 1-1：一个文法 G 由四个部分组成，可表示成四元组 (V_N, V_T, S, P)，其中 V_N、V_T 均为非空有穷集，V_N 为非终结符集，V_T 为终结符集，V_N、V_T 不含公共元素，即 $V_N \cap V_T = \varnothing$；$S$ 称为识别符号或开始符号，$S \in V_N$，且至少在一条规则中作为左部出现；P 为规则（产生式）的集合。

通常，用 V 表示 $V_N \cup V_T$，V 称为文法 G 的字母表或词汇表。

【例 1-10】文法 $G_1 = (V_N, V_T, S, P)$，其中，

$$V_N = \{S\}$$
$$V_T = \{0, 1\}$$
$$开始符号是 S$$
$$P = \{S \to 0S1, S \to 01\}$$

完整地给出文法的四元组比较麻烦，所以常采用简化的方法来表示文法——只写出规则（产生式），且第一条规则的左部是开始符号，其中用"< >"括起的或大写字母表示非终结符，不用"< >"括起的或小写字母表示终结符。文法 G 也常写成 $G[S]$，方括号中的 S 为开始符号。左部相同的产生式可合并，用"|"表示"或"。

例 1-10 的文法也可写成以下形式：

$$G_1:\ S \to 0S1$$
$$S \to 01$$

或

$$G_1[S]:\ S \to 0S1$$
$$S \to 01$$

或

$$G_1:\ S \to 0S1 \mid 01$$

【例 1-11】包含例 1-9 的汉语文法规则的文法 $G = (V_N, V_T, S, P)$ 为：

$V_N = \{$<句子>, <主语>, <谓语>, <宾语>, <名词>, <代词>, <动词>, <冠词>$\}$

$V_T = \{$ student, computer, sister, English, I, you, he , am, is, are, have, study, a, an，the }

    开始符号是 < 句子 >

    P={

        < 句子 > :: = < 主语 >< 谓语 >

        < 主语 > :: = < 代词 > | < 名词 >

        < 谓语 > :: = < 动词 >< 宾语 >

        < 宾语 > :: = < 代词 > | < 冠词 >< 名词 >

        < 名词 > :: = student | computer | sister | English

        < 代词 > :: = I | you | he

        < 动词 > :: = am | is | are | have | study

        < 冠词 > :: = a | an | the

        }

    注意：符号 "→" ":: =" "<" ">" "|" 是用来描述文法的，不能与文法中的终结符、非终结符相混淆。

2. 文法的表示方法

（1）BNF 表示法

BNF 即巴克斯 – 诺尔范式（也简称为巴克斯范式），采用 "→或 :: =" "<" ">" "|" 4 个符号来描述文法，这 4 个符号称为**元符号**，前面对文法的描述采用的都是 BNF 表示法。这种表示法由 1977 年图灵奖获得者、美国计算机科学家约翰·巴克斯（John Warner Backus）和 2005 年图灵奖获得者、丹麦籍计算机科学家彼得·诺尔（Peter Naur）首先提出，用于描述程序设计语言 LAGOL 60，此后人们发现这种表示方法与形式语言理论中上下文无关文法极其类似，从而使得形式语言理论进入程序设计语言的研究领域并得到了广泛应用，这也极大地推动了形式语言理论本身的研究，使它发展成为计算机科学领域的一个重要分支，对程序设计语言的设计和编译理论与方法的研究起到了重大的作用，现在多数程序设计语言的定义均使用 BNF，本书介绍的文法也主要采用这种表示方法。

（2）扩展的 BNF 表示法

这种表示法是对 BNF 进行扩充，在产生式的描述中增加了以下三对元符号：

1）"{ }"：$\{t\}_n^m$ 表示符号串 t 的多次重复，n 为重复的最小次数，m 为重复的最大次数，省略 n、m 的 $\{t\}$ 表示 t 可以重复 0 到任意多次。

【例 1-12】FORTRAN 语言中对标识符的规定是以字母开头、长度小于等于 8 的字母数字串，则标识符的规则可以描述为：

$$< 字母 > → < 字母 >\{< 字母 >|< 数字 >\}_0^7$$

2）"( )"：用于提取产生式的公共因子，从而简化产生式。

若有文法规则

$$A \rightarrow x\alpha_1 \mid x\alpha_2 \mid \cdots \mid x\alpha_n$$

则可以将 x 提取出来，表示为

$$A \rightarrow x(\alpha_1 \mid \alpha_2 \mid \cdots \mid \alpha_n)$$

【例 1-13】 文法规则

$$S \rightarrow 0S1 \mid 01$$

可以简化为

$$S \rightarrow 0(S1 \mid 1) \quad 或 \quad S \rightarrow (0S \mid 0)1 \quad 或 \quad S \rightarrow 0(S \mid \varepsilon)1$$

3）"[ ]"：[t] 表示符号串 t 可选（即可有可无）。

【例 1-14】 C 语言条件语句的文法规则表示如下：

BNF 表示：

```
<条件语句>→if  (<条件>) <语句>;
         | if  (<条件>) <语句>; else <语句>;
```

扩展 BNF 表示：

```
<条件语句>→if  (<条件>) <语句>; [else <语句>;]
```

（3）语法图表示法

语法图表示法用图形来表示 BNF 或扩展的 BNF，这种方法比较直观和形象。

在这种表示方法中，文法的一条规则为一个图，每个图有一个起点和一个终点，其余结点表示终结符或非终结符，方形结点为非终结符，圆形结点为终结符，带箭头的线表示路径，从起点穿过若干结点到达终点的所有可能路径就描述了该条规则。

【例 1-15】 C 语言条件语句的语法图表示如图 1-9 所示。

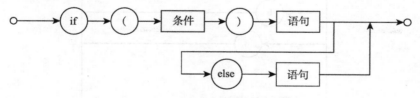

图 1-9　C 语言条件语句的语法图

【例 1-16】 表达式文法的扩展 BNF 如下：

$$<表达式> \rightarrow <项> \{+<项>\}$$

$$<项> \rightarrow <因子> \{*<因子>\}$$

$$<因子> \rightarrow <变量> \mid <常数> \mid '(' <表达式> ')'$$

$$<变量> \rightarrow <字母> \{<字母> \mid <数字>\}$$

$$<常数> \rightarrow <数字> \{<数字>\}$$

$$<字母> \rightarrow a \mid b \mid c \cdots \mid z$$

$$<数字> \rightarrow 0 \mid 1 \mid 2 \mid 3 \mid 4 \mid 5 \mid 6 \mid 7 \mid 8 \mid 9$$

对应语法图表示如图 1-10 所示。

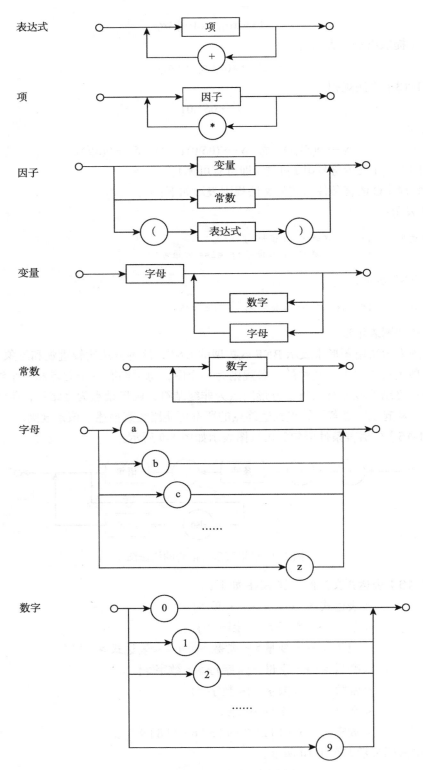

图 1-10 表达式文法的语法图

3. 相关概念

（1）推导和归约

定义 1-2：如 $\alpha \rightarrow \beta$ 是文法 $G(V_N, V_T, S, P)$ 的一条规则，$\gamma、\delta \in V^*$，若有符号串 v、w 满足

$$v = \gamma \alpha \delta, \ w = \gamma \beta \delta$$

则称 v（应用规则 $\alpha \rightarrow \beta$）直接产生 w，或称 w 是 v 的**直接推导**。反过来，称 w **直接归约**到 v，记作 $v \Rightarrow w$。

【例 1-17】对文法 G：

$$S \rightarrow 0S1$$
$$S \rightarrow 01$$

有直接推导序列：$S \Rightarrow 0S1 \Rightarrow 00S11 \Rightarrow 000111$

其中，各步直接推导使用的产生式依次为 $S \rightarrow 0S1$、$S \rightarrow 0S1$ 和 $S \rightarrow 01$。

> **注意**：符号"$\Rightarrow$"仅表示直接推导，即只使用一个产生式，用该产生式的右部替换它的左部。

定义 1-3：如果存在直接推导序列：

$$v = w_0 \Rightarrow w_1 \Rightarrow w_2 \Rightarrow \cdots \Rightarrow w_n = w$$

则称 v 推导（产生）出 w，推导长度为 n，反过来称 w 归约到 v，记作 $v \overset{+}{\Rightarrow} w$。如果有 $v \overset{+}{\Rightarrow} w$ 或 $v = w$，则记作 $v \overset{*}{\Rightarrow} w$。

【例 1-18】对于例 1-17 中的直接推导序列

$$S \Rightarrow 0S1 \Rightarrow 00S11 \Rightarrow 000111$$

称 S 推导出"000111"，推导长度为 3。反过来，称"000111"归约到 S，可表示成 $S \overset{+}{\Rightarrow} 000111$。

（2）句型和句子

定义 1-4：文法 $G = (V_N, V_T, S, P)$，若符号串 x 可由开始符号 S 推导出，即 $S \overset{*}{\Rightarrow} x$，则称 x 是 G 的一个**句型**，若 x 仅由终结符组成，即 $S \overset{*}{\Rightarrow} x$，$x \in V_T^*$，则称 x 为 G 的一个**句子**。

显然，句子是句型的特例。

> **注意**：句型和句子都必须由开始符号 S 推出！

【例 1-19】对于例 1-17 中的直接推导序列

$$S \Rightarrow 0S1 \Rightarrow 00S11 \Rightarrow 000111$$

在推导过程中推出的句型有"$0S1$""$00S11$"和"000111"，而最后的"000111"则是句子。

（3）形式语言

定义 1-5：文法定义的语言是该文法的所有句子的集合，记作 $L(G)$。

用集合的形式表示为：

$$L(G)=\{\alpha \mid S \overset{+}{\Longrightarrow} \alpha \wedge \alpha \in V_T^*\}$$

【例 1-20】文法 G：

$$S \rightarrow 0S1$$
$$S \rightarrow 01$$

定义的语言是，$L(G)=\{01,\ 0011,\ 000111,\ 00001111,\ \cdots\}=\{\ 0^n1^n \mid n \geqslant 1\ \}$

形式语言与自然语言是有区别的，自然语言的界限往往不太明确，有许多方言和习惯用法，而且在不断地发展，而形式语言的界限是明确的，因为其规则是明确的，推导得出的终结符串才是句子，推导不出来的就不是。

（4）文法的等价性

应该指出，定义一种语言的文法不一定是唯一的。

【例 1-21】文法 $G[A]$：

$$A \rightarrow 0R$$
$$A \rightarrow 01$$
$$R \rightarrow A1$$

定义的语言 $L(G)=\{\ 0^n1^n \mid n \geqslant 1\ \}$ 与例 1-20 的文法定义的语言完全相同。

定义 1-6：若有文法 G_1、G_2，它们定义的语言相同，即

$$L(G_1)=L(G_2)$$

则称两文法 G_1 和 G_2 等价。

可见，例 1-20 与例 1-21 的文法是等价的。

（5）递归规则和递归文法

递归在计算机技术中是一个很重要的概念，在操作层面上是指在一个操作或一组操作中用到它自身的上一步或上几步的结果。递归定义则是指在定义某个事物时又用到其本身。

由于语言常常是无限的（句子个数无限），而定义语言的规则又是有限的，因此用有限的规则定义无限的语言就要用到递归。

递归规则：形如 $P \rightarrow \alpha_1 P \alpha_2$ 的规则称为递归规则。若 $\alpha_1=\varepsilon$，则称为左递归规则，若 $\alpha_2=\varepsilon$，则称为右递归规则。

例如，$S \rightarrow 0S1$ 是一条递归规则，$S \rightarrow S1$ 是一条左递归规则，$S \rightarrow 0S$ 是一条右递归规则。

递归文法：含有递归规则的文法称为递归文法。

例如，文法 G：$S \rightarrow 0S1|01$ 就是递归文法，它所定义的语言 $L(G)=\{\ 0^n1^n \mid n \geqslant 1\ \}$ 是一个无限集。

但有时递归并不那么直接，如例 1-21 中的文法虽然不含递归规则，但有 $A \rightarrow 0R$ 和 $R \rightarrow A1$，所以存在推导 $A \Rightarrow 0R \Rightarrow 0A1$，这种 $P \overset{+}{\Longrightarrow} \alpha_1 P \alpha_2$ 的递归称为**间接递归**，含间接递归的文法也是递归文法。

递归文法可以定义无限语言，而无递归的文法只能定义有限语言。

如例 1-11 中的汉语文法 $G[<$句子$>]$：

$$<句子> ::= <主语><谓语>$$
$$<主语> ::= <代词> \mid <名词>$$
$$<谓语> ::= <动词><宾语>$$
$$<宾语> ::= <代词> \mid <冠词><名词>$$
$$<名词> ::= student \mid computer \mid sister \mid English$$
$$<代词> ::= I \mid you \mid he$$
$$<动词> ::= am \mid is \mid are \mid have \mid study$$
$$<冠词> ::= a \mid an \mid the$$
$$\}$$

其中不含递归，是一个无二义文法，所生成的句子虽然不少，但语言仍然是有限的。

4. 文法的分类

文法 $G=(V_N, V_T, P, S)$ 的核心是产生式，在形式语言理论中，乔姆斯基按产生式 $\alpha \rightarrow \beta$ 的形式、对其左部或右部施加的限制的不同，将文法分成四种类型——0 型、1 型、2 型和 3 型。这四种类型的文法分别对应四种类型的语言，且由相应的自动机来识别，这种分类也称为乔姆斯基分类。

（1）0 型文法

0 型文法也称为无限制文法或**短语文法**。

定义 1-7：设 $G=(V_N, V_T, P, S)$，如果它的每个产生式 $\alpha \rightarrow \beta$ 满足 α、$\beta \in (V_N \cup V_T)^*$，且 α 至少含有一个非终结符，则 G 是一个 0 型文法。

对于 0 型文法有以下结论：0 型文法的能力相当于图灵机（Turing Machine，TM），它所定义的语言为 0 型语言，也就是说，任何 0 型语言都是递归可枚举的，反之，递归可枚举集也必定是一个 0 型语言，所以 0 型语言可由图灵机来识别。

在 0 型文法的基础上加上一定的限制，便形成了 1、2、3 型文法。

（2）1 型文法

1 型文法也称为**上下文有关文法**，所定义的语言称为 1 型语言或上下文有关语言。1 型语言可由线性界限自动机（Linear Bounded Automata，LBA）识别。

定义 1-8：设 $G=(V_N, V_T, P, S)$，如果它的每个产生式 $\alpha \rightarrow \beta$ 满足 $|\beta| \geqslant |\alpha|$（仅 $S \rightarrow \varepsilon$ 除外），则 G 是一个 1 型文法或上下文有关文法。

1 型文法还有另一种等价的描述：若文法的产生式形如 $\alpha_1 A \alpha_2 \rightarrow \alpha_1 \beta \alpha_2$，其中 $A \in V_N$，α_1、α_2、$\beta \in (V_N \cup V_T)^*$，且 $\beta \neq \varepsilon$，则该文法为 1 型文法。

这种描述说明，在推导过程中只有当 A 出现在 α_1、α_2 的上下文环境中时才能用 β 替换 A，这更明确地体现了"上下文有关"的意义。

【例 1-22】以下文法 $G[S]$ 为 1 型文法：

$$S \rightarrow xSYZ \mid xYZ$$
$$xY \rightarrow xy$$
$$yY \rightarrow yy$$

$$yZ \rightarrow yz$$
$$ZY \rightarrow YZ$$
$$zZ \rightarrow zz$$

（3）2型文法

2型文法也称为**上下文无关文法**，所定义的语言称为2型语言或上下文无关语言。2型语言可由下推自动机（Pushdown Automata，PDA）识别。

定义 1-9：设 $G=(V_N, V_T, P, S)$，如果它的每个产生式 $\alpha \rightarrow \beta$ 中的 α 是一个非终结符，则 G 是一个2型文法或上下文无关文法。

可见，2型文法的产生式形如 $A \rightarrow \beta$（$A \in V_N$），这意味着在推导过程中对 A 的替换不需要考虑其所在的上下文环境，只要有 A，就可以用 β 替换，这也就是上下文无关的含义。

【例 1-23】以下文法 $G[S]$ 为2型文法：

$$S \rightarrow E$$
$$E \rightarrow T \mid E + T$$
$$T \rightarrow P \mid T * P$$
$$P \rightarrow F \mid F \uparrow P$$
$$F \rightarrow i \mid (E)$$

显然，2型文法也是1型文法，因为在1型文法的产生式 $\alpha_1 A \alpha_2 \rightarrow \alpha_1 \beta \alpha_2$ 中，当 α_1、α_2 为 ε 时，即为 $A \rightarrow \beta$。

（4）3型文法

3型文法也称为**正规文法或正则文法**，所定义的语言称为3型语言或正规语言、正则语言。3型语言可由有穷自动机（Finite Automata，FA）识别。

定义 1-10：设 $G=(V_N, V_T, P, S)$，如果它的每个产生式均形如 $A \rightarrow aB$ 或 $A \rightarrow a$，其中 A、$B \in V_N$，$a \in V_T$，则 G 是3型文法。

这种产生式的形式有点像数学中的线性函数 $y=ax$，由于非终结符 B 在终结符 a 的右边，所以这种文法也称为**右线性文法**。

【例 1-24】以下文法 $G[S]$ 为3型文法：

$$S \rightarrow aA$$
$$S \rightarrow a$$
$$A \rightarrow aA$$
$$A \rightarrow dA$$
$$A \rightarrow a$$
$$A \rightarrow d$$

显然，3型文法也是2型文法，因为此类文法就是对2型文法的产生式 $A \rightarrow \beta$ 中的 β 的形式再加以一定的限制。

正规文法还有一种称为**左线性文法**，即每个产生式均形如 $A \rightarrow Ba$ 或 $A \rightarrow a$。

本书中的正规文法均采用右线性文法，若不特别说明，本书所说的正规文法也指右线性文法。

对四类文法的限制条件是逐渐增加的，从语言的角度上看，这意味着，3 型语言必为 2 型语言，2 型语言必为 1 型语言，1 型语言必为 0 型语言。在编译技术中，通常利用 2 型（上下文无关）文法来描述高级程序设计语言的句法，用 3 型（正规）文法来描述高级程序设计语言的词法，所以本书所使用的文法也可以说都是 2 型（上下文无关）文法，掌握好 2 型文法对于学习编译理论与技术是至关重要的。

5. 两个定理

定理 1-1：含有 $A \rightarrow \varepsilon$ 的文法产生的语言也可由不含 $A \rightarrow \varepsilon$ 的另一个文法产生（$S \rightarrow \varepsilon$ 除外）。

此定理不给出证明。

根据上下文有关文法的定义，文法中除了可以有 $S \rightarrow \varepsilon$ 外是不应有其他的 ε 产生式的，而定理 1-1 说明有无此限制并不重要。有了这个定理，今后在使用上下文无关文法描述语言时就不再限制对 ε 产生式的使用了。

定理 1-2：若存在一个上下文有关文法 G，则必存在另一个上下文有关文法 G'，使得 $L(G')=L(G)$，且 G_1 的开始符号不出现在任何产生式的右边。

由于上下文无关文法、正规文法也是上下文有关文法，所以这个定理对它们同样适用。

6. 文法的化简

实际使用文法描述程序设计语言时，对文法往往有一些具体的限制或要求。最基本的要求是文法应该是最简的、没有多余的或有害的规则，要达到这一要求就要进行文法的化简。

要实现文法的化简，具体要做以下三个方面的工作。

1）删除形如 $A \rightarrow A$ 的产生式。这样的产生式在推导分析过程中不但没有任何益处，而且有可能引起歧义。

2）若某文法符号不能由开始符号推出，则该文法符号及其相应的产生式都是多余的，均应删去。

我们称这样的符号是**不可到达**的。因为语言的句型（包括句子）都是由开始符号推出的，所以不可到达的非终结符显然是无用的。

3）若某非终结符不能推出终结符串，则该非终结符及其相应的产生式均应删去。

我们称这样的非终结符是**不可终止**的。因为语言是句子的集合，而句子是终结符串，所以推不出终结符串的非终结符串显然也是无用的。

可以证明，按以上方法化简了的文法与原文法是等价的。

【例 1-25】对于文法 G：

$$S \rightarrow aS \mid W \mid U$$
$$U \rightarrow a$$
$$V \rightarrow bV \mid ac$$
$$W \rightarrow aW$$

可以看出，$W \to aW$，W 无法推出终结符串，所以 W 是不可终止的，与 W 有关的产生式均应删去，包括 $S \to W$ 和 $W \to aW$。

另外，从开始符号 S 出发无法推出含有 V 的句型，所以 V 是不可到达的，与 V 有关的产生式也应删去，包括 $V \to bV \mid ac$。

这样，文法 G 就化简为：

$$S \to aS \mid U$$
$$U \to a$$

本文法中没有形如 $A \to A$ 的产生式，若有，则还应将其删除。

1.5　练习

1. 编译程序的工作一般分为哪几个阶段，试简要分析各个阶段的工作。

2. 编译程序的"前端"与"后端"是如何划分的？这样划分有什么好处？

3. 什么是编译程序的自展技术？

4. 什么是句型、句子和语言？简述三者的关系。

5. 写出以下语言的文法，并判断所写文法属于乔姆斯基哪一型的文法：

  （1）$L = \{ a^n \mid n \geqslant 0 \}$

  （2）$L = \{ a^n b^n \mid n \geqslant 0 \}$

  （3）$L = \{ a^n b^m \mid n、m \geqslant 1 \}$

  （4）$L = \{ da^m b^n \mid m \geqslant 1,\ n \geqslant 0 \}$

6. 给出下面语言的上下文无关文法：

  （1）$L_1 = \{ a^n b^n c^i \mid n \geqslant 1,\ i \geqslant 0 \}$

  （2）$L_2 = \{ a^n b^m a^m b^n \mid n、m \geqslant 0 \}$

  （3）$L_3 = \{ WcW^r \mid W \in (a \mid b)^*,\ W^r\ 表示\ W\ 的逆 \}$

  （4）$L_4 = \{ W \mid W \in (a \mid b)^*,\ W\ 中\ a、b\ 的个数相等 \}$

7. 试化简下面的文法 $G[E]$：

  $E \to E{+}T$　　　　　　　　$G \to G \mid GG \mid F$

  $E \to E \mid SF \mid T$　　　　　$T \to T{*}i \mid i$

  $F \to F \mid FP \mid P$　　　　　$Q \to E \mid E{+}F \mid T \mid S$

  $P \to G$　　　　　　　　　　$S \to i$

8. 以下文法描述的语言是什么？属于乔姆斯基哪一型的文法？

  （1）$G[S]$：$S \to Aa$

  　　　　　　$A \to bA \mid a$

  （2）$G[S]$：$S \to aSBC \mid abC$

  　　　　　　$CB \to BC$

  　　　　　　$bB \to bb$

  　　　　　　$bC \to bc$

$$cC \rightarrow cc$$

（3）$G[S]$：$S \rightarrow ABS|AB$

$$AB \rightarrow BA$$

$$A \rightarrow 0$$

$$B \rightarrow 1$$

9. 给出语言 $L=\{a^m b a^n \mid m、n \geqslant 0\}$ 的正规文法。

10. 现有文法 $G[S]$：

$$S \rightarrow aAb$$

$$A \rightarrow BcA|B$$

$$B \rightarrow idt|\varepsilon$$

试问符号串"aidtcidtcidtb"是否为该文法的句型或句子？

11. 有文法 $G[B]$：

$$B \rightarrow \neg B \mid R$$

$$R \rightarrow RPA \mid A$$

$$P \rightarrow < \mid >$$

$$A \rightarrow AQT \mid T$$

$$Q \rightarrow - \mid \vee$$

$$T \rightarrow TLF \mid F$$

$$L \rightarrow \wedge \mid / \mid *$$

$$F \rightarrow (B) \mid a$$

改写该文法，使其运算符具有以下的优先顺序（对同级运算符来说，¬ 服从右结合，其他服从左结合）：

( )	优先级高
/ *	
-	
< >	
¬	
∧	
∨	优先级低

第2章 词法分析

编译的目的是将高级语言程序翻译成等价的另一种语言程序，因此首先必须对由高级语言写的源程序进行拆分，然后再用另一种方式重新组装拆分后的"单元"。这有点儿类似于日常的语言翻译，英语要翻译成中文，首先必须拆成一个个基本单元——"单词"，然后再进行后续的单词拼接成句、句子意思识别等相关处理。编译过程中词法分析的作用就是将组成源程序的单词按顺序逐一识别，支持这种识别的是高级语言的词法规则。完成词法分析任务的程序称为词法分析器，构造词法分析器是构造整个编译程序的基础。

2.1 词法分析概述

词法分析是编译的第一个阶段，它的主要任务是从左至右逐一扫描组成源程序的字符流，识别出一个个单词并以单词序列作为输出结果，每个单词以二元式形式（单词种别，属性）表示（如图 2-1 所示）。完成词法分析任务的程序称为**词法分析器**，由于是通过对源程序扫描进行分析的，所以词法分析器也称为**扫描器**。

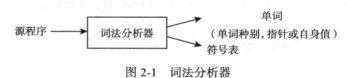

图 2-1　词法分析器

词法分析的输出作为后续语法分析的输入。词法分析可以一遍独立执行，也可以以子程序的形式供语法程序调用，每次调用形成一个单词。

1）词法分析作为单独的一遍，将词法分析程序构造成一个独立的程序模块。

在这种方式下，编译程序在运行时，先调用词法分析程序进行词法分析，然后将词法分析的结果作为后续语法分析程序的输入，再调用语法分析程序进行分析。词法分析程序与语法分析程序的关系如图 2-2 所示。

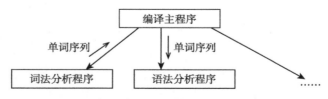

图 2-2　词法、语法分析程序的接口方式一

这样构造的词法分析程序的主要功能是，将待编译的源程序中的所有单词按顺序一一识别出来，形成一个单词序列，并保存于一个中间文件中，该中间文件将是语法分析程序的输入。

2）将词法分析程序作为语法分析程序的子程序。

事实上，这种方式更为常用。在这种方式下，词法分析不构成单独的一遍，词法分析程序只是语法分析程序的一个子程序，它的功能是从源程序中读入一些字符，直到识别出一个有效单词。当语法分析程序需要一个单词时，就调用该子程序得到一个单词，然后让该单词参与语法分析。词法分析程序与语法分析程序的关系如图 2-3 所示。

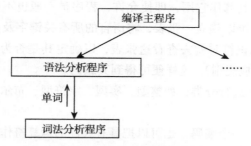

图 2-3　词法、语法分析程序的接口方式二

在这种方式下，词法分析程序的任务仅仅是向语法分析程序提供源程序的一个单词，而不是所有的单词，也不生成中间文件。当然，在提供一个单词的过程中仍需要完成一些辅助性的任务，诸如跳过空格、删除注释等。

2.2　单词的表示

在进行词法分析时，识别出来单词后要将其转换成一种格式统一、便于机器处理、便于编译的后续分析和处理的内码形式，常用的内码形式是二元式，形式为：（单词种别，属性）。

2.2.1　单词的种别

不同的程序设计语言使用的单词不完全一样，但一般来说，对于每一种程序设计语言，关键字、运算符和界符都是固定的，一般有几十个或上百个，而标识符、常量则由程序员定义。程序设计语言中所使用的单词通常可分为以下五类：

1）标识符：由一些基本字符（如字母、数字、下划线等）按一定的方式构成，可用作变量名、数组名、过程名、函数名等。

2）关键字：或称基本字、保留字。

3）常量：每种语言都有多种类型的常量，如整型、实型、布尔型常量等，每种类型的常量都有规定的格式。

4）运算符：表示该语言可以完成的种种运算，如 +、-、*、/ 等。

5）界符：如空格、(、)、; 等。

词法分析中会对单词进行分类，然后给每种单词一个种别码。单词的编码方式不唯一，以有利于后续分析为原则，根据语言的具体情况确定。上述五类单词的常用编码方式如下：

1）标识符：可以统一为一类，给定一个编码；也可以根据标识符的用途加以细分，如变量名、数组名、函数名等各分为一类，每类对应一个编码。

2）关键字：可将其全部编为一类，但在绝大多数语言的编译中均采用一字一类的编码方式，这样用编码就可以表示关键字，实际处理起来比较方便。关键字是有特定用途的，一般语言都不允许将其挪作它用，即使允许，程序员一般也不会将保留字作为别的一般标识符来使用，因此可以建立一张表，将语言的所有关键字及其编码存于其中。当词法分析程序拼出一个标识符时就去查看这张表，以确定其是否为关键字（关键字的形式往往也符合标识符的组成规则），这样便可得到其编码。

3）常量：一般按类型进行分类，如整型、实型、字符型、布尔型等各为一类，每类对应一个编码。

4）运算符：可以一符一个编码，也可以把具有共性的运算符作为一类，如算术运算符为一类，逻辑运算符为一类，每类对应一个编码。

5）界符：一般一符一个编码。

单词的种别可以用整数编码表示，表 2-1 是一个用整数表示单词种别的例子，其中关键字采用一字一码，界符、标识符、常量和运算符采用一类一码。

表 2-1　整数表示单词种别

单词	int	float	if	while	goto	界符	标识符	常量	运算符
种别	1	2	3	4	5	6	7	8	9

2.2.2　属性

每个单词都有其特性，如常量有值、类型，标识符有名。若标识符用作变量名，则有类型、作用域、值、存储地址等，若标识符用作数组名，则有类型、维数等，这些特性称为单词的属性。在编译的不同阶段会发现或用到单词的不同属性。

显然，不同的单词所拥有的属性是不完全相同的，拥有属性的个数也是不完全相同的。那么，如何记录这些属性呢？我们采用的方法是建立一些表格，这样的表格称作**符号表**。符号表是由若干行、若干列组成的二维表，其中，一行称作一项，用于记录一个单词（符号）的各种属性，如表 2-2 所示。符号表将在 6.3 节中继续进行介绍。

表 2-2　符号表

	符号名	属性 1	属性 2	...	属性 n
第 1 项					
第 2 项					
⋮	⋮	⋮	⋮	⋮	⋮

当然，对于语言中的关键字、运算符、界符等单词，由于它们具有特定的意义，没

有更多的属性可言，所以不需要在符号表中进行保存。

有了符号表，单词的二元式可设计成：（单词种别，指针或自身值）。

对于关键字、运算符、界符等单词，如果是一符一码，则只要给出其编码即表明了是哪一个符号；如果是一类一码，则除了要给出单词的种别编码外，还要给出自身的值。若单词是标识符，则可以给出单词的种别编码和一个指针。指针指向该单词在符号表中的入口地址（行号），有了单词的种别码和指针值，通过查找符号表就可以在发现单词的某个属性时将该属性填入符号表，也可以在需要的时候从符号表中找到单词的某属性以便于分析和翻译。

【例 2-1】采用上面的二元式和符号表，从 C 语言的语句

```
z=x+a%3*(int)(x+y)%2/7;
```

识别出的单词的二元式序列为（假设关键字为一符一码，界符、标识符、常量和运算符均为一类一码，根据表 2-1 的单词种别）：

1）(7，z 的符号表入口地址)

2）(9，'=')

3）(7，x 的符号表入口地址)

4）(9，'+')

5）(7，a 的符号表入口地址)

6）(9，'%')

7）(8，'3')

8）(9，'*')

9）(6，'(')

10）(1，'int')

11）(6，')')

12）(6，'(')

13）(7，x 的符号表入口地址)

14）(9，'+')

15）(7，y 的符号表入口地址)

16）(6，')')

17）(9，'%')

18）(8，'2')

19）(9，'/')

20）(8，'7')

21）(6，';')

2.3　单词的形式描述

单词的表示给出的是词法分析器的分析"结果"，词法分析过程中必须要依据源语言

的词法规则描述和识别单词，什么样的连续字符能够构成一个单词，构成的是什么种别的单词，回答这些问题的关键在于如何描述清楚程序设计语言的单词。

程序设计语言的单词所使用的符号、格式、构成方式都是有规则的，这些规则称为**词法规则**或**构词法**，也就是单词的构成方法。

描述单词的方法有很多，自然语言是一种，比如 C 语言中对标识符的描述：标识符是由字母和数字组成的序列，第一个字符必须是字母，下划线"_"视为字母，区分大小写。上述标识符的表述很清楚，但是因为没有用到形式化方法，所以计算机无法直接处理。程序设计语言的单词集都是正规集，单词的形式描述可以用正规文法或正规式，然后利用确定的有穷自动机（DFA）实现词法分析程序，这样能够得到一个简单且可读性更好的词法分析器。

2.3.1 正规式描述

正规表达式（regular expression），简称正规式，是一个以字母表中的元素（符号或符号串）为对象，通过连接运算、或运算和闭包运算组合起来的一种式子，用于表示这个字母表上的符号串集合。能够用正规式表示的符号串集合称为正规集（regular set）。程序设计语言的单词集都是正规集。

1. 正规式和正规集的定义

定义 2-1：设有字母表 Σ，则

1）ε 和 $\varnothing$ 都是 Σ 上的正规式，表示的正规集分别是 $\{\varepsilon\}$ 和 $\varnothing$；

2）若 $a \in \Sigma$，则 a 是 Σ 上的正规式，表示的正规集是 $\{a\}$；

3）若 U、V 都是 Σ 上的正规式，表示的正规集分别记为 $L(U)$ 和 $L(V)$，则 $U|V$（或）、$U \cdot V$（连接，也可写成 UV）和 U^*（闭包）也都是正规式，表示的正规集分别为 $L(U) \cup L(V)$（并）、$L(U) L(V)$（乘积）和 $(L(U))^*$（闭包）；

4）仅由有限次使用上述三步骤得到的表达式才是 Σ 上的正规式，仅由这些正规式表示的集合才是 Σ 上的正规集。

这是一个递归定义，首先设定一个字母表 Σ，那么 ε、$\varnothing$ 以及 Σ 中的每个字符（元素）就都是 Σ 上的正规式（归纳基础），由这些正规式进行"|"（或）、"·"（连接）和"*"（闭包）运算可得到一批新的正规式，这些新的正规式与原来的正规式又可以进行这三种运算，从而再得到一批新的正规式，如此运算下去，得到的都是 Σ 上的正规式。

三种运算符均为左结合，运算优先级从高到低依次为"*"（闭包）、"·"（连接）、"|"（或），"·"运算符一般可以省略。与其他表达式（如算术表达式）一样，正规式中可以使用括号"（ ）"，且括号优先。

【例 2-2】设 $\Sigma=\{a, b, x, y, 0, 1\}$，表 2-3 为几个正规式及其对应的正规集。

表 2-3 正规式及其对应的正规集

正规式	对应的正规集
$a|b$	$\{a,\ b\}$

（续）

正规式	对应的正规集
$(a\|b)(a\|b)$	$\{aa,\ ab,\ ba,\ bb\}$
$(a\|b)^*$	$\{\varepsilon,\ a,\ b,\ aa,\ ab,\ ba,\ bb,\ aaa,\ \cdots\}$
xy^*	以 x 开头、后跟任意多个 y 的串的集合
$(0\|1)^*11(0\|1)^*$	含有连续两个 1 的 0、1 串的集合
$(0\|1)^*1$	以 1 结尾的 0、1 串的集合

程序设计语言的单词都能用正规式来定义。下面对由自然语言描述的标识符用正规式定义。

【例 2-3】若标识符规定为"字母和数字组成的序列，第一个字符必须是字母，下划线'_'视为字母，区分大小写"，则标识符集的字母表 $\Sigma =\{$ up_letter, low_letter, '_', digit $\}$，up_letter 表示大写字母，low_letter 表示小写字母，letter 表示字母（即 up_letter $\|$ low_letter $\|$ '_'），digit 表示数字，那么表示标识符集的正规式为 letter (letter $\|$ digit)*。

2. 正规式服从的代数规律

定义 2-2：若两个正规式所描述的正规集相同，则说这两个**正规式等价**，即对于任意两个正规式 e_1 和 e_2，

$$e_1=e_2 \qquad 当且仅当 \qquad L(e_1)=L(e_2)$$

例如，$b(ab)^*=(ba)^*b$。

由此可见，描述一个正规集的正规式不是唯一的。定理 2-1 给出了一些反映正规式性质的恒等式。

定理 2-1：设 r、s、t 都是字母表 Σ 上的正规式，则有：

1）$r\|s = s\|r$　　　（"$\|$"的交换律）

2）$r\|(s\|t) = (r\|s)\|t$　（"$\|$"的结合律）

　　$(rs)t = r(st)$　　（"$\cdot$"的结合律）

3）$r(s\|t) = rs\|rt$

　　$(s\|t)r = sr\|tr$　　（"$\cdot$"对"$\|$"的分配律）

4）$\varepsilon r = r\varepsilon= r$　　　（ε 也称为"连接"的恒等元素）

5）$(a\|b)^*=(a^*b^*)^*$

这里我们对其中的 1）3）两个等式进行证明，读者有兴趣的话，可以自行证明其余等式。

证明：要证明两个正规式等价，就要证明它们所表示的正规集相同。

1）$r\|s = s\|r$：设 $L(r)$、$L(s)$ 分别为 r 和 s 所表示的正规集，则

$$r\|s 表示正规集 L(r) \cup L(s)$$
$$s\|r 表示正规集 L(s) \cup L(r)$$

由集合的性质可知 $L(r) \cup L(s)= L(s) \cup L(r)$，因此 $r\|s = s\|r$。

3）$r(s\|t) = rs\|rt$：设 $L(r)$、$L(s)$、$L(t)$ 分别为 r、s 和 t 所表示的正规集，则

$$r(s\|t) 表示正规集 L(r)(L(s) \cup L(t))$$

根据集合运算规则，有 $L(r)(L(s) \cup L(t)) = L(r)L(s) \cup L(r)L(t)$，

$$rs|rt \text{ 表示正规集 } L(rs) \cup L(rt)$$

根据正规式定义，有

$$L(rs) = L(r)L(s)$$
$$L(rt) = L(r)L(t)$$

故 $L(rs) \cup L(rt) = L(r)L(s) \cup L(r)L(t)$，因此 $r(s|t) = rs|rt$。

利用定理 2-1 的这些恒等式可以对复杂的正规式进行化简。

3. C 语言单词的正规式

程序设计语言的单词集合是一个正规集，每一种单词都可以用一个正规式来进行描述，其字母表就是该语言允许使用的所有 ASCII 字符。下面给出 C 语言部分单词的正规式。为简便起见，在以下的正规式中，用 l 表示小写字母 a~z，m 表示大写字母 A~Z，d 表示 0~9 的数字，b 表示 1~9 的数字，a 表示 0~7 的数字，c 表示小写字母 a~f 或大写字母 A~F，q 表示 C 语言所允许使用的其他字符（如"{""}""+""<""_"等）。

（1）标识符

C 语言标识符的组成规则是：以字母或下划线开头的字母、数字、下划线串，且字母分大小写，如 let、let_1、_free、NAME1 等。正规式可写成：

$$(l|m|\_)(l|m|d|\_)^*$$

（2）无符号十进制整数

C 语言无符号十进制整数的组成规则是：数字串（第一位不能是 0），如 58、32、9645 等。正规式可写成：

$$bd^*|0$$

如果表示可带数符的十进制整数，那么必须考虑符号。正规式可写成：

$$(+|-|\varepsilon)(bd^*|0)$$

（3）无符号八进制整数

C 语言无符号八进制整数的组成规则是：第一位是 0，后续位是 0~7 的数字串，如 034、017 等。正规式可写成：

$$0aa^*$$

（4）无符号十六进制整数

C 语言无符号十六进制整数的组成规则是：前两位是 0x 或 0X，后续位是 0~9、a~f（或 A~F，表示 10~15）的数字、字母串，如 0x9b、0Xd1f 等。正规式可写成：

$$(0x|0X)\,(d|c)(d|c)^*$$

2.3.2　正规文法描述

程序设计语言的词法规则也可以用正规文法来描述。正规文法即 3 型文法，这里采用右线性的正规文法，即在文法 $G = (V_N, V_T, S, P)$ 中，P 的每个产生式均形如 $A \rightarrow aB$ 或 $A \rightarrow a$，其中 A、$B \in V_N$，$a \in V_T$。

　　描述词法的正规文法中，V_T 是该语言允许使用的所有 ASCII 字符，即终结符为单个的 ASCII 字符，V_N 中的每一个非终结符代表单词的一部分或整个单词。

　　下面给出 C 语言部分单词的正规文法。同样，为简便起见，在以下的正规文法中，用 l 表示小写字母，m 表示大写字母，d 表示 0~9 的数字，b 表示 1~9 的数字，a 表示 0~7 的数字，c 表示小写字母 a~f 或大写字母 A~F。

（1）标识符

正规文法可写成：

$G_1[D]: D \rightarrow lC \mid mC \mid \_C$

　　　　$C \rightarrow lC \mid mC \mid dC \mid \_C \mid \varepsilon$

（2）无符号十进制整数

正规文法可写成：

$G_2[T]: D \rightarrow bE \mid b \mid 0$

　　　　$E \rightarrow dE \mid d$

（3）有符号十进制整数

正规文法可写成：

$G_2[T]: T \rightarrow +D \mid -D$

　　　　$D \rightarrow bE \mid b \mid 0$

　　　　$E \rightarrow dE \mid d$

（4）无符号八进制整数

正规文法可写成：

$G_3[E]: E \rightarrow 0A$

　　　　$A \rightarrow aA \mid a$

（5）无符号十六进制整数

正规文法可写成：

$G_4[S]: S \rightarrow 0A$

　　　　$A \rightarrow xB \mid XB$（这里的 X 是大写字母，不表示非终结符）

　　　　$B \rightarrow dB \mid cB \mid d \mid c$

2.3.3　正规式与正规文法的等价性

　　一个正规语言可由正规式定义，也可由正规文法定义。正规文法和正规式描述正规语言的能力是相同的，两者之间可以互相转换。下面将采用构造性证明方法对两者的等价性进行证明：对任意一个正规式，必存在一个等价的正规文法；反之，对任意一个正规文法，也必存在一个等价的正规式。所谓正规式与正规文法等价，就是说两者描述的符号串的集合是完全相同的。

1. 构造与正规式等价的正规文法

　　字母表 Σ 上的正规式 r 可含有两种成分，一是 Σ 中的符号，也就是 r 对应的正规集

中的那些符号串中可出现的符号；二是三种运算符——"|"（或）、"·"（连接）和"*"（闭包），通过这些运算符将 Σ 中的符号连接起来就形成了正规式 r。

在正规文法 $G\,(V_N,\ V_T,\ S,\ P)$ 中：

- V_T 是终结符集，其元素为语言句子（终结符串）中的符号，G 要与 r 等价，显然 V_T 应与 Σ 相同，即符号串中可出现的符号应该是相同的，所以 $V_T=\Sigma$；
- V_N 是非终结符集，一个非终结符代表其所能推出的一系列终结符串，而一个正规式是由一些小的正规式通过三种运算逐渐组合而成的，组合过程中形成的也都是大大小小的正规式。不管正规式多大，均描述一系列的符号串，因此非终结符和正规式的功能实际上是一样的。另外，需要引入一些非终结符来代表正规式的一部分，引入方法如下：

1）连接运算：若正规式形如 xy，则可以引入非终结符 A 来代表 xy，这用文法描述就是形成产生式 $A\to xy$，进而可以再引入一个非终结符 B，让 B 代表 y，由此将 $A\to xy$ 转换成 $A\to xB$，$B\to y$，这种转换显然是等价的，这便是与正规式 xy 等价的正规文法。

2）闭包运算：若正规式形如 x^*y，也可以引入非终结符 A 来代表这样的符号串，形成产生式 $A\to x^*y$，A 表示的符号串形如"$xx\cdots xy$"，若用正规文法描述这样的符号串，则可以用两个产生式 $A\to xA$，$A\to y$，这便是与正规式 x^*y 等价的正规文法。

3）或运算：若正规式形如 $x|y$，则可以引入非终结符 A 来代表 $x|y$，生成 $A\to x|y$，然后分写成两个产生式 $A\to x$，$A\to y$，即得到等价的正规文法。

基于以上分析，可得到以下构造与正规式等价的正规文法的算法。

算法 2-1：构造与正规式 r 等价的正规文法 $G\,(V_N,\ V_T,\ S,\ P)$ 的算法

```
{
    V_T =Σ ；
    P=∅；
    设定一非终结符 S, 并将 S 作为 G 的开始符号 ；
    生成产生式  S→ r, 并将其置入 P 中 ；
    while  （ P 中存在右部含有一个以上终结符的产生式 ）
            {
                    对每个右部含有一个以上终结符的产生式 A→α 做
                    {
    按表 2-4 的分解规则分解 A→α, 并将新生成的产生式置入 P 中 ；
    将 A→α 从 P 中删除 ；
                    }
            }
}
```

说明：

此算法的基本思想是，从 $S\to r$ 开始不断地对已生成的产生式进行等价分解，直到每个产生式均符合正规文法的要求为止。正规文法的开始符号 S 是在算法的开头就设定的，而其他非终结符则是在分解过程中逐步引入的。通过观察表 2-4 中的分解动作可以发现，"·"（连接）运算的分解过程中会引入新非终结符 B，"|"（或）和"*"（闭包）运算的分解是对 A 做拆分。

表 2-4　产生式的分解规则

规则	运算	分解动作
①	·	将形如 $A \rightarrow xy$ 的产生式分解成 $A \rightarrow xB$，$B \rightarrow y$
②	*	将形如 $A \rightarrow x^*y$ 的产生式分解成 $A \rightarrow xA$，$A \rightarrow y$
③	|	将形如 $A \rightarrow x|y$ 的产生式分解成 $A \rightarrow x$，$A \rightarrow y$

【例 2-4】 构造与正规式 $(a|b)^*ab$ 等价的正规文法。

解：正规文法 G 的构造过程如下：

1）正规式 $(a|b)^*ab$ 的字母表 $\Sigma=\{a, b\}$，故 G 的 $V_T=\{a, b\}$。

2）设定开始符号 S，生成产生式 $S \rightarrow (a|b)^*ab$。

3）按分解规则②将 $S \rightarrow (a|b)^*ab$ 分解成 $S \rightarrow (a|b)S, S \rightarrow ab$；

　　根据分配律将 $S \rightarrow (a|b)S$ 分解成 $S \rightarrow aS|bS$；

　　按分解规则③将 $S \rightarrow aS|bS$ 重写成 $S \rightarrow aS, S \rightarrow bS$；

　　按分解规则①将 $S \rightarrow ab$ 分解成 $S \rightarrow aB, B \rightarrow b$。

至此，得到等价的正规文法 G：

$$S \rightarrow aS$$
$$S \rightarrow bS$$
$$S \rightarrow aB$$
$$B \rightarrow b$$

2. 构造与正规文法等价的正规式

根据前面的分析，同样可以对正规式到正规文法的转换过程进行逆转，将分解规则反过来用，即不断合并产生式（合并规则见表 2-5），消除非终结符，直到最后形成一个由开始符号定义的产生式，且其右部不含非终结符。

表 2-5　产生式的合并规则

规则	运算	合并动作
①	·	将 $A \rightarrow xB$，$B \rightarrow y$ 合并成 $A \rightarrow xy$
②	*	将 $A \rightarrow xA$，$A \rightarrow y$ 合并成 $A \rightarrow x^*y$
③	|	将 $A \rightarrow x$，$A \rightarrow y$ 合并成 $A \rightarrow x|y$

【例 2-5】 构造与含有以下六个产生式的正规文法 G 等价的正规式：

1）$S \rightarrow aA$

2）$A \rightarrow aA$

3）$A \rightarrow aB$

4）$B \rightarrow bC$

5）$C \rightarrow cB$

6）$C \rightarrow c$

解：等价的正规式的构造过程如下：

　　用规则③：将 2）、3）产生式合并为 $A \rightarrow aA \mid aB$

将 5）、6）产生式合并为 $C \rightarrow cB \mid c$

将 $C \rightarrow cB \mid c$ 代入 4）得：

$$B \rightarrow b(cB \mid c)$$

即

$$B \rightarrow bcB \mid bc$$

用规则②得：

$$B \rightarrow (bc)^*(bc)$$

或写成：

$$B \rightarrow (bc)^+$$

将其代入 $A \rightarrow aA \mid aB$ 得：

$$A \rightarrow aA \mid a(bc)^*(bc)$$

用规则②得：

$$A \rightarrow a^*a(bc)^*(bc)$$

或写成：

$$A \rightarrow a^+(bc)^+$$

将其代入 1）得：

$$S \rightarrow aa^*a(bc)^*(bc)$$

或写成：

$$S \rightarrow aa^+(bc)^+$$

因此，与文法 G 等价的正规式为 $aa^*a(bc)^*(bc)$（也可写成 $aa^+(bc)^+$）。

【例 2-6】构造与含有以下六个产生式的正规文法 G 等价的正规式：

1）$S \rightarrow 0A$

2）$S \rightarrow 1B$

3）$A \rightarrow 1S$

4）$A \rightarrow 1$

5）$B \rightarrow 0S$

6）$B \rightarrow 0$

解：等价的正规式的构造过程如下：

用规则③：将 1）、2）产生式合并为 $S \rightarrow 0A \mid 1B$

将 3）、4）产生式合并为 $A \rightarrow 1S \mid 1$

将 5）、6）产生式合并为 $B \rightarrow 0S \mid 0$

将 $A \rightarrow 1S \mid 1$ 代入 $S \rightarrow 0A \mid 1B$ 得：

$$S \rightarrow 0(1S \mid 1) \mid 1B$$

根据 "·" 对 "|" 的分配律，得：

$$S \rightarrow (01S \mid 01) \mid 1B$$

将 $B \rightarrow 0S \mid 0$ 代入 $S \rightarrow (01)^+ \mid 1B$ 得：

$$S \rightarrow (01S \mid 01) \mid 1(0S \mid 0)$$

根据"·"对"|"的分配律，得：

$$S \rightarrow (01S \mid 01) \mid (10S \mid 10)$$

根据"|"的结合律，得：

$$S \rightarrow 01S \mid (01 \mid (10S \mid 10))$$

$$S \rightarrow 01S \mid ((01 \mid 10S) \mid 10)$$

根据"|"的交换律，得：

$$S \rightarrow 01S \mid ((10S \mid 01) \mid 10)$$

$$S \rightarrow 01S \mid (10S \mid (01 \mid 10))$$

$$S \rightarrow (01S \mid 10S) \mid (01 \mid 10)$$

根据"·"对"|"的分配律，得：

$$S \rightarrow (01 \mid 10)S \mid (01 \mid 10)$$

用规则②得：

$$S \rightarrow (01 \mid 10)^*(01 \mid 10)$$

或写成：

$$S \rightarrow (01 \mid 10)^+$$

因此，与文法 G 等价的正规式为 $S \rightarrow (01 \mid 10)^*(01 \mid 10)$，也可写成 $S \rightarrow (01 \mid 10)^+$。

值得注意的是，规则的使用顺序并不是任意的，应该遵循③②①的顺序，即先将同一非终结符的不同产生式通过或运算合并，然后将含有递归的产生式代以闭包运算，最后才是将不同非终结符的产生式代以连接运算消除多余的非终结符。

思考一下，例 2-6 的等价正规式为什么不能按如下构造。

解： 等价的正规式的构造过程如下。

用规则③：将 1）、2）产生式合并为 $S \rightarrow 0A \mid 1B$

将 3）、4）产生式合并为 $A \rightarrow 1S \mid 1$

将 5）、6）产生式合并为 $B \rightarrow 0S \mid 0$

将 $A \rightarrow 1S \mid 1$ 代入 $S \rightarrow 0A \mid 1B$ 得：

$$S \rightarrow 0(1S \mid 1) \mid 1B$$

根据"·"对"|"的分配律，得：

$$S \rightarrow (01S \mid 01) \mid 1B$$

用规则②得：

$$S \rightarrow (01)^*(01) \mid 1B$$

或写成：

$$S \rightarrow (01)^+ \mid 1B$$

将 $B \rightarrow 0S \mid 0$ 代入 $S \rightarrow (01)^+ \mid 1B$ 得：

$$S \rightarrow (01)^+ \mid 1(0S \mid 0)$$

根据"·"对"|"的分配律，得：

$$S \rightarrow (01)^+ \mid (10S \mid 10)$$

用规则②得：

$$S \rightarrow (01)^+ \mid (10)^*(10)$$

或写成：

$$S \rightarrow (01)^+ \mid (10)^+$$

因此，与文法 G 等价的正规式为 $S \rightarrow (01)^+|(10)^+$，也可写成 $(01)^*(01)|(10)^*(10)$。

2.4　有穷自动机

有穷自动机（Finite Automata，FA）是正规集的识别装置，它是一种具有离散输入输出系统的数学模型，由一个输入带和一个带有读头的控制器组成，如图 2-4 所示。

- 输入带：存放输入符号串，读头从左到右移动，一次读入输入带上的一个符号。
- 控制器：包括有限个内部状态，控制器在任何时刻都处于这些状态中的某一个上，并能够按照某个指定的方式从一个状态变换到另一个状态。

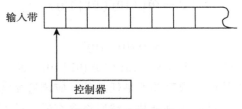

图 2-4　有穷自动机

有穷自动机的工作过程如下：

首先控制器处于某个特定的内部状态上，这一状态也叫"开始状态"，然后读头开始工作，每当读头读入一个符号，控制器的状态就发生改变，同时读头右移一个符号位。控制器状态的改变称为"状态转换"，转换后的状态称为"后继状态"。

可见，有穷自动机的工作过程就是一个输入符号的读入和状态转换的过程，在这一过程中需要解决如下问题：

1）输入带上存放什么样的符号串？

2）控制器的状态如何进行转换？

3）这种"读入 – 转换"过程如何结束？

有穷自动机分为两类，一类是不确定的有穷自动机（Nondeterministic Finite Automata，NFA），NFA 所能接受的符号串的全体称为该自动机识别的语言，记为 $L(M)$；另一类是确定的有穷自动机（Deterministic Finite Automata，DFA），DFA 所能接受的符号串的全体称为该自动机识别的语言，记为 $L(M)$。

2.4.1　不确定的有穷自动机

1. NFA 的形式定义

定义 2-3：一个不确定的有穷自动机（NFA）是一个五元组 $M=(Q,\Sigma,\delta,Q_0,Z)$，其中，

1）Q 是一有穷状态集，Q 中的每个元素为一个状态；

2）Σ 是一有穷字母表，Σ 中的每个符号为一个输入符号；

3）δ 是状态转换函数，是 $Q \times \Sigma \rightarrow 2^{Q}$ 的映射函数（2^{Q} 是 Q 的幂集），$\delta(q, a)=Q'$（$q \in Q$，$a \in \Sigma$，$Q' \subseteq Q$），表示在 q 状态下遇输入符号 a 转到一个状态集 Q'，Q' 也称为 q 的后继状态集，允许 ε 转换；

4）$Q_0 \subseteq Q$，是一非空初态集；

5）$Z \subseteq Q$，是一非空终态集。

由定义可知，NFA 有一非空初态集 Q_0 和一个非空终态集 Z，在每个状态下对应任意一个输入符号可以有一个后继状态集 Q'。

需要说明的是，允许 NFA 中存在 ε 转换，即可以有 $\delta(q, \varepsilon)= q'$。

【例 2-7】有一个 NFA，$M=(Q, \Sigma, \delta, Q_0, Z)$，其中

$Q=\{0, 1, 2\}$

$\Sigma=\{0, 1\}$

δ 函数：

$$\delta(0, 0)=\{ 1 \}$$
$$\delta(1, 0)=\{ 1 \}$$
$$\delta(1, 1)=\{1,2\}$$

$Q_0=\{0\}$

$Z=\{2\}$

2. NFA 的表示

NFA 可以用状态转换图或状态转换矩阵来表示。

状态转换图是一个有限方向图，其中的结点代表状态，状态间用箭弧连接，箭弧上有标记（符号），表示在射出结点（箭弧开始的结点）状态下可能出现的输入符号或符号类，其含义为：在某状态下，出现该输入符号或符号类，则到达另一状态。这样的状态转换图要求只包含有限个状态，至少一个初态，至少一个终态。

在表示 NFA 的状态转换图中，一个状态一个结点，用符号 "⇒" 指向初态，用 "◎" 表示终态，状态间的箭弧表示状态转换函数 δ，即若 $\delta(q_1, a)=\{q_2, q_3, \cdots\}$，则从结点 q_1 到结点 q_2，q_3，$\cdots$ 有标记为 a 的箭弧。

【例 2-8】图 2-5 为例 2-7 的 NFA 状态转换图。

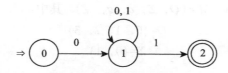

图 2-5 NFA 的状态转换图

从图中可以看出，在 1 状态下遇输入符号 "1" 可到达 1 状态和 2 状态（状态 1 结点有两条标记为 1 的射出弧），即 $\delta(1, 1)=\{1, 2\}$，所以这是一个 NFA，该 NFA 用矩阵表

示为表 2-6。

状态转换矩阵以状态为行，以输入符号为列，矩阵元素为 δ 函数值，即若 $\delta(1, 1)=\{1, 2\}$，则 1 行 1 列的元素值为 1、2。在表的左边用 "⇒" 指向初态（否则第一行为初态），在表的右边用 0 表示非终态，1 表示终态。状态矩阵的优点是能够很容易地确定一个给定状态和一个给定输入符号相对应的

表 2-6 NFA 的状态转换矩阵

状态 ＼ 符号	0	1	
⇒ 0	1		0
1	1	1, 2	0
2			1

转换。缺点是当输入字母表很大，且大多数状态在大多数输入符号上没有转换的时候，转换矩阵需要占用大量内存。

2.4.2 确定的有穷自动机

1. DFA 的形式定义

定义 2-4：一个确定的有穷自动机（DFA）是一个五元组 $M=(Q, \Sigma, \delta, q_0, Z)$，其中，

1）Q 是一有穷状态集，Q 中的每个元素称为一个状态；

2）Σ 是一有穷字母表，Σ 中的每个符号称为一个输入符号；

3）δ 是状态转换函数，是 $Q \times \Sigma \rightarrow Q$ 的映射函数，且为单值函数，$\delta(q_1, a)=q_2(q_1, q_2 \in Q, a \in \Sigma)$，表示在 q_1 状态下遇输入符号 a 转到 q_2 状态，q_2 也称为 q_1 的后继状态，不允许 ε 转换；

4）$q_0 \in Q$，是唯一的初态；

5）$Z \subseteq Q$，是终态集。

由定义可知，DFA 的意义与 NFA 是一样的。显然，DFA 可以看成 NFA 的特例：当 NFA 转换函数的每个函数值均只包含一个状态时，该 NFA 为 DFA。

DFA 与 NFA 的不同之处在于：

1）DFA 的转换函数 δ 是一个单值函数（即对任一状态、任一输入符号，可到达的后继状态是唯一的）；而 NFA 的转换函数 δ 是 $Q \times \Sigma$ 到 Q 的幂集的函数，即转换函数形如 $\delta(q, a)=Q'(q \in Q, a \in \Sigma, Q' \subseteq Q)$，也就是说，在某状态下遇某输入符号到达的后继状态是不唯一的。

2）NFA 的初态可以不唯一，DFA 只有唯一的一个初态。

【例 2-9】有一个 DFA，$M=(Q, \Sigma, \delta, q_0, Z)$，其中

$$Q=\{0, 1, 2, 3\}$$
$$\Sigma=\{0, 1\}$$

δ 函数：

$$\delta(0, 0)=1 \qquad \delta(1, 1)=2$$
$$\delta(2, 0)=2 \qquad \delta(2, 1)=3$$
$$\delta(3, 0)=2 \qquad \delta(3, 1)=1$$

$q_0=0$

$Z=\{3\}$

2. DFA 的表示

与 NFA 类似，DFA 同样可以用状态转换图或状态转换矩阵来表示。例 2-9 的 DFA 状态转换图如图 2-6 所示，它要求只包含有限个状态，一个初态，至少一个终态。用符号"⇒"指向唯一的初态，用"◎"表示终态，状态间的箭弧表示状态转换函数 δ，即若 $\delta(q_1, a)=q_2$，则从结点 q_1 到结点 q_2 有一标记为 a 的箭弧。

例 2-9 的 DFA 表示成转换矩阵如表 2-7 所示（实线框部分）。

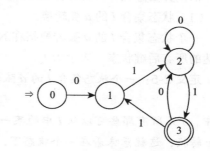

图 2-6　DFA 的状态转换图

从状态转换矩阵也可以看出，NFA 与 DFA 的不同点在于 DFA 的状态转换矩阵的元素值为一个状态，而 NFA 的状态转换矩阵的元素值为一个状态集。

DFA 的意义：对于 Σ^* 中的任何符号串 t，若存在一条从初态到终态的路径（该路径上的输入符号依次连接起来是符号串 t），则 t 可被 DFA 所接受，或说 t 是该 DFA 可识别的。若初态结也是终态结，则空字可接受。

表 2-7　DFA 的状态转换矩阵

符号 状态	0	1	
⇒ 0	1		0
1		2	0
2	2	3	0
3	2	1	1

在此给出以下结论，暂不作证明。

结论：Σ 上的一个符号串集 U 是正规的，当且仅当存在一个 Σ 上的确定的有穷自动机，使 $U=L(M)$。

2.4.3　NFA 与 DFA 的等价性

NFA 抽象地表示了用来识别某种语言中的符号串的算法，而相应地，DFA 则是一个简单具体的识别符号串的算法。在构造词法分析器的时候，真正实现或模拟的是 DFA。每个正规式和每个 NFA 都可以被转换为一个可接受相同语言的 DFA。

若两个有穷自动机 M 和 M' 所识别的语言相同，即 $L(M)=L(M')$，则说 M 和 M' 等价。

定理 2-2：对于每一个 NFA M，必存在一个 DFA M'，使它们识别的语言相同，即 $L(M')=L(M)$。

下面的 NFA 确定化算法用构造法证明了此定理的正确性。

在实际应用中，NFA 对状态转换的不确定性将会使处理过程复杂化，所以希望所使用的 FA 都是 DFA。定理 2-2 已经给出了结论，一个 NFA 必有一个 DFA 与其对应（等价），那么如何将一个 NFA 转换成对应的 DFA 呢？这个转换过程也称为 NFA 的确定化，确定化的算法是**子集法**。

　　算法思想：NFA 与 DFA 的本质区别在于，在某一状态下遇到某个输入符号后，NFA 可以转换到多个后继状态（是一个后继状态集），而 DFA 只能转换到一个后继状态，所以可以让 DFA 的一个状态来对应 NFA 的这个后继状态集，这样构造出来的 DFA 便与 NFA 等价了。

　　依据算法思想，首先计算 NFA 的后继状态集。

　　（1）状态集合 I 的 a 弧转换

　　一个状态集合 I 的 a 弧转换指在 NFA 中，状态集合 I 中的各状态接受符号 a 后能够到达的所有后继状态，表示为 I_a。

　　定义 2-5：一个状态集合 I 的 a 弧转换为：

$$I_a=\varepsilon\text{-closure}(J)$$

其中，J 是所有那些可以从 I 中的某一状态经过一条 a 弧而到达的状态的集合。NFA 允许 ε 转换，这就意味着在一个状态下，NFA 不接受任何一个非 ε 符号就可以进行状态的转换，从而到达后继状态（这样的后继状态还可以不止一个，且这些后继状态还可以有 ε 转换），因此在进行 NFA 的确定化时，必须考虑 ε 转换的问题。为此定义一个状态集 J 的 ε- 闭包，表示为 $\varepsilon\text{-closure}(J)$。

　　（2）状态集合 J 的 ε- 闭包

　　定义 2-6：对于一个状态集合 J 的 $\varepsilon\text{-closure}(J)$，

　　1）若 $q\in J$，则 $q\in\varepsilon\text{-closure}(J)$；

　　2）若 $q\in J$，则 q 经任意条 ε 弧而能到达的任何状态 $q'\in\varepsilon\text{-closure}(J)$。

　　【例 2-10】 图 2-7 所示为一个 NFA 的状态转换图（含有 ε 弧），在该 NFA 中，设一状态集 {1}，则

$$\varepsilon\text{-closure}(\{1\})=\{1,2,3,4\}$$

　　令 $I=\{1,2,3,4\}$，则 I 的 0 弧转换 I_0 和 1 弧转换 I_1 分别为：

$$I_0=\varepsilon\text{-closure}(\{2,3,5\})=\{2,3,4,5\}$$

$$I_1=\varepsilon\text{-closure}(\{2,3\})=\{2,3,4\}$$

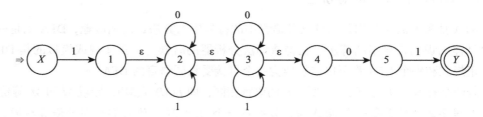

图 2-7　某 NFA 的状态转换图

　　有了这两个运算，就可以理顺 NFA($M=(Q,\Sigma,\delta,Q_0,Z)$) 与其等价的 DFA($M'=(Q',\Sigma,\delta',q_0',Z')$) 之间的关系：

　　1）DFA 的初态应与 NFA 初态集的 ε- 闭包相对应；

　　2）DFA 的一个状态应与 NFA 的一个状态子集相对应。

一个状态子集 I（对应 DFA 的一个状态）的 a 弧转换 I_a 就应是 DFA 的对应状态在接受符号 a 后到达的后继状态。

算法 2-2 NFA（$M=(Q, \Sigma, \delta, Q_0, Z)$）转换成 DFA（$M'=(Q', \Sigma, \delta', q_0', Z')$）的算法——子集法

```
{
    Q' = ∅; Z' = ∅;
    Q₀' = ε-closure(Q₀);
    将 Q₀' 置为未标记，并令其加入 Q' 中；
    while  (Q' 中存在未标记的状态子集 I)
    {
        对每个 a ∈ Σ 做
        {
            求 Iₐ;
            若 Iₐ 不在 Q' 中，则把它置为未标记后加入 Q' 中；
            若 Iₐ 中至少有一个状态是 M 的终态，则同时把 Iₐ 加入 Z' 中；
        }
        给 I 加上标记；
    }
    重新命名 Q' 中的所有状态子集为新的状态；
    Q₀' 对应的新状态 q₀' 为 DFA M' 的初态；
    Z' 中的所有状态子集对应的新状态为 DFA M' 的终态；
}
```

【例 2-11】 构造与图 2-7 的 NFA 等价的 DFA。

解： 构造与图 2-7 的 NFA 等价的 DFA 的过程如下：

1）将 DFA 中的 Q'、Z' 置为空集。

2）求 DFA 的初态：

NFA 的初态为 X，计算 $Q_0'=\varepsilon\text{-closure}(\{X\})=\{X\}$，将 Q_0' 置为未标记，并将其加入 Q'，得 $Q'=\{\{X\}\}$。

3）求 DFA 的其他状态：

① 令 $I=\{X\}$，计算 $I_1=\{1, 2, 3, 4\}$（I 无 0 转换）。

不对 I_1 加标记且将其加入 Q'，并将 $\{X\}$ 加标记，得：

$Q'=\{\underline{\{X\}}, \{1, 2, 3, 4\}\}$（带下划线表示加了标记）

② 令 $I=\{1, 2, 3, 4\}$，计算 $I_0=\{2, 3, 4, 5\}$，$I_1=\{2, 3, 4\}$。

不对 I_0、I_1 加标记且将其加入 Q'，并将 $\{1, 2, 3\}$ 加标记，得：

$Q'=\{\underline{\{X\}}, \underline{\{1, 2, 3, 4\}}, \{2, 3, 4, 5\}, \{2, 3, 4\}\}$

③ 令 $I=\{2, 3, 4, 5\}$，计算 $I_0=\{2, 3, 4, 5\}$，$I_1=\{2, 3, 4, Y\}$。

I_0 已在 Q' 中，不再重复加入，不对 $\{2, 3, 4, Y\}$ 加标记且将其加入 Q'，得：

$Q'=\{\underline{\{X\}}, \underline{\{1, 2, 3, 4\}}, \underline{\{2, 3, 4, 5\}}, \{2, 3, 4\}, \{2, 3, 4, Y\}\}$

④ 令 $I=\{2, 3, 4\}$，计算 $I_0=\{2, 3, 4, 5\}$，$I_1=\{2, 3, 4\}$。

I_0、I_1 已在 Q' 中，不再重复加入，将 $\{2, 3, 4\}$ 加标记，得：

$Q'=\{\underline{\{X\}}, \underline{\{1, 2, 3, 4\}}, \underline{\{2, 3, 4, 5\}}, \underline{\{2, 3, 4\}}, \{2, 3, 4, Y\}\}$

⑤ 令 $I=\{2, 3, 4, Y\}$，计算 $I_0=\{2, 3, 4, 5\}$，$I_1=\{2, 3, 4\}$。

I_0、I_1 已在 Q' 中，不再重复加入，将 $\{2, 3, 4, Y\}$ 加标记，得：

$Q'=\{\ \underline{\{X\}},\ \underline{\{1,\ 2,\ 3,\ 4\}},\ \underline{\{2,\ 3,\ 4,\ 5\}},\ \underline{\{2,\ 3,\ 4\}},\ \underline{\{2,\ 3,\ 4,\ Y\}}\}$

至此，Q' 中的所有状态子集都有了标记。

4）重新命名 Q' 中的所有状态子集为新的状态：

X：$\{X\}$ 1：$\{1,\ 2,\ 3,\ 4\}$ 2：$\{2,\ 3,\ 4,\ 5\}$

3：$\{2,\ 3,\ 4\}$ Y：$\{2,\ 3,\ 4,\ Y\}$

新初态为 X，终态集 $Z'=\{Y\}$。

以上转换过程用状态转换图的形式可表示成图 2-8。

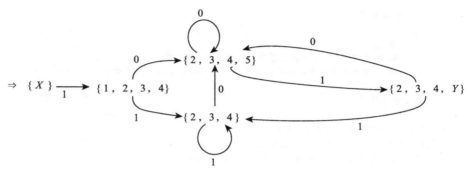

图 2-8　NFA 的确定化过程

也可用状态转换矩阵的形式将 NFA 的确定化过程表示成表 2-8（状态集右边的为新状态名）。

表 2-8　NFA 的确定化过程

状态集	转换	I_0		I_1	
⇒ $\{X\}$	X			$\{1,\ 2,\ 3,\ 4\}$	1
$\{1,\ 2,\ 3,\ 4\}$	1	$\{2,\ 3,\ 4,\ 5\}$	2	$\{2,\ 3,\ 4\}$	3
$\{2,\ 3,\ 4,\ 5\}$	2	$\{2,\ 3,\ 4,\ 5\}$	2	$\{2,\ 3,\ 4,\ Y\}$	Y
$\{2,\ 3,\ 4\}$	3	$\{2,\ 3,\ 4,\ 5\}$	2	$\{2,\ 3,\ 4\}$	3
$\{2,\ 3,\ 4,\ Y\}$	Y	$\{2,\ 3,\ 4,\ 5\}$	2	$\{2,\ 3,\ 4\}$	3

与 NFA 等价的 DFA 的状态转换图如图 2-9 所示。

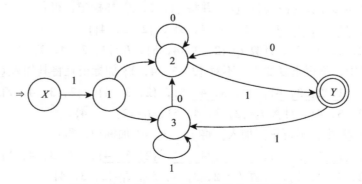

图 2-9　与 NFA 等价的 DFA 的状态转换图

2.4.4 DFA 的化简

1. 最简 DFA

所谓最简 DFA 就是指在这样的 DFA 中，既没有多余的状态，也没有等价的状态。一个 DFA 可以通过消除多余状态和消除等价状态来得到与之等价的 DFA。

（1）多余状态

多余状态是指那些从开始状态出发，任何输入符号串都无法到达的状态。要消除多余状态，只要简单地将该状态及其射出的弧删除即可。

【例 2-12】在图 2-10a 所示的 DFA 中，状态 4 是多余状态，将该状态及其两条射出弧删掉，就可得到等价的无多余状态的 DFA（见图 2-10b）。

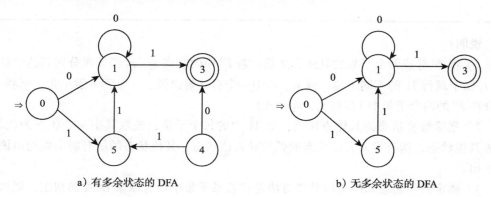

a) 有多余状态的 DFA   b) 无多余状态的 DFA

图   2-10

（2）等价状态

等价状态是指满足以下两个条件的两个或多个状态：

1）一致性条件：这些状态或同为可接受状态（终态），或同为不可接受状态（非终态）；

2）蔓延性条件：这些状态对于所有输入符号，都必须转到等价的状态。或者说，若两个状态 s、t 等价，则首先 s、t 同为终态或非终态；其次，若从 s 出发能识别出字符串 w 而停于终态，则从 t 出发也能识别出字符串 w 而停于终态，反之亦然。

2. 化简算法

通过消除等价状态来化简 DFA 的方法是"**分割法**"，其基本思想是，将 DFA 的状态分割成若干个不相交的子集，使任何不同子集中的状态都是不等价的，而同一子集中的任何状态都是等价的。分割过程如下：

1）将状态集划分成终态和非终态两个子集；

2）按照等价状态的特性，将每个子集中不等价的状态划分出去，使其形成新的子集；

3）重复 2）的操作，直到每一个子集均不可再分。

算法 2-3 DFA 最简算法——分割法

```
{
    将状态集分割成终态子集和非终态子集，形成有两个子集的基本划分 Π；
    do
    {
        对现行 Π={I⁽¹⁾,I⁽²⁾,…,I⁽ᵐ⁾} 的每个 I⁽ⁱ⁾ 做          /* 划分 I⁽ⁱ⁾ */
        {
            if  （有某个输入字符 a 使得 I⁽ⁱ⁾ₐ 不全落在现行 Π 的某个子集 I⁽ʲ⁾ 中）
            将 I⁽ⁱ⁾ 分成两个子集；
        }
    } while （Π 有子集被划分）；
    删除等价状态；
    确定新的初态和终态；
}
```

说明：

1）将 $I^{(i)}$ 分成两个子集的具体方法是：若 $I^{(i)}$ 中的状态 s_1、s_2 经 a 弧分别到达的状态 t_1、t_2 属于现行 Π 的不同子集，或 s_1、s_2 中一个有 a 射出弧、一个无 a 射出弧，则将 s_1、s_2 分在 $I^{(i)}$ 的两个子集中（即将 s_1、s_2 分开）。

2）删除等价状态的具体方法是：对 Π 中的每个子集，选取其中一个状态为代表，删去其他状态，所有导入其他状态的弧均导入该状态，其他状态的所有射出弧均由该状态射出。

3）确定新的初态和终态的具体方法是：若某子集中含有原来 DFA 的初态，则该子集对应的新状态为最简 DFA 的新初态；若某子集中含有原来 DFA 的终态，则该子集对应的新状态为最简 DFA 的新终态。

【例 2-13】 化简图 2-11a 中的 DFA（即前面图 2-9 中的 DFA）。

解： 化简过程如下：

1）划分终态、非终态：$\Pi=\{\{X, 1, 2, 3\}, \{Y\}\}$。

2）划分子集：

①令 $I^{(1)}=\{X, 1, 2, 3\}$，$I^{(1)}$ 中，状态 X 无 0 射出弧，状态 1、2、3 有 0 射出弧，故将 $I^{(1)}$ 一分为二，得 $\Pi=\{\{X\}, \{1, 2, 3\}, \{Y\}\}$。

②令 $I^{(2)}=\{1, 2, 3\}$，$I^{(2)}_0=\{2\}$，状态 1、2、3 有 0 射出弧且均射向 2 状态，即 $I^{(2)}$ 中所有状态的 0 射出弧落在同一子集中，$I^{(2)}_1=\{3, Y\}$ 落在不同子集中，其中 1、3 状态经 1 弧均到达 3 状态，2 状态经 1 弧到达 Y 状态，故将 $I^{(2)}$ 一分为二，得 $\Pi=\{\{X\}, \{1, 3\}, \{2\}, \{Y\}\}$。

③令 $I^{(3)}=\{1, 3\}$，$I^{(3)}0=\{2\}$ 和 $I^{(3)}1=\{3\}$，$I^{(3)}$ 中状态的 0 射出弧落在同一子集中，同样 1 射出弧也落在同一子集中，至此，得到最终划分 $\Pi=\{\{X\}, \{1, 3\}, \{2\}, \{Y\}\}$。

3）将 1、3 状态合并，保留 1 状态，删除 3 状态，修改射入、射出弧。

4）新的初态和终态仍为 X 和 Y，重新画状态转换图，得最简 DFA（见图 2-11b）。

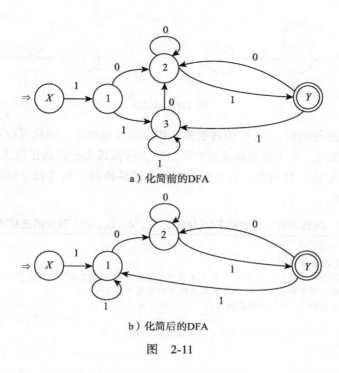

a）化简前的DFA

b）化简后的DFA

图　2-11

2.4.5　正规式和 FA 的等价性

对于任意一个 FA 一定可构造一个正规式 r，使 $L(r)=L(M)$；反之，对于任意一个正规式 r 也一定可构造一个 FA，使 $L(M) = L(r)$。用构造法对这一结论进行证明。

1. 构造与 FA 等价的正规式

首先，把状态转换图的概念加以拓展，令每条弧上的标记可以是正规式。

构造思路： 有了上面的拓展，根据正规式的三种运算 "·"（连接）、"|"（或）、"*"（闭包）的含义，可以对 FA 进行如下等价的改造。

1）若有图 2-12a，则可以改造为图 2-12b；

2）若有图 2-12c，则可以改造为图 2-12d；

3）若有图 2-12e，则可以改造为图 2-12f。

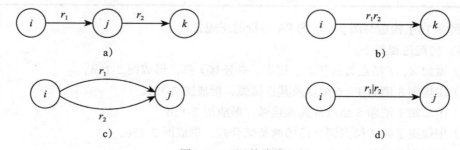

图 2-12　FA 的改造

图 2-12 （续）

显然，通过这种改造，FA 中的转换弧、状态结点将减少，因此可以不断地使用上述方式对 FA 进行改造，即不断消除结点和弧、扩大转换弧上标记的正规式，直到 FA 只剩初态和终态两个结点，且只有一条从初态到终态的转换弧，则该弧上标记的正规式为与 FA 等价的正规式。

算法 2-4 构造与有穷自动机 FA（$M=(Q，\Sigma，\delta，q_0，Z)$）等价的正规式的算法

> {
> 在 M 上增加两个新结点 X 和 Y；
> 将 X 置为 M 的新的初态结点，且用 ε 弧将 X 连向 M 的所有原初态结点；
> 将 Y 置为 M 的新的终态结点，且将 M 的所有原终态结点用 ε 弧连向 Y；
> while   (FA 中有除 X、Y 之外的其他结点 || X 到 Y 的弧不止一条)
>   {
> 用消除规则逐步消除除 X、Y 之外的结点，不断用正规式来标记弧；
>   }
> }

说明：

1）消除规则见表 2-9。

2）该算法执行完毕，FA 将只剩下 X、Y 结点和一条从 X 到 Y 的弧，该弧上所标记的正规式为与 FA 等价的正规式。

表 2-9 FA 结点、弧的消除规则

规则	运算	FA	消除后的 FA
1	·	$i \xrightarrow{r_1} j \xrightarrow{r_2} k$	$i \xrightarrow{r_1 r_2} k$
2	|	$i \overset{r_1}{\underset{r_2}{\rightrightarrows}} j$	$i \xrightarrow{r_1 \mid r_2} j$
3	*	$i \xrightarrow{r_1} j \overset{r_2}{\circlearrowright} \xrightarrow{r_3} k$	$i \xrightarrow{r_1 r_2^* r_3} k$

【例 2-14】构造与图 2-13a 的 FA 等价的正规式。

解： 构造过程如下。

1）增加 X、Y 结点为新初态、终态，并连接 ε 弧，形成图 2-13b。

2）用规则 3 消除 1、6 结点及其连接弧，形成图 2-13c。

3）用规则 1 消除 5 结点及其连接弧，形成图 2-13d。

4）用规则 2 将 3 结点到自己的两条弧合并，形成图 2-13e。

5）用规则 3 消除 3 结点，形成图 2-13f。

至此，FA 中只剩下 X、Y 结点和一条从 X 到 Y 的弧，与原 FA 等价的正规式就是该弧上所标的 $b^*a(c|da)^*bb^*$。

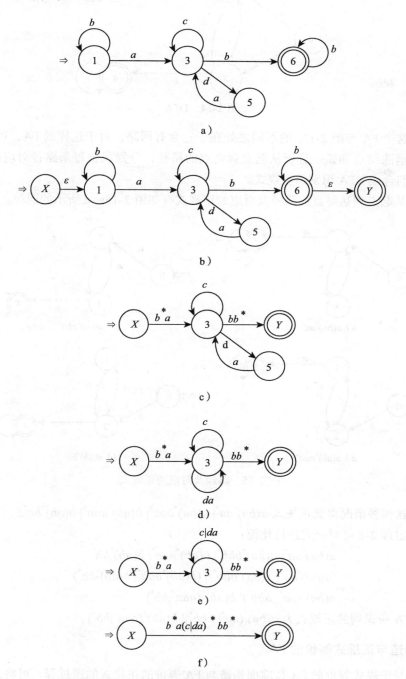

图 2-13　从 FA 构造等价的正规式的过程

【例 2-15】 构造与图 2-14 的 DFA 等价的正规式并化简。

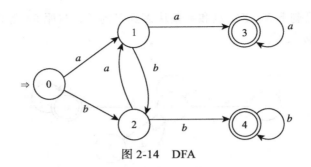

图 2-14　DFA

解：这个 FA 与图 2-13a 的不同之处在于它含有回路，对于这样的 FA，可以从路径的角度来消除结点和弧。分析从起点到终点的路径，分别找出每条路径对应的正规式，然后将它们合成 DFA 识别的正规式。

DFA 从起点到达终点的路径及对应的正规式有如图 2-15a~d 所示的四种。

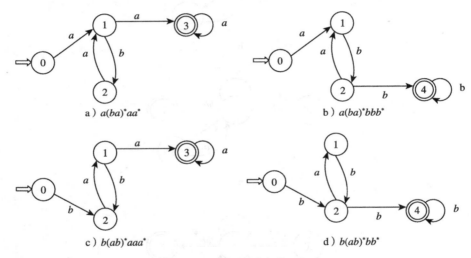

a）$a(ba)^*aa^*$ 　　　　　　b）$a(ba)^*bbb^*$

c）$b(ab)^*aaa^*$ 　　　　　　d）$b(ab)^*bb^*$

图 2-15　路经及对应的正规式

合并这四种情况得到正规式 $a(ba)^*aa^*|\,a(ba)^*bbb^*|\,b(ab)^*aaa^*|\,b(ab)^*bb^*$。

根据定理 2-1 可对上式进行化简：

$$a(ba)^*aa^*|\,a(ba)^*bbb^*|\,b(ab)^*aaa^*|\,b(ab)^*bb^*$$
$$=(a(ba)^*aa^*|\,a(ba)^*bbb^*)|\,(b(ab)^*aaa^*|\,b(ab)^*bb^*)$$
$$=a(ba)^*(aa^*|\,bbb^*)|\,b(ab)^*(aaa^*|\,bb^*)$$

所以，DFA 所识别的正规式为 $a(ba)^*(aa^*|\,bbb^*)|\,b(ab)^*(aaa^*|\,bb^*)$。

2. 构造与正规式等价的 FA

构造与正规式等价的 FA 是前面构造与 FA 等价的正规式的逆过程。可将表 2-9 的规则倒过来用，不断地分解正规式、在 FA 中不断地增加状态结点和转换弧，直到每条弧上的标记均为一个符号为止，具体算法如下。

算法 2-5　将正规式 *r* 转换成等价的 FA 的算法

```
{
        设置两个状态 X、Y, 并将 X 置为 FA 的初态 , Y 置为终态 ;
        构造如图 2-16 所示的 FA ;
        while （有多于一个终结符的标记的弧）
        {
                用分解规则引入新的状态和弧来分解弧上的标记（扩大状态转换图）;
        }
}
```

说明：

分解规则如表 2-10 所示。

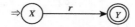

图 2-16　正规式标记的 FA

表 2-10　FA 结点、弧的分解规则

规则	运算	FA	分解后的 FA
1	·	$i \xrightarrow{r_1 r_2} k$	$i \xrightarrow{r_1} j \xrightarrow{r_2} k$
2	|	$i \xrightarrow{r_1 \| r_2} j$	$i \begin{smallmatrix} r_1 \\ r_2 \end{smallmatrix} j$
3	*	$i \xrightarrow{r_2^*} k$	$i \xrightarrow{\varepsilon} j \circlearrowleft r_2 \xrightarrow{\varepsilon} k$

【例 2-16】将正规式 $r=(ab)^*(a^*|b^*)(ba)^*$ 转换成等价的 FA。

解： 转换过程如下：

1）设置 FA 的初态结点 X 和终态结点 Y，构造如图 2-17a 所示的 FA；

2）将 r 分解为 $r=r_1 r_2$，其中 $r_1=(ab)^*$，$r_2=(a^*|b^*)(ba)^*$，按规则 1 分解，得到分解后的 FA，如图 2-17b 所示；

3）将 $r_1=(ab)^*$ 按规则 3 分解为 $r_1= r_3^*$，其中 $r_3=ab$，得到分解后的 FA，如图 2-17c 所示；

4）将 $r_3=ab$ 按规则 1 分解为 $r_3= r_4 r_5$，其中 $r_4=a$, $r_5=b$，得到分解后的 FA，如图 2-17d 所示；

5）将 $r_2= (a^*|b^*)(ba)^*$ 分解为 $r_2=r_6 r_7$，其中 $r_6=(a^*|b^*)$，$r_7=(ba)^*$，按规则 1 分解，得到分解后的 FA，如图 2-17e 所示；

6）将 $r_6=(a^*|b^*)$ 按规则 2 分解为 $r_6=(r_8| r_9)$，其中 $r_8= a^*$，$r_9= b^*$，得到分解后的 FA，如图 2-17f 所示；

7）分别将 $r_8= a^*$，$r_9= b^*$ 按规则 3 分解，得到分解后的 FA，如图 2-17g 所示；

8）将 $r_7=(ba)^*$ 按规则 3 分解 $r_7=(r_{10})^*$，其中 $r_{10}= ba$，得到分解后的 FA，如图 2-17h 所示；

9）将 $r_{10}= ba$ 按规则 1 分解 $r_{10}= r_{11} r_{12}$，其中 $r_{11}= b$，$r_{12}=a$，得到分解后的 FA，如图 2-17i 所示。

至此，FA 的每条弧上都只有一个符号，图 2-17i 就是与正规式 $r=(ab)^*(a^*|b^*)(ba)^*$ 等价的 FA。

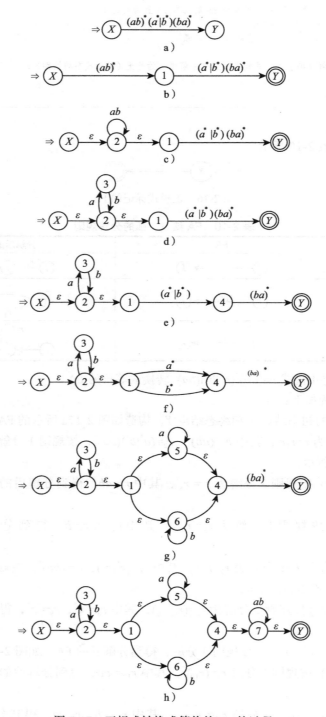

图 2-17　正规式转换成等价的 FA 的过程

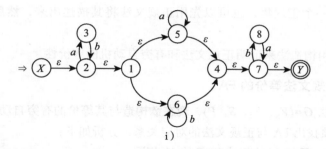

i)

图 2-17 （续）

根据算法 2-2 可将图 2-17 中的 NFA 转换成如图 2-18 所示的 DFA，具体过程不再详述，读者可自行验证。

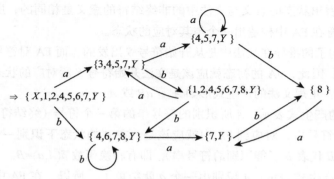

图 2-18　FA 确定化

根据算法 2-3 可将图 2-18 中的 DFA 化简为如图 2-19 所示的形式，具体过程不再详述，读者可自行验证。

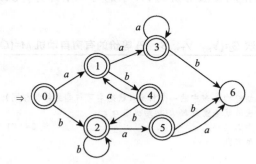

图 2-19　DFA 的化简

2.4.6　正规文法和 FA 的等价性

正规文法和正规式等价，正规式与有穷自动机等价，因而正规文法自然也与有穷自动机等价，即对于任意一个正规文法 G，一定存在一个有穷自动机 M，使得 $L(M)=L(G)$。反之，对于任意一个有穷自动机 M，也必存在一个正规文法 G，使得 $L(G)=L(M)$。

因此，对于一个正规集，也可以先用正规文法将其描述出来，然后再用等价的 FA 去进行识别。

下面依然采用构造法来证明正规文法和有穷自动机的等价性。

1. 构造与正规文法等价的 FA

设有正规文法 $G=(V_N, V_T, S, P)$，现在欲构造与其等价的有穷自动机 $M=(Q, \Sigma, \delta, q_0, Z)$，那么必须找出 FA 与正规文法的对应关系，分析如下：

1）字母表 Σ：显然 M 的 Σ 应与 G 的 V_T 相同。

2）状态集 Q：对文法而言，其中的非终结符代表它所能推出的符号串。而在 FA 中，一个状态随着符号的识别将不断转换到后继状态，直到终态结束，所以可以如此理解状态的意义：代表从它开始能够走到终态的所有符号串，即一个状态代表它所能识别的所有符号串。由此可看出状态的意义与文法中的非终结符的意义是相同的，所以可以对文法的每一个非终结符在 FA 中构造出一个与其对应的状态。

3）初态 q_0：句子的推导在文法中是从开始符号 S 出发的，而 FA 对符号串的识别是从开始状态出发的，因此，FA 的初态就应该是文法开始符号 S 所对应的状态。

4）转换函数 δ：正规文法的产生式形如 $A \rightarrow aB$ 或 $A \rightarrow a$。

形如 $A \rightarrow aB$ 的产生式表示：A 所识别的符号串的第一个符号（终结符）是 a，后面是一个由 B 推出的符号串，对应到 FA 中就应该是，在 A 的状态下识别一个符号 a，转到 B 的状态（状态 B 代表 B 所能识别的符号串），即有转换函数 $\delta(A,a)=B$。

形如 $A \rightarrow a$ 的产生式表示：A 识别出一个 a 就结束了，所以，在 FA 中可以构造一个终态 Z，在 A 的状态下识别符号 a，到达终态 Z，即有转换函数 $\delta(A,a)=Z$。在确定这种转换函数的同时也确定了 FA 的终态。

这样，就找到了与正规文法等价的 FA 中的每一个部分，从而得到以下 FA 的构造算法。

算法 2-6 构造与正规文法 $G=(V_N, V_T, S, P)$ 等价的有穷自动机 $M=(Q, \Sigma, \delta, q_0, Z)$ 的算法

```
{
    Σ=VT ;
    对 G 中的每个非终结符构造 M 中的一个状态（状态名可与非终结符相同）；
    将 G 的开始符号对应的状态置为 M 的初始状态 q0；
    增设一新状态 Z 作为 M 的终态 ；                    /* 故 Q={Z}∪VN */
    对 G 中的每一个产生式做
    {
        if  （产生式形如 A→aB）
            构造 M 的转换函数  δ(A,a)=B;
        if  （产生式形如 A→a）
            构造 M 的转换函数 δ(A,a)=Z;
    }
}
```

【例 2-17】设有正规文法 $G[S]$：

$$S \rightarrow aA \quad S \rightarrow bB \quad S \rightarrow a$$

$$A \to aB \quad A \to bA$$
$$B \to aS \quad B \to bA \quad B \to b$$

试构造与 $G[S]$ 等价的 FA。

解：等价的 FA 的构造过程如下：

1）FA 的 $\Sigma = \{a, b\}$；

2）$G[S]$ 有三个非终结符 S、A、B，对应 FA 的三个状态；

3）S 为开始状态；

4）另设一个状态 Z 作为 FA 的终态；

5）对 $G[S]$ 的每个产生式构造转换函数，画出 FA 的状态转换图，如图 2-20 所示。

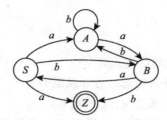

图 2-20　与 $G[S]$ 等价的 FA

2. 构造与 FA 等价的正规文法

要想构造与 FA 等价的正规文法，只需将上一小节的构造过程反过来即可，算法如下。

算法 2-7　将有穷自动机 $M=(Q, \Sigma, \delta, q_0, Z)$ 转换成正规文法 $G=(V_N, V_T, S, P)$ 的算法

```
{
    V_T = Σ;
    对 M 的每个状态设置一个与之对应的 G 的非终结符；
    将 M 的初始状态对应的非终结符置成 G 的开始符号；
    若初态亦为终态，则生成开始符号的 ε 产生式；
    对 M 的每一个转换函数 δ(A,a)=B 做
    {
        if  （若 B 为非终态）
        生成产生式 A→aB ；
        else   生成产生式生 A→aB|a ；
    }
}
```

在此算法中请关注以下两点：

1）对于初态亦是终态的情况的处理（要生成 ε 产生式）。

2）对于 $\delta(A,a)=B$，当 B 是终态时的处理（不能仅生成 $A \to a$）。

【**例 2-18**】构造与图 2-21 中的 FA 等价的正规文法。

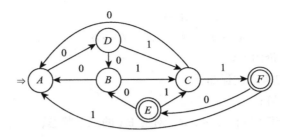

图 2-21 有穷自动机

解：对应的正规文法 $G=(V_N, V_T, S, P)$ 的构造过程如下：

1）$V_T=\{0, 1\}$；

2）$V_N=\{A, B, C, D, E, F\}$；

3）开始符号为 A；

4）对于每个非终结符生成的产生式如下：

$A \to 0D$ （A 为初态，有 0 弧至 D）

$B \to 0A \mid 1C$ （0 弧至 A，1 弧至 C）

$C \to 0A \mid 1F \mid 1$ （0 弧至 A，1 弧至 F 且 F 是终态）

$D \to 0B \mid 1C$ （0 弧至 B，1 弧至 C）

$E \to 0B \mid 1C$ （0 弧至 B，1 弧至 C）

$F \to 1A \mid 0E \mid 0$ （0 弧至 E 且 E 是终态，1 弧至 A）

2.5 词法分析程序的构造

正规集用有穷自动机来识别，所以程序设计语言的单词也利用有穷自动机识别。那么，究竟如何利用 DFA 来识别单词呢？又如何设计词法分析程序呢？

词法分析程序的设计可按如下步骤进行：

第一步，根据程序设计语言的单词定义，写出单词的正规文法或正规式；

第二步，由正规文法或正规式导出识别单词的 DFA；

第三步，根据 DFA 构造词法分析程序。

前两步已分别在本章前面几节做了介绍，第三步词法分析程序的构造有两种方法：

1）根据 DFA 编写一个词法分析程序。2.5.1 节介绍这种方法。

2）构造一个识别单词的控制程序。控制程序从 DFA 的初态出发，逐一读入输入串的字符，并根据 DFA 进行状态转换，当到达某一终态时，即识别出了一种单词。然后可对单词进行一定的处理，如查填符号表、给出单词的机内表示等。2.5.2 节就是按照这种方式构造词法分析程序的。

2.5.1 单词识别程序的构造

通过下面的例子，可以看到如何根据 DFA 编写词法分析程序，当然在这里给出的还不是能直接上机运行的程序，也可以说只是识别算法，完整的程序读者可自行编写。

【例 2-19】编写识别 C 语言标识符、无符号十进制、无符号八进制、无符号十六进制整数的程序。

1）构造单词的正规式：

若用 l 表示小写字母，m 表示大写字母，d 表示 0~9 的数字，b 表示 1~9 的数字，a 表示 0~7 的数字，c 表示字母 a~f 或 A~F，则这三种单词的正规式为：

标识符：　　　　　　　　$(l|m|\_)(l|m|d|\_)^*$
无符号十进制整数：　　　$bd^*|0$
无符号八进制整数：　　　$0aa^*$
无符号十六进制整数：$(0x|0X)(d|c)(d|c)^*$

2）构造识别这些单词的 DFA。根据单词的正规式可以构造出识别这些单词的一个完整的 DFA，如图 2-22 所示。其中状态 1 为标识符的识别态，状态 2、6 为无符号十进制整数的识别态，状态 3 为无符号八进制整数的识别态，状态 5 为无符号十六进制整数的识别态。

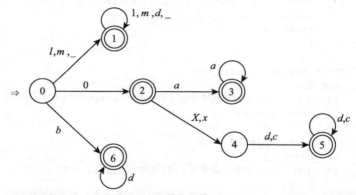

图 2-22　C 语言标识符、无符号十进制、无符号八进制、无符号十六进制整数的 DFA

3）根据 DFA 可编写出如下词法分析程序：

```
void  id_dig(word , ch) ;
{
    word ="" ;
    get_ch(ch) ;
    state = '0' ;
    while (1)
    {
        switch (state)
        {
        case '0': { if  (ch == 大小写字母或 '_')  state ='1' ;
                else  if  (ch == '0')  state ='2' ;
                    else  if  (ch == 1~9 的数字)  state ='6' ;
                        else error( ) ;
                }
        case  '1': { str_cat(word , ch) ;
                get_ch(ch) ;
                if (ch = 大小写字母或 '_' 或 0~9 数字)  state ='1';
```

```
                else{
                    accept( ) ;        /* 形成标识符的机内表示 */
                    goback( ) ;
                    return ;
                    }
                }
    case  '2': { str_cat(word , ch) ;
        get_ch(ch) ;
        if   (ch = 0~7 的数字)   state ='3' ;
            else  if  (ch ='x' 或 'X' )   state ='4' ;
                else  {
                    accept( ); /* 形成整数 0 的机内表示 */
                    goback( ) ;
                    return ;
                    }
                }
    case  '3': { str_cat(word , ch) ;
    get_ch(ch) ;
    if   (ch = 0~7 的数字)    state ='3' ;
        else{
            accept( );/* 形成无符号八进制整数的机内表示 */
            goback( ) ;
            return ;
            }
                }
case  '4': { str_cat(word , ch) ;
        get_ch(ch) ;
        if   (ch = 0~9 的数字或字母 a~f、A~F)  state ='5' ;
        else  error( ) ;
            }
case  '5': { str_cat(word , ch) ;
        get_ch(ch) ;
        if   (ch = 0~9 的数字或字母 a~f、A~F)   state ='5' ;
            else{
                accept( );/* 形成无符号十六进制整数的机内表示 */
                goback( ) ;
                return ;
                }
            }
case  '6': { str_cat(word , ch) ;
        get_ch(ch) ;
        if   (ch = 0~9 的数字)   state ='6' ;
        else{
            accept( ) ; /* 形成无符号十进制整数的机内表示 */
            goback( );
            return ;
            }
            }
        }
    }
}
```

可以看到，状态转换图中的一个状态就对应 switch 中的一个 case，每一个 case 所完成的任务包括将输入的当前字符写入单词，读入下一个输入字符，根据下一个字符进行状态转换，若到达单词识别态，则接受该单词并为下一个单词的识别做好准备等。其中的变量和函数说明如下：

1）变量 word：用于存放识别出的单词，在过程的开始先置为空，在后续的识别过程中逐步将字符写入。

2）变量 ch：用于存放当前字符。

3）函数 get_ch(ch)：读入一个字符并存入 ch。

4）变量 state：用于存放当前状态。switch 根据 state 值选择对应分支来执行。

5）函数 error( )：错误处理。

6）函数 str_cat(word, ch)：将当前 ch 中的字符写入单词 word。

7）函数 accept( )：接受已识别出的单词并形成该单词的机内表示，如需要将该单词填入符号表，则还应进行相应的操作。

8）函数 goback( )：回退一个字符，为下一个单词的识别做好准备（调整好输入串中下一单词的识别的起始位置）。

2.5.2 词法分析程序的自动生成工具 LEX 简介

LEX 是一个已被广泛使用的词法分析程序的自动生成工具，在 UNIX 系统中用 lex 命令调用，只要告诉 LEX 某种语言的单词是如何构成的，以及单词识别出来后要做的工作，它就能够构造出该语言的一个用 C 语言描述的词法分析程序。

具体来说，LEX 接受描述程序设计语言单词的正规式，然后自动生成单词的识别程序（即词法分析程序），这一过程也可以理解为将正规式翻译成识别程序，所以 LEX 也被称为 LEX 编译程序。

假定要生成 A 语言的词法分析程序，则 LEX 编译程序、A 语言词法分析器的关系如图 2-23 所示。

可以说，LEX 是用自己的一种语言——LEX 语言来对 A 语言的词法分析器进行说明，形成一个 LEX 源程序，然后对其进行编译，生成 A 语言的词法分析器。

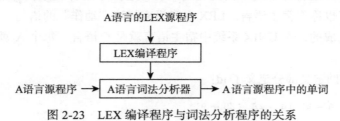

图 2-23　LEX 编译程序与词法分析程序的关系

1. LEX 语言源程序

LEX 语言源程序的一般格式为：

```
{ 辅助定义部分 }
%%
{ 识别规则部分 }
```

```
%%
{ 用户子程序部分 }
```

（1）辅助定义部分

这部分的存在是为了给用户提供一些方便，如将一个复杂的正规式定义为一个名字，格式如下：

```
名字    正规式
```

例如，将标识符（以字母开头的字母数字串）的正规式 $(a-zA-Z)(a-zA-Z0-9)*$（其中的"—"表示字符范围）定义为名字 id、将无符号整常数（数字串）的正规式 $(0—9)(0—9)*$ 定义为名字 num，则可以得到以下 LEX 的辅助定义：

```
id   [a-zA-Z] [a-zA-Z0-9]*
num  [0-9] [0-9]*
```

正规式被定义后，在后面的识别规则中就可以用名字替代这个正规式，方法是用"{}"将名字括起来，如 {id}，这样 LEX 就会自动用已定义的正规式去解释 id。

（2）识别规则部分

这部分是一串如下形式的 LEX 语句：

```
P₁    {A₁}
P₂    {A₂}
⋮
Pₙ    {Aₙ}
```

其中：

1）每一个 P_i 都是一个正规式（可以是辅助部分定义过的名字，形如 { 名字 }），定义了一种单词的词形。

2）每一个 A_i 是配备给 P_i 的一小段程序代码，指出了即将生成的词法分析程序在识别了 P_i 所定义的单词之后需要做的"动作"，例如查填符号表，返回该单词的机内码等。

事实上，LEX 语言并不是一门完整的语言，它只是某种程序设计语言的扩充，这种程序设计语言也称作宿主语言。LEX 本身没有描述"动作"的语句，"动作"的描述是由宿主语言完成的，在 UNIX 系统中宿主语言就是 C 语言，每个 A_i 就是一段 C 语言程序。

例如，在辅助定义部分定义了 id：

```
id   [a-zA-Z] [a-zA-Z0-9]*
```

则可在识别规则部分给出 id 的识别规则：

```
{id}  {yylval=install_id( );  return(ID);}
```

在这段给 id 所配备的动作（C 程序段）中调用了函数 install_id( )，其功能是将识别出的标识符插入符号表并返回该单词在符号表中的位置，该函数的具体定义必须在第三部分"用户子程序"中给出。

（3）用户子程序部分

用户子程序部分是对第二部分的补充。若在为规则配备的动作中调用了一些过程或函数，而这些过程或函数又不是宿主语言 C 语言的库函数时，就必须在此给出这些过程或函数的具体定义，例如前面提到的插入符号表函数 install_id( )。

这里的过程或函数是用 C 语言编写的，在 LEX 生成词法分析程序时会将这些过程或函数原封不动地搬入词法分析程序中。

2. LEX 编译程序工作原理

LEX 编译器的功能是根据 LEX 源程序构造一个词法分析程序，由 LEX 生成的词法分析程序是语法分析程序的子程序，每调用一次，返回给语法分析程序一个单词。

由 LEX 生成的词法分析程序由两部分组成——一个 DFA 和一个控制执行程序。以下是 LEX 编译程序的工作过程。

（1）构造每种单词的 NFA

LEX 编译程序根据 LEX 源程序识别规则部分给出的每一条规则 p_i（正规式）构造相应的不确定的有穷自动机（NFA）M_i。

（2）构造总 NFA

将所有的 NFA M_i 合并成识别该语言所有单词的总 NFA M，如图 2-24 所示。

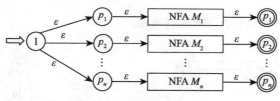

图 2-24　合并后的 NFA M

（3）构造 DFA

根据"子集法"将总 NFA 转换成 DFA，并用"分割法"对 DFA 进行化简。DFA 用状态转换矩阵表示。

（4）给出控制执行程序

控制执行程序的基本流程就是从 DFA 的初态出发，控制输入符的逐个读入，根据 DFA 拼写单词并转向后继状态，当到达某终态时接受该单词并调用相应的"动作"。由于各种语言的 DFA 的状态转换矩阵的结构是相同的，所以控制执行程序对各种语言都是一样的。当然，控制执行程序还应有各种可能的错误处理功能。这样的控制执行程序与某种语言的 DFA 结合起来就构成了该语言的词法分析程序。以下是有关控制执行程序的一个粗略算法。

算法 2-8　词法分析程序的控制执行算法

```
/*I: 当前状态；a: 当前输入字符；A: 存放单词的字符串；*/
(1) I=0;　A="";
(2) 当前读入字符 ⇒a;
```

(3) $I=I(a)$;   /* 送 (I, a) 的后继状态到 I*/

  $A=A+a$;   /* 将当前读入字符写入 A，+ 表示字符连接 */

(4) 若 I 是终态，则转向 (5)，否则转向 (2)；

(5) 处理识别出来的单词 A。 /* 即调用动作部分 $\{A_i\}$*/

2.6 练习

1. 扫描器的设计方法有哪些？分别对这些方法做扼要说明。

2. DFA 与 NFA 有什么区别？

3. 给出以下正规式：

（1）以 1 开头和结尾的二进制数串集合。

（2）在 $\Sigma=\{a, b\}$ 上，不以 a 开头，但以 aa 结尾的符号串集合。

4. 给出以下 C 程序段经词法分析获得的单词符号及属性值（二元式表示）：

```
int max(i,j)
    integer  i, j;
/*return maximum of integer i and j */
{
    return  i>j ? i: j;
}
```

5. 分别构造与图 2-25 中的两个 FA 等价的正规式。

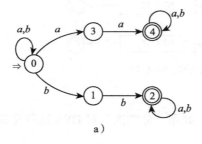

图 2-25

6. 将正规式 $r=10|(0|11)0^*1$ 转换成等价的 FA。

7. 构造与图 2-26 中的 FA 等价的正规文法。

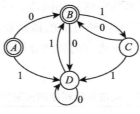

图 2-26

8. 构造与以下正规式等价的 DFA，并进行化简。

（1）0^*1^*

（2）$x^*yz \mid xy^*z \mid xyz^*$

9. 设 $\Sigma=\{a, b\}$，试证明 $b^*(a|b)^+=(a|b)^+$。

10. 某操作系统下合法的文件名为

   `device:name.extension`

   其中，第一部分（device）和第三部分（.extension）可缺省，device、name 和 extension 都是字母串，长度不限，但至少为 1，试对文件名用正规式描述，然后根据正规式构造 DFA。

11. 运货火车：前部可以有一到两个火车头，后接一节或多节车厢，最后一节为值警车厢，试给出描述货车的正规式，并写出识别货车的程序。

12. 假定一个猎人带着一只狼、一头山羊和一棵白菜来到一条河的左岸拟摆渡过河，而岸边只有一条小船，其大小仅能装载人和其余三件东西中的一件，也就是说，每一次猎人只能将随行者中的一件带到彼岸。若猎人将狼和山羊留在同一岸上而无人照管，那么狼就会将山羊吃掉；如果猎人把山羊和白菜留在同一岸上而无人照管，则山羊也会把白菜吃掉。现在请你以状态转换图为工具，描述猎人可能采取的各种摆渡方案，并从中找出可将上述三件东西安全带到右岸的方案。

第3章 自顶向下的语法分析法

编译过程中语法分析的作用是根据词法分析阶段识别出的单词进一步分析出组成源程序的各类语法单位，如表达式、语句、过程……乃至整个程序，并指出其中的语法错误。例如 C 语言中，一个程序由多个函数组成，一个函数由声明和语句组成，一个语句由表达式组成，一个表达式由运算符和操作数组成……每种语言对其所有语法单位的构成都是有规定的，这些规定被称为**语法规则**。语法规则一般用上下文无关文法描述，完成语法分析任务的程序称为语法分析器。一个程序设计语言的词法规则和语法规则定义了一个程序的形式结构。

语法分析的方法可以分为两大类——自顶向下语法分析法和自底向上语法分析法，本章介绍自顶向下的语法分析法。

3.1 语法分析概述

编译程序进行语法分析就是按语法规则来分析源程序（经词法分析已形成单词序列）是否构成符合语法规则的语法单位。完成语法分析任务的程序称为语法分析器。语法分析的实质就是识别一个符号串是否为某文法的一个句型。即当给定一个符号串时，试图按文法的规则为该符号串构造推导树或语法树，以此识别出它是否为该文法的一个句型。而当符号串全由终结符组成时，就是识别该终结符串是否为该文法的一个句子，句子是句型的特例，输入符号串就是一个终结符串，因此可以将对输入符号串进行语法分析这一问题普遍化——分析输入符号串是否为文法的一个句型。

自顶向下的语法分析方法是，从语法分析树的顶部（根结点）开始向底部（叶子结点）构造语法分析树；而自底向上的语法分析方法是，从底部（叶子结点）开始，逐渐向顶部（根结点）构造。在这两种方法中，语法分析器的输入总是按照从左向右的方式被扫描，每次扫描一个符号。

要进行语法分析，首先要对语法规则进行描述，描述的工具是上下文无关文法，即文法 $G(V_T, V_N, S, P)$ 的每个产生式都形如 $\alpha \to \beta$（$\alpha \in V_N$，$\beta \in V^*$，$V = V_T \cup V_N$）。使用上下文无关文法是因为它有足够的能力描述程序设计语言的所有语法单位。下面是 C 语言中用上下文无关文法描述程序设计语言语法单位的例子。

【例 3-1】C 语言中几种语法单位的文法：

```
<if 语句> → if  ( <表达式> ) <语句>;
        |  if  ( <表达式> ) <语句>;else <语句>;
<while 语句> → while  ( <表达式> ) <语句>;
<do while 语句> → do  <语句>  while  ( <表达式> );
```

<无参函数> → （<类型标识符> | ε) id( ) { <类型说明> <语句> }

当然，上述例子中还有很多非终结符（语法单位）没有定义，要将一门程序设计语言定义完整，就需要给出所有语法单位的定义，以上只是一门程序设计语言的定义中的一小部分，但从中已经可以看出，程序设计语言是可以用上下文无关文法定义的。

3.2　自顶向下语法分析的实现

所谓自顶向下的语法分析方法就是从文法的开始符号出发，反复使用各产生式，寻找"匹配"于输入符号串的推导。若从语法树的角度来说，就是将开始符号作为语法树的根，向下逐步构造语法树，使语法树的末端结点符号串正好是输入符号串。

3.2.1　推导树与语法树

在第 1 章中，用图 3-1 所示的这棵树表示了 C 语言的赋值语句" z=a*6%x-y"的结构，这棵树叫作语法树（也称推导树）。语法树是编译技术中十分有用的一个工具，可以用来描述句子的结构、句子的推导过程、判断文法的二义性等。

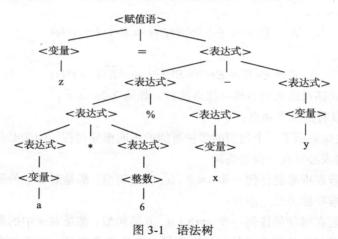

图 3-1　语法树

定义 3-1：语法树是一棵数据结构意义上的"树"，这棵"树"满足以下四个条件：

1）每个结点都有一个标记（文法字母表 V 的一个符号）；

2）根的标记是 S（文法的开始符号）；

3）若一个结点 n 至少有一个它自身除外的子孙，且有标记 A，则 A 必在 V_N 中（是非终结符）；

4）若标记为 A 的结点 n 的直接子孙从左到右的次序是结点 n_1、n_2、…、n_k，其标记分别为 A_1、A_2、…、A_k，则 $A \rightarrow A_1A_2 \cdots A_k$ 必是文法产生式集 P 中的一个产生式。

对给定文法 G，它的任何句型均能构造与之相关的语法树。

【例 3-2】对于算术表达式文法 G：

$$E \rightarrow E+E$$

$$E \rightarrow E*E$$
$$E \rightarrow (E)$$
$$E \rightarrow i$$

表达式 "$i*i+i$" 的语法树如图 3-2a 所示。

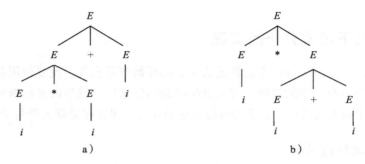

图 3-2   表达式 "$i*i + i$" 的语法树

这棵语法树说明了根据文法 G，表达式 "$i*i + i$" 的推导过程可以是：

$$E \Rightarrow E+E \Rightarrow E*E+E \Rightarrow i*E+E \Rightarrow i*i+E \Rightarrow i*i+i$$

当然，也可以是：

$$E \Rightarrow E+E \Rightarrow E+i \Rightarrow E*E+i \Rightarrow E*i+i \Rightarrow i*i+i$$

也可以是：

$$E \Rightarrow E+E \Rightarrow E+i \Rightarrow E*E+i \Rightarrow i*E+i \Rightarrow i*i+i$$

由这个表达式还可以画出另外一棵语法树，如图 3-2b 所示。

从例 3-2 可以看出以下两点：

1）一棵语法树表示了一个句型的多种可能的不同推导过程，但未必是所有的。

2）一个句型未必只有一棵语法树。

最左推导：若在推导的任何一步 $\alpha \Rightarrow \beta$（α、β 是句型）都是对 α 中的最左非终结符进行替换，则这种推导称为最左推导。

最右推导：若在推导的任何一步 $\alpha \Rightarrow \beta$（α、β 是句型）都是对 α 中的最右非终结符进行替换，则这种推导称为最右推导。最右推导也称为**规范推导**，由规范推导推出的句型称为**规范句型**。

例如，图 3-2b 所示的语法树表示的最左推导是：

$$E \Rightarrow E*E \Rightarrow i*E \Rightarrow i*E+E \Rightarrow i*i+E \Rightarrow i*i+i$$

最右推导是：

$$E \Rightarrow E*E \Rightarrow E*E+E \Rightarrow E*E+i \Rightarrow E*i+i \Rightarrow i*i+i$$

显然，一棵语法树表示的最左（右）推导是唯一的。由于一个句型未必只有一棵语法树，所以一个句型也未必只有一个最左（右）推导。

3.2.2   二义性

定义 3-2：若一个文法存在某个句子，其对应两棵（或以上）不同的语法树，或存在两个不同的最左（右）推导，则该文法是**二义的**，或说该文法具有**二义性**。

可见，前面例 3-2 中的算术表达式文法 G 是二义的，因为句子"$i*i+i$"有两棵不同的语法树。

语言的文法是不唯一的，所以如果一个文法是二义的，则该文法描述的语言可能会存在另一个非二义的文法。换句话说，对于两个不同的文法 G、G'，其中 G 非二义，G' 二义，它们所产生的语言等价是有可能的，即 $L(G)=L(G')$。

【例 3-3】下面的文法 G' 与例 3-2 中的文法 G 等价，但 G' 是非二义的。

$$G': E \rightarrow T \mid E+T$$
$$T \rightarrow F \mid T*F$$
$$F \rightarrow (E) \mid i$$

根据文法 G'，表达式"$i*i+i$"的语法树只有一棵，如图 3-3 所示。

若产生某一上下文无关语言的每个文法均是二义的，则称该语言**先天二义**。

文法的二义性会给语法分析带来麻烦。若一个文法是无二义的，则它的任何一个句型的最左（右）推导都是唯一的。这时，若要分析一个符号串，看它是否为某个文法的一个句型，只要按最左（右）推导的方式进行推导：能推出来，就说明这个符号串是该文法所描述的语言的一个正确句型；若推不出来，就说明该符号串不正确，或说有语法错误。

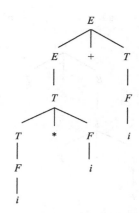

图 3-3　表达式"$i*i+i$"的语法树

已经证明，文法的二义性问题是不可判定的，本书仅给出此结论，不给出证明。

3.2.3　确定与不确定的自顶向下语法分析

采用自顶向下的语法分析方法时，一般都进行最左推导，原因有二：

其一，如果一个文法是非二义的，则文法的任何一个合法句型的最左推导一定存在，而且是唯一的。因此在分析一个句型时，只要按最左推导的方式进行推导，能推导出终结符串就说明这个句型是正确的或合法的，否则就是不正确的或有语法错误的。

其二，最左推导是按照从左到右的顺序逐步推导出终结符串的，即从左到右逐步与输入符号串相匹配，这与从左到右看句型、看程序的习惯是一致的。

【例 3-4】对于文法 G：

$$E \rightarrow T \mid E+T$$
$$T \rightarrow F \mid T*F$$
$$F \rightarrow (E) \mid i$$

有表达式"$i*i + i$"，则从推导的角度来看语法分析就是进行以下的最左推导：

$$E \Rightarrow \underline{E}+T \Rightarrow \underline{T}+T \Rightarrow \underline{T}*F+T \Rightarrow \underline{F}*F+T \Rightarrow i*\underline{F}+T \Rightarrow i*i+\underline{T} \Rightarrow i*i+\underline{F} \Rightarrow i*i+i$$

其中，带下划线的是每次替换的非终结符，都是句型中最左边的那个非终结符。

若从语法树的角度来看语法分析就是按照自顶向下的过程构造该表达式的语法树，其构造过程如图 3-4a~i 所示。

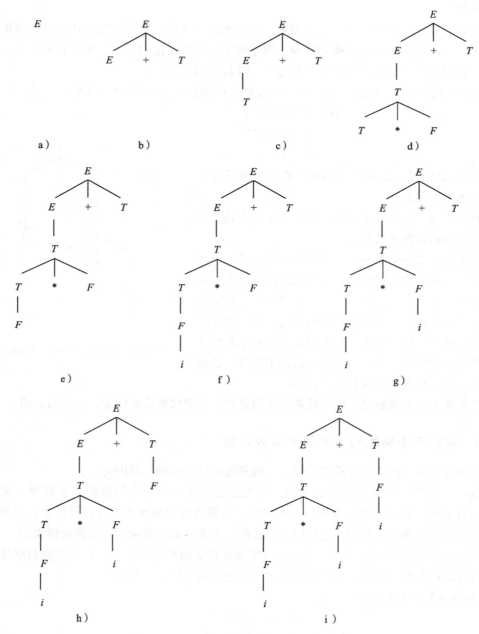

图 3-4 "*i**i+i*" 语法树的自顶向下构造过程

推导过程中对左部相同、右部不同的产生式如何选择是自顶向下语法分析方法必须要解决的问题，而这种选择取决于文法。对于各种不同的文法，一般存在两种不同的分析方法——确定的自顶向下的语法分析方法和不确定的自顶向下的语法分析方法。

1. 确定的自顶向下的语法分析方法

确定的自顶向下的语法分析方法：若在推导时每次都能根据输入符号串当前所要匹配的符号选择唯一的一个产生式往下推，则这种分析方法就称为确定的自顶向下的语法分析方法。

【例3-5】文法 G：

$$S \rightarrow xA|yB$$
$$A \rightarrow aA|c$$
$$B \rightarrow bB|d$$

描述的语言的句子结构必形如"$xaa\cdots c$"（正规式为 xa^*c）或"$ybb\cdots d$"（正规式为 yb^*d）。对于形如"$xaa\cdots c$"的输入符号串，最左推导过程中对产生式的选择顺序必然是：

$$S \rightarrow xA、A \rightarrow aA、A \rightarrow aA、\cdots、A \rightarrow c$$

在这种推导过程中，每一步对产生式的选择都是唯一的、确定的，即推导的"路径"是唯一的。在这种情况下，当给定一个输入符号串进行语法分析时，沿着这条唯一的"路径"前进，如果能"走通"，即得到一个匹配于输入符号串的推导，那么就说明输入符号串是语言的合法句子，语法分析成功，否则就说明输入符号串是错误的（或不是语言的句子）。显然，这种分析方法方便、简单，易于计算机实现。

2. 不确定的自顶向下的语法分析方法

不确定的自顶向下的语法分析方法：若在推导时无法根据当前输入的符号唯一地确定应选用的产生式，而需要通过"尝试→回头→再尝试"往下推，那么这种"尝试→回头→再尝试"的语法分析方法就是一种带回溯的语法分析方法，称为不确定的自顶向下的语法分析方法。

【例3-6】有文法 G：

$$S \rightarrow xA|xB$$
$$A \rightarrow aA|a$$
$$B \rightarrow bB|b$$

该文法描述的语言的句子结构必形如"$xaa\cdots$"（正规式为 xa^*a）或"$xbb\cdots$"（正规式为 xb^*b）。

当有输入符号串"$x\cdots$"时，计算机的推导匹配过程应该如下：

1）从 S 开始，选择 $S \rightarrow xA$ 或 $S \rightarrow xB$ 中的一个去匹配"x"，但显然计算机是无法确定应该用哪个产生式的，当然可以采用"尝试"的办法，即先用 $S \rightarrow xA$ 往下推，发现不行（无法匹配输入符号串）时再"回头"，用 $S \rightarrow xB$ 往下推；

2）若用 A 去匹配输入符号串"$a\cdots$"，此时，计算机同样不能确定究竟该使用产生式 $A \rightarrow aA$ 还是 $A \rightarrow a$，当然，同样也可以进行"尝试"，用其中的某一个产生式往下推，发现不行时再"回头"用另一个产生式重推，这样不断地"尝试→回头→再尝试"，直到推出与输入符号串相匹配的句子来。

当然也会出现所有的"尝试"都不能使输入符号串得到匹配的情况，这时则说明输入符号串不是该文法的合法句型。

如果把这种"回头"重新"尝试"的过程称为"回溯",那么这种"尝试→回头→再尝试"的语法分析方法就是一种带回溯的语法分析方法,称为不确定的自顶向下的语法分析方法。不确定的语法分析方法是一种穷举的试探方法,其效率低、代价高,故极少使用,本书也不作介绍。

显然,在进行自顶向下的语法分析时,希望采用"确定"的分析方法,而能否使用这种方法则是由文法决定的。

3.3　确定的自顶向下的语法分析条件

需要选用确定的自顶向下的语法分析时,必须判别所给文法是否为 LL(1) 文法。

LL(1) 的含义是:第一个 L 表示在进行自顶向下的语法分析时是从左向右对输入符号串进行扫描的,第二个 L 表示分析采用最左推导的方法,括号中的"1"表示只看一个输入符(即当前要匹配的输入符)就可以唯一地确定应选用的产生式。

3.3.1　LL(1) 文法

本节说明判断含 ε 产生式的文法和不含 ε 产生式的文法是否为 LL(1) 文法的方法和步骤。

1. 不含 ε 产生式的文法

【例 3-7】文法 $G_1[S]$:

$$S \rightarrow Aa \quad A \rightarrow aA \quad B \rightarrow Ac \quad D \rightarrow c$$
$$S \rightarrow bB \quad A \rightarrow d \quad B \rightarrow Da$$
$$S \rightarrow Dc$$

对此文法的分析如下:

1) S 有三个产生式,若用 S 去匹配输入符号串的一个符号 x,那么究竟应该选用哪个产生式呢? 要用 S 去匹配 x,也就是从 S 开始推导,用 S 推出的第一个终结符去匹配 x,显然,用 S 的哪个产生式能推出第一个终结符 x,就应选用那个产生式。S 的三个产生式的右部分别为 Aa、bB、Dc,它们能推出的首个终结符为:

$$Aa : a \text{ 或 } d$$
$$bB : b$$
$$Dc : c$$

所以,若 x 为"a"或"d",则应用 $S \rightarrow Aa$ 往下推导;若 x 为"b",则应用 $S \rightarrow bB$ 往下推导;若 x 为"c",则应用 $S \rightarrow Dc$ 往下推导。

在此,为一个符号串可能推出的首终结符定义一个集合——FIRST 集合。

定义 3-3:α 为一符号串,则

$$\text{FIRST}(\alpha) = \{a \mid \alpha \overset{*}{\Rightarrow} a\cdots, \ a \in V_T, \ \alpha \in V^*\}$$

若 $\alpha \overset{*}{\Rightarrow} \varepsilon$，则规定 $\varepsilon \in \text{FIRST}(\alpha)$。

根据以上定义可以算出例 3-7 中 S 的三个产生式的右部的 FIRST 集：

$$\text{FIRST}(\ Aa\ )=\{\ a,\ d\ \}$$
$$\text{FIRST}(\ bB\ )=\{\ b\ \}$$
$$\text{FIRST}(\ Dc\ )=\{\ c\ \}$$

这三个集合是两两互不相交的。若用 S 去匹配输入符 x，则可以根据 x 的情况来唯一地确定应选用的产生式：

- 若 $x \in \text{FIRST}(Aa)$（即 $x=$ "a" 或 "d"），则用 $S \rightarrow Aa$ 往下推；
- 若 $x \in \text{FIRST}(bB)$（即 $x=$ "b"），则用 $S \rightarrow bB$ 往下推；
- 若 $x \in \text{FIRST}(Dc)$（即 $x=$ "c"），则用 $S \rightarrow Dc$ 往下推。

2）同理，A 有两个产生式，它们的右部的 FIRST 集分别为：

$$\text{FIRST}(\ aA\ )=\{\ a\ \}$$
$$\text{FIRST}(\ d\ )=\{\ d\ \}$$

两者的交集为空。若用 A 去匹配某个输入符 x，也可根据 x 唯一确定应选用的产生式：

- 若 $x \in \text{FIRST}(aA)$（即 $x=$ "a"），则选用 $A \rightarrow aA$；
- 若 $x \in \text{FIRST}(d)$（即 $x =$ "d"），则选用 $A \rightarrow d$。

3）关于 B 的产生式也有两个，它们的右部的 FIRST 集分别为：

$$\text{FIRST}(\ Ac\ )=\{\ a,\ d\ \}$$
$$\text{FIRST}(\ Da\ )=\{\ c\ \}$$

两者的交集也为空。若用 B 去匹配某个输入符 x，则：

- 若 $x \in \text{FIRST}(Ac)$（即 $x=$ "a" 或 "d"），则选用 $B \rightarrow Ac$；
- 若 $x \in \text{FIRST}(Da)$（即 $x=$ "c"），则选用 $B \rightarrow Da$。

4）关于 D 只有一个产生式，对于 D 的产生式的选择当然是唯一的。

根据以上分析可以看出，本文法是可以进行确定的自顶向下的语法分析的。

例如，对输入符号串 "$baadc$" 可以构造出以下推导（语法树如图 3-5 所示）：

$$S \Rightarrow bB \Rightarrow bAc \Rightarrow baAc \Rightarrow baaAc \Rightarrow baadc$$

该推导中的每一步都直接推导对产生式的选择是唯一的。

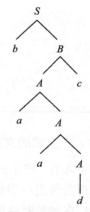

图 3-5　符号串 "$baadc$" 的语法树

➡ 由此，得到以下**结论**：

当文法中非终结符 A 不含 ε 产生式时，若其不同产生式的右部的 FIRST 集两两互不相交，则当用 A 的产生式进行推导时能唯一确定应选用的产生式。

在此给出 FIRST(α) 集的构造算法。

算法 3-1　FIRST(α) 集的构造算法

```
{
    对每个文法符号 X (X ∈ V_T ∪ V_N) 做        /* 先构造单个文法符号的 FIRST 集 */
        {
            FIRST(X)=∅;
            if  ( X ∈ V_T )
                FIRST(X)={X};
            if  ( X ∈ V_N && 有产生式 X→a… (a ∈ V_T) )
                FIRST(X) = FIRST(X) ∪ {a};
            if  ( X ∈ V_N && 有产生式 X→ε )
                FIRST(X) = FIRST(X) ∪ {ε};
            if  ( X ∈ V_N && 有产生式 X→Y_1Y_2…Y_k… (Y_j ∈ V,1≤j≤k)
                {
                    j=0;
                    do
                        {
                            j=j+1;
                            FIRST(X)=FIRST(X) ∪ (FIRST(Y_j)-{ε});
                        }
                    while (ε ∈ FIRST(Y_j) && j!=k);
                    if  ( j==k && ε ∈ FIRST(Y_k) )
                        FIRST(X) = FIRST(X) ∪ {ε};
                }
        }
    if  ( α=X_1X_2…X_n)                            /* 再构造 α 的 FIRST 集 */
        {
            FIRST(α)= ∅;
            i=0;
            do
                {
                    i=i+1;
                    FIRST(α)=FIRST(α) ∪ (FIRST(X_i)-{ε});
                }
            while (ε ∈ FIRST(X_i) && i!=n);
            if  ( i=n &&ε ∈ FIRST(X_n) )
                FIRST(α) = FIRST(α) ∪ {ε};
        }
}
```

2. 含 ε 产生式的文法

文法中含有 ε 产生式时情况又会怎样呢？当然，不含 ε 的部分同样应该与前面的结论一致，而需要进一步加以考虑的是：ε 产生式对文法进行确定的自顶向下的语法分析有何影响？在推导时使用 ε 产生式是不会匹配任何输入符的，那么何时可以或者应该使用 ε 产生式呢？看下面一个例子。

【例 3-8】文法 $G[S]$：

$$S \rightarrow eT \quad T \rightarrow DR \quad R \rightarrow dR \quad D \rightarrow a$$
$$S \rightarrow RT \quad T \rightarrow \varepsilon \quad R \rightarrow \varepsilon \quad D \rightarrow bd$$

对此文法的分析如下：

1）D、S有两个产生式，其中

- 关于D：FIRST(a) ∩ FIRST(bd)={ a } ∩ { b }=∅，所以当用D去匹配某输入符时完全可以根据输入符唯一确定应选用的产生式。

- 关于 S：FIRST(RT)取决于R，也就是说，FIRST(eT) ∩ FIRST(RT)是否为空还要看R的产生式右边符号串的 FIRST 集情况。

2）关于T、R各有两个产生式，其中一个是ε。

先来看一个输入符号串"$ddbdd$"的推导过程（语法树见图 3-6）：

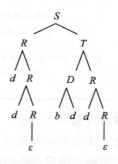

图 3-6　符号串"$ddbdd$"的语法树

$$S \Rightarrow RT \Rightarrow dRT \Rightarrow ddRT \Rightarrow ddT \Rightarrow ddDR \Rightarrow ddbdR \Rightarrow ddbddR \Rightarrow ddbdd$$

其中，第四步推导使用了产生式$R \rightarrow \varepsilon$，选用它的原因有二：

① 此时要用R去匹配输入符"b"，显然，选用$R \rightarrow dR$是不可能达到这一目的的（$b \notin$ FIRST（dR））；

② 若用$R \rightarrow \varepsilon$往下推，虽然这一步推导也匹配不了"$b$"，但$R$后是$T$，而$T$是可以推出首字符"$b$"的，换句话说，"$b$"是一个可以跟在$R$后面的字符。

因此，此时可以用也必须用$R \rightarrow \varepsilon$往下推，而把"$b$"留给后面的$T$去匹配。

同理，在推导的第八步，推导结果比输入符号串多一个R，使用$R \rightarrow dR$肯定不行，必须使用$R \rightarrow \varepsilon$，使推导结束。

在此，为在推导过程中一个非终结符的后边（右边）可能出现的终结符定义一个集合——FOLLOW 集。

定义 3-4：A为一非终结符，则

$$\text{FOLLOW}(A)=\{a \mid S \overset{*}{\Rightarrow} \cdots Aa \cdots,\ a \in V_T \}$$

若有$S \overset{*}{\Rightarrow} \cdots A$，则规定 # ∈ FOLLOW($A$)（规定将"#"作为句子括号，即任何输入符号串都以"#"为开始和结束符）。

本例中：

$$\text{FOLLOW}(T)=\{ \# \}$$
$$\text{FOLLOW}(R)=\{ a,\ b,\ \# \}$$

这样，若A要匹配的输入符$x \in$ FOLLOW(A)，则可以用$A \rightarrow \varepsilon$进行推导。

显然，用$A \rightarrow \varepsilon$进行推导还应该有另一个前提条件，那就是 FOLLOW(A)与A的其他非ε产生式的右部的 FIRST 集的交集均应为空。

在此给出求非终结符的 FOLLOW 集的算法。

算法 3-2　求非终结符A的 FOLLOW 集的算法

```
{
    FOLLOW(A)=∅;
    对文法的开始符号 S 置 FOLLOW(S)={'#'};
```

```
对所有形如 B → αAβ 的产生式做
    {
        FOLLOW (A) = FOLLOW (A) ∪ (FIRST (β) - { ε });
        if  ( β ⇏ ε )   FOLLOW (A) = FOLLOW (A) ∪ FOLLOW (B);
    }
对所有形如 B → αA 的产生式做
    { FOLLOW (A) = FOLLOW (A) ∪ FOLLOW (B) }
}
```

由此得到以下结论：

当文法中非终结符 A 含有 ε 产生式时，若满足以下条件，则当用 A 的产生式进行推导时仍能唯一确定应选用的产生式。

1）A 的非 ε 产生式的右部的 FIRST 集两两互不相交；

2）FOLLOW(A) 也不与 A 的任一非 ε 产生式的右部的 FIRST 集相交。

满足这两个条件时，若要用 A 去匹配输入符 x，则只要看 x 落在哪个集合中：

- 若 x 落在产生式 $A \to \alpha$ 的 FIRST(α) 中，就用 $A \to \alpha$ 去推导；
- 若 x 落在 FOLLOW(A) 中，就用 $A \to \varepsilon$ 去推导。

该结论也可以这样描述：

当文法中有 $A \to \alpha$，$A \to \beta$ 时，若 α、β 不能同时推出 ε（设 $\alpha \Rightarrow̸ \varepsilon$，$\beta \overset{*}{\Rightarrow} \varepsilon$），且满足条件

$$\text{FIRST}(\alpha) \cap (\text{FIRST}(\beta) \cup \text{FOLLOW}(A)) = \varnothing$$

则对非终结符 A 的替换仍能唯一确定应选用的产生式。

为将以上两种情况综合起来进行统一的描述，在此定义一个关于产生式的集合——SELECT 集。

定义 3-5：产生式 $A \to \alpha$ 的 SELECT 集为：

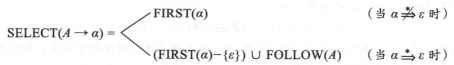

$$\text{SELECT}(A \to \alpha) = \begin{cases} \text{FIRST}(\alpha) & （当 \alpha \Rightarrow̸ \varepsilon 时） \\ (\text{FIRST}(\alpha) - \{\varepsilon\}) \cup \text{FOLLOW}(A) & （当 \alpha \overset{*}{\Rightarrow} \varepsilon 时） \end{cases}$$

这个集合表明，当用 A 去匹配输入符 x 时，若 $x \in \text{SELECT}(A \to \alpha)$，则应用 $A \to \alpha$ 去推导。

定义了这个 SELECT 集后，就可以将由前面两种情况得到的结论用该集合来统一进行描述：

无论非终结符 A 是否含有 ε 产生式，若要使得对 A 的产生式的选择是唯一的，则文法应满足条件——**A 的不同产生式的 SELECT 集两两互不相交**。

3. LL(1) 文法的判断

现在，可以归纳一下，满足什么条件的文法能够采用确定的自顶向下的语法分析技术，这样的文法称 LL(1) 文法。

定义 3-6：一个上下文无关文法是 LL(1) 文法的充分必要条件为：

1）文法不含左递归；

2）对每个非终结符 A 的两个不同的产生式 $A \rightarrow \alpha$，$A \rightarrow \beta$（其中 α、β 不能同时推出 ε），满足条件：

$$\text{SELECT}(A \rightarrow \alpha) \cap \text{SELECT}(A \rightarrow \beta) = \varnothing$$

一个上下文无关文法是否为 LL(1) 文法，其判断方法和步骤如下：

1）根据定义计算每个产生式的 SELECT 集；

2）对左部相同的产生式，查看它们的 SELECT 集，若两两互不相交，则该上下文无关文法为 LL(1) 文法。

【例 3-9】判断文法 $G[S]$ 是否为 LL(1) 文法：

$$S \rightarrow eT \quad T \rightarrow DR \quad R \rightarrow dR \quad D \rightarrow a$$
$$S \rightarrow RT \quad T \rightarrow \varepsilon \quad R \rightarrow \varepsilon \quad D \rightarrow bd$$

① 关于 S：

$$\text{SELECT}(S \rightarrow eT) = \{e\}$$
$$\text{SELECT}(S \rightarrow RT) = \{d, a, b, \#\}$$

故

$$\text{SELECT}(S \rightarrow eT) \cap \text{SELECT}(S \rightarrow RT) = \varnothing$$

② 关于 T：

$$\text{SELECT}(T \rightarrow DR) = \{a, b\}$$
$$\text{SELECT}(T \rightarrow \varepsilon) = \{\#\}$$

故

$$\text{SELECT}(T \rightarrow DR) \cap \text{SELECT}(T \rightarrow \varepsilon) = \varnothing$$

③ 关于 R：

$$\text{SELECT}(R \rightarrow dR) = \{d\}$$
$$\text{SELECT}(R \rightarrow \varepsilon) = \{a, b, \#\}$$

故

$$\text{SELECT}(R \rightarrow dR) \cap \text{SELECT}(R \rightarrow \varepsilon) = \varnothing$$

④ 关于 C：

$$\text{SELECT}(D \rightarrow a) = \{a\}$$
$$\text{SELECT}(D \rightarrow bd) = \{b\}$$

故

$$\text{SELECT}(D \rightarrow a) \cap \text{SELECT}(D \rightarrow bd) = \varnothing$$

因此，$G[S]$ 为 LL(1) 文法。

3.3.2　非 LL(1) 文法到 LL(1) 文法的等价变换

由 LL（1）文法的定义可知，若文法中含有左公共因子，或含有直接或间接左递归，则该文法一定不是 LL（1）文法。确定的自顶向下分析方法要求给定语言的文法必须是 LL（1）形式，但是不一定每种语言都有 LL（1）文法，下面讲述如何将非 LL（1）文法变换为等价的 LL（1）形式。

1. 提取左公共因子

【例 3-10】有文法 G：

$$S \rightarrow xAy$$

$$A \rightarrow ab|Bc$$
$$B \rightarrow aB|c$$

从该文法可以看出，其中的非终结符 A 有两个产生式，故有以下推导：

$$A \Rightarrow ab$$
$$A \Rightarrow Bc \Rightarrow aBc$$

即对 A 用不同的产生式往下推均能推出首字符 "a"。

那么，当输入符号串为 "$xaaccy$" 时，推导匹配过程可以为：

① 匹配 "x"：选用 $S \rightarrow xAy$，语法树构造成图 3-7a；

② 匹配第一个 "a"：尝试选用 $A \rightarrow ab$，语法树构造成图 3-7b；

③ 匹配第二个 "a"：由于在第②步中已推导出句子，所以无法继续往下推了，而其中的 "a" 后为 "b"，故第二个 "a" 无法得到匹配，这说明推导有误，回溯到上一步②重新选择产生式进行推导（从②′重新进行推导）；

②′ 匹配第一个 "a"：选用 $A \rightarrow Bc$，再选用 $B \rightarrow aB$（此时对 B 的产生式的选择是唯一的），第一个 "a" 得到匹配，语法树构造成图 3-7c；

③′ 匹配第二个 "a"：选用 $B \rightarrow aB$，"a" 得到匹配，语法树构造成图 3-7d；

④ 匹配 "c"：选用 $B \rightarrow c$（选择唯一），"c" 得到匹配，语法树构造成图 3-7e；

⑤ 匹配第二个 "c"：第④步已推导出句子，而其中的第一个 "c" 后正好又是 "c"，故第二个 "c" 得到匹配；

⑥ 匹配 "y"：句子中第二个 "c" 后也正好是 "y"，得到匹配。

至此，整个输入符号串得到匹配，推导过程结束。

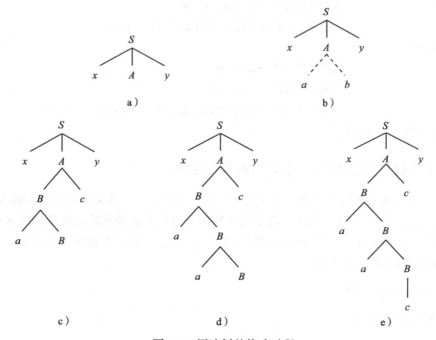

图 3-7 语法树的构造过程

从这个例子可以看出，由于 A 用不同产生式的右部往下推都能推出"$a\cdots$"，所以在推导过程中必须先选择某个产生式进行"尝试"性推导，若不成功，则回溯，再选用另一个产生式进行推导，……，这样不断地进行"尝试""回溯"，直到推导成功或全部产生式都尝试过（说明输入符号串不是合法句型）。

由此得到以下结论：

若用同一非终结符的不同产生式进行推导可以推出相同的首字符，则在推导过程中就会造成"回溯"。

解决该问题的方法是提取左公共因子，即

若有 $A \rightarrow \alpha\beta_1 \,|\, \alpha\beta_2 \,|\, \cdots \,|\, \alpha\beta_n$

则可进行以下等价变换，将不同右部的左公共因子提取出来：

$$A \rightarrow \alpha(\beta_1 \,|\, \beta_2 \,|\, \cdots \,|\, \beta_n)$$

再引入一个新的非终结符 A'，进一步变换成：

$$A \rightarrow \alpha A'$$
$$A' \rightarrow \beta_1 \,\,|\,\, \beta_2 \,\,|\,\, \cdots \,\,|\,\, \beta_n$$

这样，左公共因子的问题就解决了。

需要提醒的是，α 提取出来后，β_1、β_2、$\cdots$、β_n 或其中的某几个 β_i 可能还含有左公共因子，如果是这样，则可以按以上方法进行进一步提取。

【例 3-11】某文法中有

$$A \rightarrow aABe$$
$$A \rightarrow a$$

则可将两个产生式改写成：

$$A \rightarrow aABe \,|\, a$$

提取左公共因子得：

$$A \rightarrow a(ABe \,|\, \varepsilon) \qquad （注意其中的 \varepsilon 不可遗漏）$$

引入非终结符 A' 得到：

$$A \rightarrow aA'$$
$$A' \rightarrow ABe \,|\, \varepsilon$$

【例 3-12】有文法 G：

$$S \rightarrow Ab \,|\, a$$
$$A \rightarrow aA \,|\, a$$

文法中有左公共因子，将 $A \rightarrow aA \,|\, a$ 代入 $S \rightarrow Ab \,|\, a$，得：

$$S \rightarrow (aA \,|\, a)b \,|\, a$$

即

$$S \rightarrow aAb \,|\, ab \,|\, a$$

提取 a，得：

$$S \rightarrow a\,(Ab \,|\, b \,|\, \varepsilon)$$

引入新的非终结符 S'，得：

$$S \rightarrow aS'$$

$$S' \rightarrow Ab \mid b \mid \varepsilon$$

对 $A \rightarrow aA \mid a$ 提取左公共因子 a，得：

$$A \rightarrow a\,(A \mid \varepsilon)$$

引入新的非终结符 A'，得：

$$A \rightarrow aA'$$
$$A' \rightarrow A \mid \varepsilon$$

由此得到等价的文法：

$$G': \quad S \rightarrow aS'$$
$$S' \rightarrow Ab \mid b \mid \varepsilon$$
$$A \rightarrow aA'$$
$$A' \rightarrow A \mid \varepsilon$$

值得注意的是：并不是每个文法的左公共因子都能在有限的步骤内提取完毕的。

2. 消除左递归

【例 3-13】有文法 G：

$$S \rightarrow Sa$$
$$S \rightarrow b$$

这是一个左递归文法（文法中有 $S \rightarrow Sa$），当输入符号串为 "baa" 时，推导匹配过程可能为：

① 匹配 "b"：选用 $S \rightarrow b$，"b" 得到匹配，语法树构造成图 3-8a；

② 匹配第一个 "a"：在①中已推导出句子，所以无法再向下推，"a" 得不到匹配，故回溯到①（从①′重新进行推导）；

②′ 重新匹配 "b"：选用 $S \rightarrow Sa$，语法树构造成图 3-8b；

②″ "b" 未得到匹配，继续用 $S \rightarrow Sa$ 往下推，语法树构造成图 3-8c；

③ "b" 仍未得到匹配，若继续用 $S \rightarrow Sa$ 不断地往下推，就会造成推导过程无法终止。

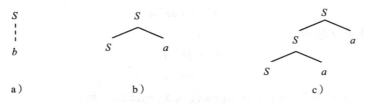

图 3-8 语法树的构造过程

可以看出，由于文法中含有左递归，所以在分析过程中可能会需要进行"回溯"，同时还会出现这样的情况：当试图用 S 去匹配输入符号串时，在不读入任何符号的情况下，又得重新用 S 去进行新的匹配，这将使分析过程陷于无限循环之中。

由此得到以下结论：

若文法含有左递归，则在推导过程中会造成"回溯"。

分两种情况来讨论如何消除左递归。

（1）直接左递归的消除

所谓直接左递归就是 P 经过一步推导就可以推出 $P\alpha$。

先分析含有以下形式的产生式的文法（β 不以 P 开头）：

$$P \to P\alpha \mid \beta$$

P 往下推导所能产生的符号串为 "β" 或 "$\beta\alpha\cdots\alpha$"，要产生这样的符号串，也可以用以下等价的、不含左递归的两个产生式（其中引入了一个新的非终结符 P'）：

$$P \to \beta P'$$
$$P' \to \alpha P' \mid \varepsilon$$

在此，给出消除直接左递归的一般公式（不给出证明）：

若有　　　　　$A \to A\alpha_1 \mid A\alpha_2 \mid \cdots \mid A\alpha_m \mid \beta_1 \mid \beta_2 \mid \cdots \mid \beta_n$

则可改写成：

$$A \to \beta_1 A' \mid \beta_2 A' \mid \cdots \mid \beta_n A'$$
$$A' \to \alpha_1 A' \mid \alpha_2 A' \mid \cdots \mid \alpha_m A' \mid \varepsilon$$

【例 3-14】若文法中有

$$B \to Bb$$
$$B \to d$$

则含有直接左递归。将两个产生式合并为：

$$B \to Bb \mid d$$

套用上面的公式，引入非终结符 B'，可将文法的产生式改写成以下两个产生式以消除直接左递归：

$$B \to dB'$$
$$B \to bB' \mid \varepsilon$$

（2）间接左递归的消除

所谓间接左递归就是 P 经过多于一步的推导可以推出 $P\alpha$。

要消除这样的左递归，可以先通过产生式的代入，将间接左递归变为直接左递归，然后再使用消除直接左递归的公式进行消除。

【例 3-15】消除以下文法 G 的左递归：

$$S \to Aa \mid b$$
$$A \to Ac \mid Sd \mid \varepsilon$$

该文法中有 $A \to Ac$，其是直接左递归，同时由于有 $S \to Aa$、$A \to Sd$，使得存在 $S \Rightarrow Aa \Rightarrow Sda$，其是间接左递归，故消除左递归的过程如下：

用 $S \to Aa \mid b$ 替换 $A \to Sd$ 中的 S，得：

$$A \to Ac \mid (Aa \mid b)d \mid \varepsilon$$

即　　　　　$A \to Ac \mid Aad \mid bd \mid \varepsilon$

这样就将间接左递归变成了直接左递归，套用消除直接左递归的公式可得到等价文法：

$$G': \quad S \rightarrow Aa \mid b$$
$$A \rightarrow bdA' \mid A'$$
$$A' \rightarrow cA' \mid adA' \mid \varepsilon$$

3.4   自顶向下语法分析程序的构造

进行确定的自顶向下语法分析的前提是，文法必须是 LL(1) 的，对于这样的文法，可以采用两种构造语法分析程序的方法：一种是预测分析法，另一种是递归下降分析法。预测分析法也叫 LL(1) 分析法，采用这种方法进行语法分析的程序就叫作预测分析器或 LL(1) 分析器。递归下降分析法也称为递归子程序法，采用这种方法进行语法分析的程序叫作递归下降分析程序（器）。递归下降分析法同样要求文法是 LL(1) 的。

3.4.1   预测分析法

预测分析法的分析思想是：从文法的开始符号出发进行最左推导，向前查看一个输入符号（即当前输入符）以确定唯一选用的产生式，然后用该产生式进行推导。一个预测分析器由三个部分组成：一张预测分析表，一个分析用的栈，以及预测分析程序本身。

预测分析器模型如图 3-9 所示，程序的动作总是根据栈顶符号 X 和当前输入符 a 的情况来进行的。

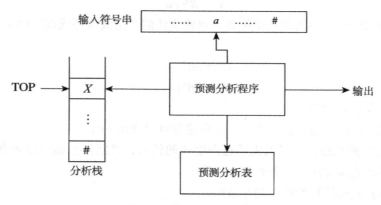

图 3-9   预测分析程序模型

1. 预测分析表

预测分析表是一张由若干行、若干列构成的二维表，用一个矩阵 M 表示，该矩阵的形成与文法有关，其中：

（1）M 的行——以文法的非终结符为行，一个非终结符占一行；

（2）M 的列——以文法的终结符或句子括号" $\#$ "为列，一个终结符或" $\#$ "占一列；

（3）M 的元素 $M[A, a]$——有两种值，一种是存放关于 A 的一条产生式，表示当用

非终结符 A 向下推导、面临的（即要匹配的）输入符是 a 时所应选用的产生式；第二种是空着（无产生式），表示用 A 向下推导时不该出现输入符 a，若出现，则应做出错处理（即空着就表示出错处理）。

由元素 $M[A，a]$ 值的意义可知，其值应这样获得：根据产生式的 SELECT 集，若 $a \in$ SELECT$(A \rightarrow \alpha)$，则 $M[A，a]=$ "$A \rightarrow \alpha$"。

【例 3-16】在例 3-9 中，已算得文法 $G[S]$ 的各产生式的 SELECT 集如下：

$$\text{SELECT}(S \rightarrow eT)=\{e\}$$
$$\text{SELECT}(S \rightarrow RT)=\{d，a，b，\#\}$$
$$\text{SELECT}(T \rightarrow DR)=\{a，b\}$$
$$\text{SELECT}(T \rightarrow \varepsilon)=\{\#\}$$
$$\text{SELECT}(R \rightarrow dR)=\{d\}$$
$$\text{SELECT}(R \rightarrow \varepsilon)=\{a，b，\#\}$$
$$\text{SELECT}(D \rightarrow a)=\{a\}$$
$$\text{SELECT}(D \rightarrow bd)=\{b\}$$

据此，可构造出文法 $G[S]$ 的预测分析表（见表 3-1）（为了简单起见，表中仅列出产生式的右部）。

表 3-1 文法 $G[S]$ 的预测分析表

	a	b	d	e	$\#$
S	RT	RT	RT	eT	RT
T	DR	DR			ε
R	ε	ε	dR		ε
D	a	bd			

2. 分析栈

一个先进后出的分析栈形如图 3-10，用于存放在分析过程中遇到的终结符或非终结符，一个单元存放一个文法符号。

分析栈的使用见后续的预测分析程序。

3. 预测分析程序

预测分析程序的流程图如图 3-11 所示。

其中，函数 push(X) 将 X 压入分析栈，pop(X) 将分析栈的栈顶符号弹出并送入 X，nop( ) 为空操作，error( ) 为出错诊断处理过程或函数。

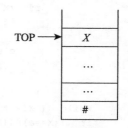

图 3-10 分析栈

【例 3-17】在例 3-16 中的预测分析表的基础上，给出句子 "$ddbdd$" 的分析过程。

句子 "$ddbdd$" 的分析过程为表 3-2。

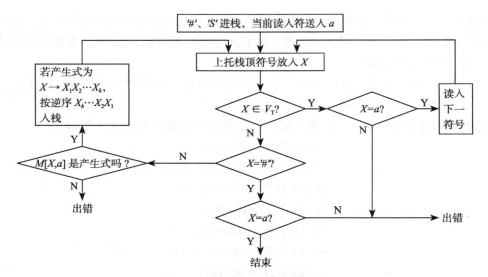

图 3-11 预测分析程序流程图

算法 3-3   预测分析算法

```
main( )
{
    push('#') ;
    push（文法开始符号） ;
    读入第一个输入符，送入 a ;
    do
        {
        pop(X) ;
        if  (X ∈ Vₜ)
            if  (X==a)
                {读入下一输入符，送入 a}
                else  error( );
        if  (X ∈ Vₙ)
            if  (M[X,a] 中的内容为 "X → X₁X₂···Xₖ")
                    push(Xₖ···X₂X₁);
            else  if  (M[X,a] 中的内容为 "X → ε")
                    nop( );
                else  error( );
        }
while  ( X!='#');
if  ((X==a)&&(X=='#'))
            接受并停止分析 ;
    else  error( ) ;
}
```

表 3-2   句子 "ddbdd" 的分析过程

步骤	分析栈	剩余输入符号串	所用产生式
1	#S	ddbdd#	$S \rightarrow RT$
2	#TR	ddbdd#	$R \rightarrow dR$
3	#TRd	ddbdd#	d 匹配

（续）

步骤	分析栈	剩余输入符号串	所用产生式
4	#TR	dbdd#	$R \rightarrow dR$
5	#TRd	dbdd#	d 匹配
6	#TR	bdd#	$R \rightarrow \varepsilon$
7	#T	bdd#	$T \rightarrow DR$
8	#RD	bdd#	$D \rightarrow bd$
9	#Rdb	bdd#	b 匹配
10	#Rd	dd#	d 匹配
11	#R	d#	$R \rightarrow dR$
12	#Rd	d#	d 匹配
13	#R	#	$R \rightarrow \varepsilon$
14	#	#	接受

3.4.2　递归下降分析法

递归下降分析法也称为递归子程序法，采用这种方法进行语法分析的程序叫作递归下降分析程序（器）。本方法同样要求文法是 LL(1) 的。

递归下降分析程序由一组递归过程或函数组成，文法的每个非终结符对应一个递归过程或函数，其功能是按产生式的右部识别由该非终结符推出的符号串，所以过程或函数的代码结构由产生式的右部决定。若非终结符有多个产生式，则由于文法是 LL(1) 的，所以可以根据当前输入符唯一确定按哪个产生式进行识别。

具体的分析过程是，从读入第一个单词开始，由开始符号出发，按语言的文法用以下方法向下进行分析：

1）当在文法中遇到非终结符时，则调用该非终结符的处理过程，由该过程按文法继续进行向下分析；

2）当在文法中遇到终结符时，则判断当前读入的单词与该终结符是否相符。若相符，则说明输入符是正确的，再读入下一单词继续分析；若不符，则说明输入符不正确，调用出错诊断处理过程或函数进行出错处理。

若 LL(1) 文法的非终结符 A 有产生式：

$$A \rightarrow \alpha_1 \mid \alpha_1 \mid \alpha_2 \mid \cdots \mid \alpha_n$$

则 A 的递归过程或函数的结构为：

```
A( )
{
    if  (sym ∈ SELECT(A→α₁) )
        {
            α₁
        }
    else  if  (sym ∈ SELECT(A→α₂) )
        {
            α₂
        }
......
```

```
    else  if   (sym ∈ SELECT(A→αₙ) )
              {
                   αₙ
              }
        else error( );
}
```

其中，变量 sym 用于存放当前的输入符，error( ) 为出错诊断处理过程或函数。

【例 3-18】求例 3-9 中文法 $G[S]$ 的递归下降分析程序

$$S \rightarrow eT \quad T \rightarrow DR \quad R \rightarrow dR \quad D \rightarrow a$$
$$S \rightarrow RT \quad T \rightarrow \varepsilon \quad R \rightarrow \varepsilon \quad D \rightarrow bd$$

各产生式的 SELECT 集如下：

$$\text{SELECT}(S \rightarrow eT) = \{e\}$$
$$\text{SELECT}(S \rightarrow RT) = \{d,\ a,\ b,\ \#\}$$
$$\text{SELECT}(T \rightarrow DR) = \{a,\ b\}$$
$$\text{SELECT}(T \rightarrow \varepsilon) = \{\#\}$$
$$\text{SELECT}(R \rightarrow dR) = \{d\}$$
$$\text{SELECT}(R \rightarrow \varepsilon) = \{a,\ b,\ \#\}$$
$$\text{SELECT}(D \rightarrow a) = \{a\}$$
$$\text{SELECT}(D \rightarrow bd) = \{b\}$$

对应的递归下降分析程序如下。

1）总控程序：

```
main( )
{
    ip=0;  sym='#';
    advance( );
    S( ) ;
    if (sym!='#') error( );
}
```

2）各非终结符的递归函数：

① $S( )$

```
{
    if  (sym=='e')                /* 按 S→eT 进行分析 */
        {
            advance( );           /* "e" 已得到匹配，读入下一输入符 */
            T( );
        }
    else  if  (sym=='d'|| sym=='a' || sym=='b'|| sym=='#')
                                  /* 按 S→RT 进行分析 */
        {
            R( );
            T( );
        }
    else  error( );
```

```
    }
```

② T( )

```
    {
        if  (sym=='a' || sym=='b' )              /* 按 T→DR 进行分析 */
        {
            D( );
            R( );
        }
    }                                /* 若 sym∉{a,b}，则不做任何动作，相当于使用了 T→ε*/
```

③ R( )

```
    {
        if  (sym=='d')        /* 按 R→dR 进行分析 */
        {
            advance( );
            R( );
        }                     /* 若 sym ≠ d，则不做任何动作，相当于使用了 R→ε*/
    }
```

④ D( )

```
    {
        if  (sym=='a')                       /* 按 D→a 进行分析 */
            advance( );
        else  if  (sym=='b')                 /* 按 D→bd 进行分析 */
        {
            advance( );
            if  (sym=='b')  advance( );
            else  error( );
        }
    }
```

其中，ip 为指针，指向当前输入符，sym 存放 ip 所指向的那个输入符；函数 advance( ) 令输入指示器 ip 指向下一个输入符，并把该输入符读入 sym。

从这个例子可以看出，产生式左部的非终结符是可能出现在右部的，即产生式有可能形如 $A → αAβ$（本例中有 $R → dR$），故分析过程中可能存在函数的自身调用，所以是递归的，但这种递归是在输入符不断得到匹配的过程中进行的，并且 LL(1) 文法不会存在左递归，所以递归最终总会随着输入符号串的结束而终止，因此这种分析过程称为递归下降分析过程。

从递归下降分析程序的构造过程可以看出，本方法的优点是简单直观，程序易于构造，但缺点也很明显，即递归调用多，速度慢，占用空间也多。

现在许多高级语言（如 PASCAL、C）的编译系统都是采用这种方法构造出来的。

3.5　练习

1. 什么是最左（最右）推导？什么是规范推导？每个句型都有规范推导吗？

2. 文法的二义性与语言的二义性是两个相同的概念吗?

3. 对文法 $P[S]$:

$$S \rightarrow aB \mid bA$$
$$A \rightarrow aS \mid bAA \mid a$$
$$B \rightarrow bS \mid aBB \mid b$$

（1）给出符号串 $aaabbabbba$ 的最左推导、最右推导和语法树。

（2）证明该文法是二义的。

4. 消除文法 $G[A]$ 的左递归:

$$A \rightarrow [B$$
$$B \rightarrow BA \mid X]$$
$$X \rightarrow Xa \mid Xb \mid a \mid b$$

5. 用提取左公共因子的方法把以下文法改造成 LL(1) 文法,并观察在文法改造过程中所发生的现象,从中可以得出什么结论?

$$P \rightarrow Qx \mid Ry$$
$$Q \rightarrow sQm \mid q$$
$$R \rightarrow sRn \mid r$$

6. 构造语言 $L = \{w \mid w \in (0|1)^* 且不含两个相继的 1\}$ 的 LL(1) 文法。

7. 设有文法 $G[S]$:

$$S \rightarrow aBcD \mid cD$$
$$B \rightarrow Bb \mid b$$
$$D \rightarrow d \mid dD$$

判断 G 是否为 LL(1) 文法,如果不是,则对其进行等价变换,并说明变换后的文法是 LL(1) 文法。

8. 构造语言 $L = \{1^n a 0^n 1^m a 0^m \mid n > 0, m \geqslant 0\}$ 的 LL(1) 文法。

9. 假定算术表达式中允许出现 "+"、"*"、"↑"(乘幂)、"( )" 等运算符,运算规则同代数运算,试给出表达式的 LL(1) 文法,并给出:

（1）各产生式的 SELECT 集,构造该文法的 LL(1) 分析表。

（2）利用 LL(1) 分析表给出句子 "$i*i*(i+i)$" 的分析过程。

10. 设有文法 $G[S]$:

$$S \rightarrow A$$
$$A \rightarrow B \mid \text{if } A \text{ then } A \text{ else } A$$
$$B \rightarrow C \mid B+C \mid +C$$
$$C \rightarrow D \mid C*D \mid *D$$
$$D \rightarrow x \mid (A) \mid -D$$

（1）试问:文法中哪些是终结符,哪些是非终结符?

（2）对于下列符号串,试分别构造其推导的语法树。

①（$x*-x$）

② if $x+x$ then $x*x$ else $-x$

③ if $-x$ then x else if x then $x+x$ else x

11. 设有文法 $G[S]$：

$$S \rightarrow aA \quad A \rightarrow SBe \quad B \rightarrow dC \quad C \rightarrow bC$$
$$S \rightarrow bB \quad A \rightarrow \varepsilon \quad B \rightarrow e \quad C \rightarrow \varepsilon$$

判断 $G[S]$ 是否为 LL(1) 文法并给出其递归下降分析程序。

12. 对于下面的文法 G：

$$E \rightarrow TE'$$
$$E' \rightarrow +E \mid \varepsilon$$
$$T \rightarrow FT'$$
$$T' \rightarrow T \mid \varepsilon$$
$$F \rightarrow PF'$$
$$F' \rightarrow *F' \mid \varepsilon$$
$$P \rightarrow (E) \mid a \mid b \mid \wedge$$

构造它的递归下降分析程序。

13. 设 $G[S]$ 为 LL(1) 文法，A 为 G 的非终结符，$A \overset{*}{\Rightarrow} \varepsilon$，且 A 至少可以推出一个非 ε 的终结符串，试证明 G 中不会含有以下形式的产生式，其中 α、$\beta \in (V_T \cup V_N)^*$：

$$B \rightarrow \alpha A A \beta$$

第4章 自底向上的语法分析法

简单优先分析法的基本思想是按一定的原则定义所有文法符号之间的优先关系，在句型分析过程中按照这种优先关系来确定句型中的"可归约串"。算符优先分析法的基本思想和实现方法与简单优先分析法一致，区别在于算符优先分析法仅考虑终结符之间的优先关系，根据终结符之间的优先关系确定"可归约串"。究竟什么样的串才是"可归约串"？如何能在分析过程中正确地找到"可归约串"呢？这两个问题实际上正是自底向上的语法分析法要解决的根本问题。

本章及第5章介绍另一类语法分析方法——自底向上的语法分析法。本章重点介绍简单优先分析法和算符优先分析法。

4.1 自底向上语法分析的实现

自底向上的分析方法是自顶向下的分析方法的逆过程，即从输入符号串开始，利用产生式逐步进行倒推，直至倒推到文法的开始符号。这种倒推也就是第1章所提到的概念——"归约"。从语法树构造的角度来说，就是从输入符号串开始，把它们作为语法树的末端结点，然后自下往上地不断寻找父结点，最后达到根节点——开始符号，从而构造出语法树。

4.1.1 归约

在用这种分析方法进行分析时，一般都采用最右推导的逆过程，即最左归约，由于最右推导被称为**规范推导**，因此最左归约也就被称为**规范归约**。

下面通过一个实例来看看自底向上的语法分析过程。

【例 4-1】对于文法 G：

$$E \rightarrow T \mid E+T$$
$$T \rightarrow F \mid T*F$$
$$F \rightarrow (E) \mid i$$

表达式"$i*i+i$"的最右推导过程为：

$$E \Rightarrow \underline{E+T} \Rightarrow E+\underline{F} \Rightarrow E+\underline{i} \Rightarrow T+i \Rightarrow \underline{T*F}+i \Rightarrow T*\underline{i}+i \Rightarrow \underline{F}*i+i \Rightarrow i*i+i$$

规范归约就是这一过程的逆过程，其中带下划线的是"可归约串"，归约过程为：

① 将"$i*i+i$"中的第一个"i"归约为"F"；

② 将"$F*i+i$"中的"F"归约为"T"；

③ 将"$T*i+i$"中的第一个"i"归约为"F"；

④将"T*F+i"中的"T*F"归约为"T";

⑤将"T+i"中的"T"归约为"E";

⑥将"E+i"中的"i"归约为"F";

⑦将"E+F"中的"F"归约为"T";

⑧将"E+T"归约为"E"。

可以看出，每次"归约"掉的都是句型中最左边可归约的那部分，在句型的这部分前面不可能还有可归约的串。

采用规范归约的原因有二：

其一，与自顶向下的分析方法一样，非二义文法的任何一个合法句型的规范推导一定存在，而且是唯一的，因此规范归约也必存在且唯一；

其二，规范归约总是对句型中最左边的"可归约串"进行归约，这与从左到右看句型、程序的习惯依然一致。

因此，在自底向上的语法分析中，只要按规范归约过程去对输入串进行分析就行了，如果能分析成功（归约到开始符号或寻到根结点），则说明输入串是文法的一个句子，否则就不是，或说输入串有语法错误。

例4-1的语法树的自底向上建立过程如图4-1a~i所示。

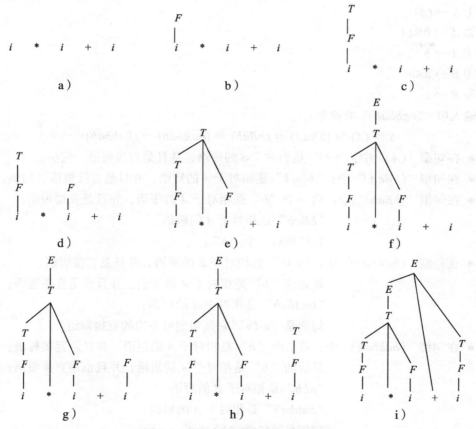

图4-1　语法树的自底向上建立过程

从这个例子可以看出，要实现这种分析方法，主要需解决的问题是：如何确定"可归约串"。对"可归约串"的不同定义，形成了不同的自底向上分析方法。

4.1.2 短语和句柄

那么，究竟什么样的串才是"可归约串"呢？如何在分析过程中正确地找到"可归约串"呢？这两个问题实际上正是自底向上的语法分析方法要解决的根本问题。

这里给出另一个结论：归约应当在栈顶形成句柄时进行，"可归约串"就是**句柄**。

定义 4-1：设 G 是一个文法，S 是它的开始符号，$\alpha\beta\delta$ 是 G 的一个句型，若有

$$S \overset{*}{\Rightarrow} \alpha A\delta \text{ 且 } A \overset{+}{\Rightarrow} \beta$$

则称 β 是句型 $\alpha\beta\delta$ 相对于非终结符 A 的**短语**。

若 $A \Rightarrow \beta$，则称 β 是句型 $\alpha\beta\delta$ 相对于规则 $A \to \beta$ 的**直接短语**（或**简单短语**）。

一个句型的**最左直接短语**称为该句型的**句柄**。

> **注意**：有 $A \overset{+}{\Rightarrow} \beta$ 并不一定意味着 β 就是句型 $\alpha\beta\delta$ 的短语，因为还必须有 $S \overset{*}{\Rightarrow} \alpha A\delta$ 这个前提条件。

【**例 4-2**】文法 G 有以下五个产生式：

① $S \to (A)$

② $A \to bBaA$

③ $A \to b$

④ $B \to aAb$

⑤ $B \to a$

输入串 "$(babbab)$" 有推导：

$$S \Rightarrow (A) \Rightarrow (bBaA) \Rightarrow (bBab) \Rightarrow (baAbab) \Rightarrow (babbab)$$

- 在句型 "(A)" 中："(A)" 是相对于 S 的短语，并且是直接短语、句柄。
- 在句型 "$(bBaA)$" 中："$bBaA$" 是相对于 A 的短语，并且是直接短语、句柄。
- 在句型 "$(bBab)$" 中：后一个 "b" 是相对于 A 的短语，并且是直接短语。

  "$bBab$" 是相对于 A 的短语。

  句柄是后一个 "b"。
- 在句型 "$(baAbab)$" 中："aAb" 是相对于 B 的短语，并且是直接短语；

  最后的 "b" 是相对于 A 的短语，并且也是直接短语；

  "$baAbab$" 是相对于 A 的短语；

  句柄是 "aAb"（它是句型最左边的直接短语）。
- 在句型 "$(babbab)$" 中：第二个 "b" 是相对于 A 的短语，并且是直接短语；

  最后的 "b" 是相对于 A 的短语，并且也是直接短语；

  "abb" 是相对于 B 的短语；

  "$babbab$" 是相对于 A 的短语；

  句柄是第二个 "b"。

若从语法树上看短语和句柄就更为直观了:

- 一个句型的短语就是这个句型的语法树的某一子树的叶结点从左到右的排列;
- 一个句型的句柄就是这个句型的语法树中最下边的最左子树的叶结点从左到右的排列,并且这个子树只有(且必须有)父子两代,没有第三代。

例 4-2 中输入串 "(babbab)" 推导过程中形成的各句型的语法树如图 4-2a~f 所示,句型的直接短语用虚线框出,其中图 4-2e 有两个直接短语,左下角二层子树的叶结点 "aAb" 是句柄,图 4-2f 中也有两个直接短语,左下角二层子树的叶结点 "b" 是句柄。

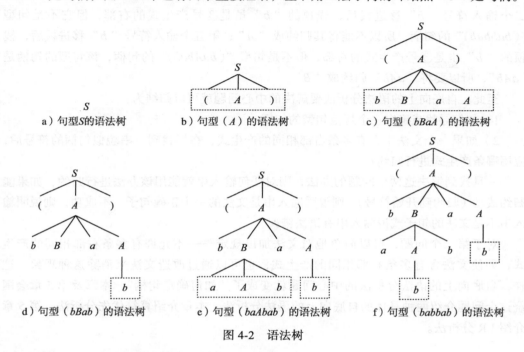

a) 句型S的语法树　　b) 句型(A)的语法树　　c) 句型(bBaA)的语法树

d) 句型(bBab)的语法树　　e) 句型(baAbab)的语法树　　f) 句型(babbab)的语法树

图 4-2　语法树

从例子中可以看出句柄有以下特征:

1)若一个文法是无二义的,则它的任意一个句型的句柄必然是唯一的。

2)一个规范句型的最左归约就是将句柄替换成相应规则的左部符号。

3)一个规范句型的句柄的右边只含终结符。

在自底向上的语法分析法中采用的规范归约,从语法树的角度来看,也可以看成对语法树从叶结点开始进行裁剪——找到句型的句柄,将句柄归约成它的父结点(裁掉作为叶结点的句柄,只留父结点),不断地进行这样的寻找和归约(裁剪),直到只剩根结点(开始符号)。

在例 4-2 中,输入串 "(babbab)" 的规范归约过程就是:

1)对句型 "(babbab)" 的语法树(图 4-2f),找到句柄 "b",将其归约成 "A"(裁掉 "b"),句型变为 "(baAbab)",语法树变成图 4-2e;

2)对句型 "(baAbab)" 的语法树(图 4-2e),找到句柄 "aAb",将其归约成 "B"(裁掉 "aAb"),句型变为 "(bBab)",语法树变成图 4-2d;

3）对句型"（bBab）"的语法树（图 4-2d），找到句柄"b"，将其归约成"A"（裁掉"b"），句型变为"（bBaA）"，语法树变成图 4-2c；

4）对句型"（bBaA）"的语法树（图 4-2c），找到句柄"bBaA"，将其归约成"A"（裁掉"bBaA"），句型变为"（A）"，语法树变成图 4-2b；

5）对句型"（A）"的语法树（图 4-2b），找到句柄"（A）"，将其归约成"S"（裁掉"（A）"），得到只有一个根结点 S 的语法树（图 4-2a），归约过程结束。

从这个归约过程再回头看，前面提出的两个疑问就能得到圆满的解释了：在第二个输入符号"b"移进栈后，栈顶的"b"虽是③号产生式的右部，但它不是句型"（babbab）"的句柄，所以不能将其归约成"A"；第五个输入符号"b"移进栈后，栈顶的"b"也是③号产生式的右部，但不是句型"（baAbab）"的句柄，该句型的句柄是"aAb"，所以要将"aAb"归约成"B"。

至此，自底向上的语法分析法要解决的中心问题就可以归结为：

1）如何寻找或确定一个规范句型的句柄？

2）如果一个文法中含有多条右部相同的产生式，在寻找到一串貌似句柄的符号后，应用哪条产生式进行归约？

一旦找到解决这两个问题的办法，则对任何输入串就能用该办法进行归约，如果能归约成功（归约到开始符号），则说明输入串是文法的一个正确句子，不成功，则说明输入串不是文法的句子或说输入串有语法错误。

对于第二个问题，可以简单地对文法加以规定——不允许有多条右部相同的产生式，即使文法含有多条右部相同的产生式，也可以通过改造文法来消除这种现象。这样，自底向上的语法分析法的中心问题就变成了"如何确定句柄"，本章及第 5 章会围绕这个问题介绍两种具体的自底向上的语法分析法，本章介绍算符优先分析法，第 5 章介绍 LR 分析法。

4.2　简单优先分析法

简单优先分析法的基本思想是，按一定的原则定义文法符号之间的优先关系，在句型分析过程中按照这种优先关系来确定句型中的哪一段符号是"可归约串"，即句柄。简单优先分析法准确、规范，但分析效率低。这里介绍简单优先分析法的原因是，了解它有利于理解算符优先分析法。

4.2.1　简单优先文法

定义 4-2：满足以下条件的文法称为**简单优先文法**：

1）文法中任意两个产生式没有相同的右部；

2）文法符号集 V 中，任意两个符号之间最多只有一种优先关系存在。

简单优先分析法利用文法符号间的优先关系确定句柄，因此下面给出任意两个文法符号之间的优先关系定义。

定义 4-3：两个文法符号 X、Y 之间的优先关系有三种：

$\quad X \doteq Y\quad$ 表示 X、Y 的优先性相等

$\quad X \lessdot Y\quad$ 表示 X 的优先性小于 Y

$\quad X \gtrdot Y\quad$ 表示 X 的优先性大于 Y

X、Y 根据它们在句型中可能会出现的相邻关系按以下原则来确定优先关系：

① $X \doteq Y$：当且仅当存在 $A \to \cdots XY \cdots$

② $X \lessdot Y$：当且仅当存在 $A \to \cdots XB \cdots$，且 $B \xRightarrow{+} Y \cdots$。

③ $X \gtrdot Y$：当且仅当存在 $A \to \cdots BD \cdots$，且 $B \xRightarrow{+} \cdots X$，$D \xRightarrow{*} Y \cdots$。

注意：

1）两个文法符号 X、Y 可以是终结符，也可以是非终结符，它们之间要么没有关系，说明它们在句型中不可以相邻；要么只有这三种优先关系中的一种。

2）优先关系是对句型中相邻的两个文法符号而言的，并且这两个符号是有先后顺序的，例如，"$X \lessdot Y$"表示"在句型中，X、Y 相邻出现，并且 X 在前、Y 在后时 X 的优先性小于 Y"。这种优先关系是不可逆的，即有"$X \lessdot Y$"并不一定就有"$Y \gtrdot X$"。

从定义可以看出，这种文法符号间的优先关系实际上体现了这样一个问题——在归约过程中，句型中对于相邻的两个符号，哪个应先归约、哪个应后归约：

- 对于 $X \doteq Y$，定义要求 X、Y 是同一个产生式右部的两个相邻符号，因此 X、Y 应一起归约，即同一规则内部相邻符号的优先级相等；
- 对于 $X \lessdot Y$，定义说明 "$Y \cdots$" 应先归约到 B，然后才能与 X 一起归约，所以 X 的优先级比 Y 小；
- 对于 $X \gtrdot Y$，定义说明首先应将 "$\cdots X$" 归约到 B，然后再将 "$Y \cdots$" 归约到 D（也可能不必归约，D 本身就是 "$Y \cdots$"），最后 BD 才能一起归约，所以 X 的优先级比 Y 大。

显然，在句型中能一起归约的（优先级相等）且优先级比左右相邻符号大的符号串才可能是句柄。

【例 4-3】设有文法 $G[S]$：

$$S \to a \mid \wedge \mid (R)$$
$$T \to T,S \mid S$$
$$R \to T$$

拓展文法，将句子括号 "#" 考虑进去，增加产生式 $S' \to \#S\#$。

文法符号间的优先关系如下。

1）"$\doteq$"关系：$\because$ 有 $S' \to \#S\#$　　　　$\therefore$ 　$\# \doteq S\quad S \doteq \#$

$\qquad\qquad\qquad\because$ 有 $S \to a \mid \wedge \mid (R)\quad \therefore\quad (\doteq R\quad R \doteq)$

$\qquad\qquad\qquad\because$ 有 $T \to T,S \mid S\quad \therefore\quad T \doteq ,\quad , \doteq S$

2）"$\lessdot$"关系：$\because$ 有 $S' \to \#S\#$

$\qquad\qquad\qquad\therefore$ # 的优先级小于 S 能推出的首字符，这些字符有 a、$\wedge$、(

　　　故　#<a　　#<∧　　#<(

　　∴　有 S→a| ∧ |(R)

　　∴　(的优先级小于 R 能推出的首字符，这些字符有 T、S、a、∧、(

　　　故　(<T　　(<S　　(<a　　(<∧　　(<(

　　∴　有 T→T,S | S

　　∴　, 的优先级小于 S 能推出的首字符，这些字符有 a、∧、(

　　　故　,<a　　,<∧　　,<(

3)"⪢"关系：∵　有 S'→#S#

　　∴　S 能推出的尾字符的优先级大于 #，这些字符有 c

　　故　a⪢#　　∧⪢#　　)⪢#

　　∴　有 S→a| ∧ |(R)

　　∴　R 能推出的尾字符的优先级大于)，这些字符有 T、S、a、∧、)

　　　故　T⪢)　　S⪢)　　a⪢)　　∧⪢)　　)⪢)

　　∴　有 T→T,S | S

　　∴　T 能推出的尾字符的优先级大于 ,，这些字符有 S、a、∧、)

　　　故　S⪢,　　a⪢,　　∧⪢,　　)⪢,

相邻符号间的优先关系可以采用矩阵来表示，称为**优先关系矩阵**，其元素 $M[X, Y]$ 表示 X、Y 的优先关系，例如 $M[X, Y]$ = "⪢" 表示 "$X \gt Y$"。上例的优先关系矩阵如表 4-1 所示。

表 4-1　优先关系矩阵

	S	T	R	a	∧	(	)	,	#
S							⪢	⪢	≖
T							⪢	≖	
R							≐		
a							⪢	⪢	⪢
∧							⪢	⪢	⪢
(	⋖	⋖	≖	⋖	⋖	⋖			
)							⪢	⪢	⪢
,	≖			⋖	⋖	⋖			
#	≖			⋖	⋖	⋖			

可以看出，表 4-1 所示优先关系矩阵的元素值要么是三种优先关系中的某一种，要么为空，元素值为空说明不可能出现这样的相邻符号对，若出现，则输入符号串有错，不是该文法的正确句子。根据定义可知，例 4-3 中的文法 $G[S]$ 是简单优先文法。

4.2.2　简单优先分析算法

对于简单优先文法的句型，可用简单优先分析法进行语法分析。

简单优先分析法的思想是——对句型 "$\#a_1 a_2 \cdots a_{n-1} a_n \#$"，先令第一个 "#" 及输入符依次逐个进栈，直到栈顶符号 a_i 的优先级 "⪢" 下一个输入符 a_{i+1}（此时 a_i 为句柄的尾符号）；然后向栈底方向寻找句柄的头符号 a_k（a_k 满足 $a_{k-1} < a_k$ 且 a_k 到 a_i 的优先关系均为"$\doteq$"）；找到后将"$a_k \cdots a_i$"归约；不断重复这种"进栈到句柄尾→找句柄头→归约"的过程，直到输入符号串结束。具体算法描述如下。

算法 4-1　简单优先文法句型"$\#a_1a_2 \cdots a_{n-1}a_n\#$"的简单优先分析算法

```
{
        push('#');
        i = 0;
        do
        {
            While (a_i<a_{i+1} || a_i ⌝ a_{i+1});            // 进栈
            {
                push(a_{i+1});
                i = i+1;
            }
        k = i;                                          // 找句柄头
        while (a_{k-1} ⌝ a_k)   k = k-1;
        if （有产生式 A→a_k⋯ a_i）                        // 归约
        {
            将 a_i、…、a_k 出栈;
            push('A')
        }
        }
        while (a_{i-1}!= '#' || a_{i+1}!= '#');
}
```

说明：

算法中将句子括号"$\#$"视作 a_0 和 a_{n+1}。

【例 4-4】例 4-3 中文法 $G[S]$ 的输入串"$(a,(\wedge),a)$"的简单优先分析过程如表 4-2 所示。

表 4-2　输入串"$(a,(\wedge),a)$"的简单优先分析过程

步骤	分析栈	优先关系	剩余输入串	动作	使用产生式
1	$\#$	$\# \lessdot ($	$(a,(\wedge),a)\#$	移进	
2	$\#($	$(\lessdot a$	$a,(\wedge),a)\#$	移进	
3	$\#(\underline{a}$	$a \gtrdot ,$	$,(\wedge),a)\#$	归约	$S \rightarrow a$
4	$\#(\underline{S}$	$S \gtrdot ,$	$,(\wedge),a)\#$	归约	$T \rightarrow S$
5	$\#(T$	$T \doteq ,$	$,(\wedge),a)\#$	移进	
6	$\#(T,$	$, \lessdot ($	$(\wedge),a)\#$	移进	
7	$\#(T,($	$(\lessdot \wedge$	$\wedge),a)\#$	移进	
8	$\#(T,(\underline{\wedge}$	$\wedge \gtrdot)$	$),a)\#$	归约	$S \rightarrow \wedge$
9	$\#(T,(\underline{S}$	$S \gtrdot)$	$),a)\#$	归约	$T \rightarrow S$
10	$\#(T,(\underline{T}$	$T \gtrdot)$	$),a)\#$	归约	$R \rightarrow T$
11	$\#(T,(R$	$R \doteq)$	$,a)\#$	移进	
12	$\#(T,(\underline{R}$	$) \gtrdot ,$	$,a)\#$	归约	$S \rightarrow (R)$
13	$\#(T,\underline{S}$	$S \gtrdot ,$	$,a)\#$	归约	$T \rightarrow T,S$
14	$\#(T$	$T \doteq ,$	$a)\#$	移进	

（续）

步骤	分析栈	优先关系	剩余输入串	动作	使用产生式
15	#(T,	, ⋖ a	)#	移进	
16	#(T, $\underline{a}$	a ⋗)	)#	归约	$S \to a$
17	#(T, $\underline{S}$	S ⋗)	)#	归约	$T \to T,S$
18	#($\underline{T}$	T ⋗)	)#	归约	$R \to T$
19	#(R	R ≐)	#	移进	
20	#($\underline{(R)}$	) ⋗ #	#	归约	$S \to (R)$
21	#S		#	接受	

综合上述内容，简单优先分析法的完整过程如下：

1）根据文法，按定义找出文法符号间的所有优先关系，并构造出优先关系矩阵。

2）判定该文法是简单优先文法——任意两个符号之间最多只有一种优先关系成立，或优先关系矩阵的任一元素要么为空，要么为一种优先关系。

3）按简单优先分析算法对输入串进行分析：不断地查优先关系矩阵确定栈顶元素与当前输入符的优先关系，从而确定是否到达句柄尾，若未到达，则移进输入符，若已到达，则向栈底方向对相邻符号的优先关系进行比较（查优先关系矩阵）以找到句柄头，然后进行归约。不断重复这样的"移进→归约"过程，直到输入串结束。

显然，这种分析法的关键在于优先关系矩阵的构造，分析过程中的每一个动作都是由矩阵的元素值决定的。

4.3 算符优先分析法

算符优先分析法是一种适用于表达式分析，且易于手工实现的自底向上的语法分析法。它的基本思想和实现方法与简单优先分析法是一致的，即根据文法符号的优先关系来确定"可归约串"并进行归约；不同之处在于，简单优先分析法要考虑所有文法符号间的优先关系，而算符优先分析法仅考虑终结符间的优先关系，根据终结符间的优先关系确定"可归约串"。

4.3.1 算符优先文法

表达式由运算对象和运算符构成，而运算对象又可以是表达式，所以，表达式文法总是类似以下形式（当然实用的表达式文法会更复杂一些）：

$$E \to E+E \mid E*E \mid i$$

在这样的表达式文法中，非终结符代表的是一个运算对象，终结符（除了最终的一个常数或变量外）代表的是运算符。对表达式进行归约就是将一个或多个运算对象与相应的运算符构成的符号串合并成一个非终结符，其中运算对象的个数取决于运算符的目数。这种归约实际上体现了对运算对象进行运算符所规定的运算，其归约出的非终结符则代表了运算的结果。

因此，表达式的自底向上的归约过程实际上体现了表达式的运算过程。而表达式的运算过程是由运算符（终结符）的优先级决定的，例如，四则运算的规则是"先乘除后加减，同级运算从左到右（左结合），括号优先"。这就是说，表达式文法中的终结符是有高低优先级之分的，如"*"的优先级大于"+"，连续的两个"+"运算，第一个"+"的优先级大于第二个"+"。考虑这些因素，看下面的例子。

【例 4-5】设有文法 G：

$$E \to E+E$$
$$E \to E*E$$
$$E \to i$$

输入串"$i_1+i_2*i_3$"的分析过程如表 4-3 所示。

表 4-3　输入串"$i_1+i_2*i_3$"的分析过程

步骤	栈	剩余输入串	动作	使用产生式
1	#	$i_1+i_2*i_3$#	移进	
2	#i_1	+i_2*i_3#	归约	$E \to i$
3	#E	+i_2*i_3#	移进	
4	#E+	i_2*i_3#	移进	
5	#E+i_2	*i_3#	归约	$E \to i$
6	#E+E	*i_3#	移进	
7	#E+E*	i_3#	移进	
8	#E+E*i_3	#	归约	$E \to i$
9	#E+E*E	#	归约	$E \to E*E$
10	#E+E	#	归约	$E \to E+E$
11	#E	#	接受	

在步骤 6，栈中是"#E+E"，当前输入符是"*"，虽然栈顶形成了产生式 $E \to E+E$ 的右部，但根据运算规则，"*"优先级大于"+"，故不能将"$E+E$"归约成 E，而应继续将"*"移进栈，这样就提出了算符优先的问题。

可以看出，此文法是二义性文法，但若规定了算符优先级、结合律，以上归约过程就是唯一的了，而且在分析过程中，归约的顺序只与运算符的优先级、结合律有关（与运算对象无关）。在文法中，运算符表现为终结符，运算对象表现为非终结符，因此，在算符优先分析法中仅以终结符间的优先关系来决定归约的顺序。

算符优先分析法就是一种根据文法终结符间的优先关系对句型进行分析的方法，这种方法要求文法必须是算符优先文法。

定义 4-4：若文法满足以下三个条件，则称该文法为**算符优先文法**：

1）必须是算符文法；

2）不含 ε 产生式；

3）任意两终结符间至多只有一种优先关系。

1. 算符文法

定义 4-5：一个文法，若它的任一产生式的右部都不含两个相邻的非终结符，即文法不含以下形式的产生式：

$$A \rightarrow \cdots BC \cdots \quad （B、C 均为非终结符）$$

则称该文法为**算符文法**（Operater Grammar），简称 OG 文法。

显然，例 4-5 中的文法是算符文法。

算符文法有以下两条性质：

性质 1：算符文法的任何句型都不包含两个相邻的非终结符。

证明：（归纳法）设有算符文法 $G=(V_T, V_N, S, P)$，对句型 α 的推导长度 n 进行归纳：

1）当 $n=1$ 时，$S \Rightarrow \alpha$，一定存在 $S \rightarrow \alpha$，根据算符文法的定义，任一产生式的右部都不含两个连续的非终结符，即 α 中不含两个连续的非终结符，故性质成立。

2）设 $n=k$ 时性质成立，即若经 k 步推导 S 推出 $\alpha X \beta$，则 $\alpha X \beta$ 中不含两个连续的非终结符（$\alpha、\beta \in (V_T \cup V_N)^*$，$X \in V_N$）。

当 $n=k+1$ 时，若有产生式 $X \rightarrow \gamma$（$\gamma \in (V_T \cup V_N)^*$），则 S 经第 $k+1$ 步推导推出：

$$S \Rightarrow \cdots \Rightarrow \alpha X \beta \Rightarrow \alpha \gamma \beta$$

由假设已知 $\alpha X \beta$ 中不含两个连续的非终结符，$X \in V_N$，故 $\alpha、\beta$ 中不含两个连续的非终结符，并且 α 的结尾和 β 的开始都一定是终结符，而 γ 是产生式的右部，也不存在两个连续的非终结符，所以，不管 γ 的开头、结尾是终结符还是非终结符，$\alpha \gamma \beta$ 都不可能含有两个连续的非终结符。因此，S 经 $k+1$ 步推导推出的句型不含两个连续的非终结符，性质成立。

综上所述，性质 1 成立。

性质 2：若"Ab"（或"bA"）出现在算符文法的句型 γ 中，则 γ 中任何含"b"的短语必含有"A"（但反过来，含有"A"的短语不一定含有"b"）。

证明：（用反证法）假设"$\cdots Ab \cdots$"（或"$\cdots bA \cdots$"）是算符文法的句型，且有短语含"b"但不含"A"，则在自底向上的"移进→归约"过程中，必然会在某个时候将含有"b"的短语归约成一个非终结符（假设为"B"），这样句型就形如"$\cdots AB \cdots$"（或"$\cdots AB \cdots$"），从而出现了两个非终结符相邻的情况，这与性质 1 相矛盾，故假设不成立，性质 2 得证。

在表达式中，这两条性质可以这样理解：

1）性质 1 说明两个运算对象不会相邻，中间必有运算符；

2）性质 2 说明"可归约串"不可能截止于运算符，一定截止于运算符所作用的运算对象。

2. 优先关系

首先，给出终结符间优先关系的定义。

定义 4-6：文法 G 的终结符间的优先关系按以下原则确定：

1）$a \doteq b$：当且仅当 G 中含有以下形式的产生式

$$A \rightarrow \cdots ab \cdots$$

$$或 \quad A \rightarrow \cdots aBb \cdots$$

2）$a \lessdot b$：当且仅当 G 中含有以下形式的产生式

$$A \to \cdots aB \cdots$$

并且　$B \overset{+}{\Rightarrow} b\cdots$　或　$B \overset{+}{\Rightarrow} Cb\cdots$

3）$a \gtrdot b$：当且仅当 G 中含有以下形式的产生式

$$A \to \cdots Bb \cdots$$

并且　$B \overset{+}{\Rightarrow} \cdots a$　或　$B \overset{+}{\Rightarrow} \cdots aC$

算符优先分析法的分析过程跟简单的优先分析法一样——先构造优先关系矩阵，然后根据该矩阵并利用一个分析栈，采用"移进→归约"的方法进行输入符号串的分析。

为了构造算符优先文法的优先关系矩阵，先定义两个集合 FIRSTVT 和 LASTVT。

定义 4-7：非终结符能推出的**首终结符集 FIRSTVT** 为：

$$\text{FIRSTVT}(B)=\{b \mid B \overset{+}{\Rightarrow} b\cdots，\text{或 } B \overset{+}{\Rightarrow} Cb\cdots \}$$

定义 4-8：非终结符能推出的**尾终结符集 LASTVT** 为：

$$\text{LASTVT}(B)=\{a \mid B \overset{+}{\Rightarrow} \cdots a，\text{或 } B \overset{+}{\Rightarrow} \cdots aC \}$$

有了这两个集合，终结符间的优先关系可以按以下方法确定：

1）"$\doteq$"关系：若文法有形如"$A \to \cdots ab \cdots$"或"$A \to \cdots aBb \cdots$"的产生式，则

$$a \doteq b$$

2）"$\lessdot$"关系：若文法有形如"$A \to \cdots aB \cdots$"的产生式，则

对每一个 $b \in \text{FIRSTVT(B)}$ 有 $a \lessdot b$

3）"$\gtrdot$"关系：若文法有形如"$A \to \cdots Bb \cdots$"的产生式，则

对每一个 $a \in \text{LASTVT(B)}$ 有 $a \gtrdot b$

算符优先关系矩阵的构造过程如下：

1）构造每个非终结符的 FIRSTVT 集；

2）构造每个非终结符的 LASTVT 集；

3）根据文法找出所有终结符间的优先关系，并构造优先关系矩阵。

FIRSTVT 集、LASTVT 集可以根据定义进行计算，算符优先关系矩阵可以按上面给出的方法进行构造，这些都有相应的实现算法，如有兴趣，读者可参考相关著作。

【例 4-6】构造以下文法 G 的算符优先分析矩阵：

$$E \to E+T \mid T$$
$$T \to T*F \mid F$$
$$F \to P \uparrow F \mid P$$
$$P \to (E) \mid i$$

1）计算 FIRSTVT 集、LASTVT 集合：

FIRSTVT(E)=$\{ +, *, \uparrow, (, i \}$　　LASTVT(E)=$\{ +, *, \uparrow,), i \}$

FIRSTVT(T)=$\{ *, \uparrow, (, i \}$　　LASTVT(T)=$\{ *, \uparrow,), i \}$

FIRSTVT(F)=$\{ \uparrow, (, i \}$　　LASTVT(F)=$\{ \uparrow,), i \}$

FIRSTVT(P)=$\{ (, i \}$　　LASTVT(P)=$\{), i \}$

2）拓展文法，增加一个产生式：

$$S \to \#E\#$$

这样可以确保分析过程的结束状态唯一（归约出原开始符号 E 并不结束，只有当归约到 "$\#S\#$" 状态时才结束）。

3）计算终结符间的优先关系：

① "≐" 关系：$\because S \to \#E\#$　$\therefore \# ≐ \#$

$$P \to (E)　\quad (≐)$$

② "⋗" "⋖" 关系：

$\because S \to \#E\#$

　$\therefore$ LASTVT(E) 中的每个元素 ⋗ #　　# ⋖ FIRSTVT(E) 中的每个元素

$\because E \to E+T$

　$\therefore$ LASTVT(E) 中的每个元素 ⋗ +　　+ ⋖ FIRSTVT(T) 中的每个元素

$\because T \to T*F$

　$\therefore$ LASTVT(T) 中的每个元素 ⋗ *　　* ⋖ FIRSTVT(F) 中的每个元素

$\because F \to P \uparrow F$

　$\therefore$ LASTVT(P) 中的每个元素 ⋗ ↑　　↑ ⋖ FIRSTVT(F) 中的每个元素

$\because P \to (E)$

　$\therefore$ LASTVT(E) 中的每个元素 ⋗)　　(⋖ FIRSTVT(E) 中的每个元素

由此构造出优先关系矩阵，如表 4-4 所示。

表 4-4　优先关系矩阵

	+	*	↑	i	(	)	#
+	⋗	⋖	⋖	⋖	⋖	⋗	⋗
*	⋗	⋗	⋖	⋖	⋖	⋗	⋗
↑	⋗	⋗	⋖	⋖	⋖	⋗	⋗
i	⋗	⋗	⋗			⋗	⋗
(	⋖	⋖	⋖	⋖	⋖	≐	
)	⋗	⋗	⋗			⋗	⋗
#	⋖	⋖	⋖	⋖	⋖		≐

4.3.2　算符优先分析算法

1. 最左素短语

（1）算符优先文法句型的特点

由算符优先文法的性质 1 可知，它的句型中不可能含有连续的两个非终结符，故不妨设句型形如（其中 $a_i \in V_T$，$N_i \in V_N$）：

$$\#N_1 a_1 N_2 a_2 \cdots N_n a_n N_{n+1} \#$$

归约时就是将一个短语（可归约串）归约成一个非终结符，由算符优先文法的性质 2 可知，含有某终结符的短语必定含有其相邻的非终结符，故 "可归约串" 一定是句型中的这样一段：

$$N_i a_i \cdots N_j a_j N_{j+1}$$

而"可归约串"是最先归约的，所以其中终结符间的优先关系以及与前后终结符间的优先关系应该是：

$$a_{i-1} \lessdot a_i \doteq a_{i+1} \doteq \cdots \doteq a_j \gtrdot a_{j+1}$$

根据以上分析，可以得出以下结论：

1）在句型分析过程中，只要根据终结符的优先关系来找"可归约串"，就可以进行归约了，而不必考虑非终结符。

2）归约就是将"可归约串"替换成一个非终结符，而事实上，该非终结符是什么名字也是无关紧要的（从句型的分析过程可以看到寻找"可归约串"时是不看非终结符的）。

3）不会存在对单个非终结符进行归约的情况。因为此时没有终结符，无法与其左右的符号串比较终结符的优先关系，也就无法确定该非终结符是"可归约串"。

（2）最左素短语定义

【例 4-7】对于例 4-6 中的文法，输入串"$i+i$"的算符优先分析过程如表 4-5 所示。

表 4-5　输入串"$i+i$"的算符优先分析过程

步骤	分析栈	优先关系	剩余输入串	动作
1	#	$\# \lessdot i$	$i+i$ #	移进
2	# i	$i \gtrdot +$	$+i$ #	归约
3	# F	$\# \lessdot +$	$+i$ #	移进
4	# $F+$	$+ \lessdot i$	i #	移进
5	# $F+i$	$i \gtrdot \#$	#	归约
6	# $F+F$	$+ \gtrdot \#$	#	归约
7	# F	$\# \doteq \#$	#	接受

在这个例子中，归约出的非终结符均使用了"F"，没有使用"P、T、E"，读者可以考虑一下，使用非终结符对分析过程有无影响（即上面的结论 2）？

现在，再回过头来看看"$i+i$"的规范归约过程。

"$i+i$"的语法树如图 4-3 所示，规范归约的过程（前面部分）如表 4-6 所示。

图 4-3　"$i+i$"的语法树

表 4-6 输入串 "*i+i*" 的规范归约过程

步骤	分析栈	句柄	剩余输入串	动作	使用产生式
1	#		*i+i* #	移进	
2	#*i*	*i*	+*i* #	归约	$P \rightarrow i$
3	#*P*	*P*	+*i* #	归约	$F \rightarrow P$
4	#*F*	*F*	+*i* #	归约	$T \rightarrow F$
5	#*T*	*T*	+*i* #	归约	$E \rightarrow T$
6	#*E*		+*i* #	移进	
7	#*E*+		*i* #	移进	
8	#*E*+*i*	*i*	#	归约	$P \rightarrow i$
9	#*E*+*P*	*P*	#	归约	$F \rightarrow P$
……	……	……	……	……	……

显然，算符优先分析过程和规范归约过程是不同的（步骤要少得多），所以算符优先分析法进行的是非规范归约，因此在归约过程中不能简单地运用"句柄"的概念，或者说，在算符优先分析过程中"可归约串"并不是句柄，那么是什么呢？为此引入"最左素短语"的概念。

定义 4-9：句型中这样的短语称为**素短语**，它至少含有一个终结符，并且除自身外不含其他素短语。句型中最左边的素短语称为**最左素短语**。

【**例 4-8**】对于例 4-6 中的文法，句型 "*T+T*F+i*" 的语法树如图 4-4 所示。

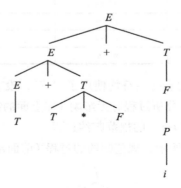

图 4-4 "*T+T*F+i*" 的语法树

- 句型中的短语有 *T*、*T*F*、*T+T*F*、*i*、*T+T*F+i*。
- 素短语有 *T*F*、*i*。
- 最左素短语是 *T*F*。

可以得出结论：

1）素短语是能与前后终结符比较优先关系的最小单位；

2）算符优先分析的归约过程就是不断寻找最左素短语进行归约的过程。

2. 算法

算符优先分析法的关键在于如何寻找最左素短语。

根据定义，最左素短语有以下特点：

1）形如 $N_i a_i \cdots N_j a_j N_{j+1}$。

2）可以证明，满足条件 $a_{i-1} \lessdot a_i \doteq a_{i+1} \doteq \cdots \doteq a_j \gtrdot a_{j+1}$。

3）其形式与某产生式的右部相同（是语法树中一子树的叶结点序列），即终结符的符号名、位置与产生式一致，非终结符的个数、位置与产生式相对应，但非终结符的符号名可以不同。

为了进行算符优先分析，设置一个符号栈 S，用于存放待归约或待形成最左素短语的符号串，再设置一个工作单元 a，用于存放当前输入符。对应的分析过程与简单优先分析的过程类似，具体分析算法如下。

算法 4-2　算符优先分析算法

```
main( )
    {
        k=1;  S[k]='#' ;
        do
            {
                读入下一个输入符 , 送入 a;
                if  (S[k] ∈ V_T)  j=k ;
                    else j=k-1 ;
                while  ( S[j] > a )           // 栈顶终结符 > a 时 ; 寻找最左素短语的头归约
                    {
                        do
                            {
                                Q=S[j] ;
                        if  (S[j-1] ∈ V_T)  j=j-1;
                        else  j=j-2 ;
                            }
                while (S[j] = Q) ;
                把 S[j+1]~S[k] 归约为某个 N ;// 将 S[j+1]~S[k] 弹出栈
                k=j+1 ;
                S[k]=N ;                   // N 进栈
                    } ;
            if  ((S[j] < a)||(S[j] = a))            // 栈顶终结符 < 或 = a 时 , a 移进栈
                {
                    k=k+1 ;
                    S[k]=a;
                }
            else  error( );
            }
    while  ( a!='#' );
    }
```

4.3.3　优先函数

用优先关系矩阵表示终结符间的优先关系有以下两个弱点：

1）占用空间较大。若文法有 n 个终结符，再加上句子括号 "#"，就需要用 $(n+1)^2$ 个存储单元。

2）优先关系的表示采用特殊符号，这对于存储和比较都不是很方便。

为此，在实际应用中常用优先函数代替优先矩阵。

定义 4-10：优先函数 f、g 的函数值为自然数，每一个终结符 a 有 $f(a)$、$g(a)$ 与之对应，并且所有的 f、g 值满足：

- 若有 $a \doteq b$，则 $f(a) = g(b)$。
- 若有 $a \lessdot b$，则 $f(a) < g(b)$。
- 若有 $a \gtrdot b$，则 $f(a) > g(b)$。

其中，f 称为**入栈优先函数**，g 称为**比较优先函数**。即当终结符 a 和 b 进行优先关系比较时，若 a 在栈内，b 在栈外，则用 a 的 f 函数值与 b 的 g 函数值进行自然数的大小比较即可知其优先关系。

这样的优先函数解决了优先关系矩阵的两个弱点：

1）若文法有 $n+1$ 个终结符（包含 "#"），则只需要用 $2(n+1)$ 个存储单元即可存放所有的 f、g 函数值。

2）优先函数值为自然数，存放和比较都很方便。

那么，如何构造这样的优先函数呢？

算法 4-3　优先函数构造算法

```
{
    flag = 1;
对每一个终结符 a∈V_T（包括 "#"）做            // 对 f、g 置初值
    { f(a)=1; g(a)=1;}
while (flag==1)
        { flag=0;
    对每一对终结符 a、b 间的优先关系做          // 检查每对优先关系并修改 f、g 值
        {
            if  ( 有 a > b && f(a)<=g(b) )
                { f(a)=g(b)+1;    flag=1;  }
            if  ( 有 a < b && f(a)>=g(b) )
                { g(b)=f(a)+1;    flag=1;  }
            if  ( 有 a = b && f(a)!=g(b) )
                { min{f(a),g(b)}=max{f(a),g(b)};    flag=1;   }
        }
    }
}
```

说明：

1）$\min\{f(a),g(b)\}=\max\{f(a),g(b)\}$ 表示将 $f(a)$、$g(b)$ 中小的那个值改成大的那个值。

2）本算法的基本思想是**迭代**——在对 f、g 置初值后一遍遍地检查每一对终结符间的优先关系，修改相应的 f、g 函数值（总是将小值改大），直到在某遍检查中不再修改 f 或 g 函数值为止（即检查过程收敛），此时所有的 f、g 函数值均满足文法终结符间的所有优先关系。

值得注意的是，并不是每个算符优先文法都存在优先函数，若在构造过程中有一个 f 或 g 值大于 $2n$，则表明该文法不存在优先函数。

【**例 4-9**】在例 4-6 中对文法 G 已构造出了优先关系矩阵（见表 4-4），现在来构造 G 的优先函数。

1）置初值（见表 4-7）。

表 4-7　优先函数置初值

	+	*	↑	i	(	)	#
f	1	1	1	1	1	1	1
g	1	1	1	1	1	1	1

2）第一次迭代：依次检查优先关系矩阵中的每一个优先关系（本例中按照"从表 4-4 第 1 行到第 7 行，每行从第 1 列到第 7 列"的顺序），并按照算法修改 f、g 函数值，得到的迭代结果如表 4-8 所示。

表 4-8　优先函数的第一次迭代结果

迭代次数	函数	+	*	↑	i	(	)	#
1	f	2	4	4	6	1	6	1
	g	2	3	5	5	5	1	1

3）用与 2）相同的方法进行多次迭代，其迭代过程及结果如表 4-9 所示。

表 4-9　优先函数的迭代过程与结果

迭代次数	函数	+	*	↑	i	(	)	#
2	f	3	5	5	7	1	7	1
	g	2	4	6	6	5	1	1
3	f	3	6	5	7	1	7	1
	g	2	4	6	6	6	1	1
4	f	3	6	5	8	1	8	1
	g	2	4	7	7	7	1	1
5	f	3	6	5	8	1	8	1
	g	2	4	7	7	7	1	1

可以看出，第 5 次迭代过程中对 f、g 函数值没有修改，即迭代过程得以收敛，文法的优先函数则为第 5 次迭代的结果。

优先函数也有缺点，由于每个终结符均有 f、g 函数值，所以两个无优先关系的终结符将仍能进行优先关系比较，这样造成的后果是，在语法分析过程中不能准确报错。

算符优先分析法是有局限性的，实际上它只适用于表达式的语法分析。

4.4　练习

1. 词法分析和语法分析中识别的符号串有什么区别？
2. 算符优先分析法确定的"可归约串"为何是最左素短语而不是句柄？
3. 优先函数和优先关系矩阵各有什么优缺点？

4. 设有文法 $G[S]$：

$$S \rightarrow Ac$$
$$A \rightarrow AbS$$
$$A \rightarrow Aa$$
$$A \rightarrow a$$

（1）构造简单优先关系矩阵，验证其为简单优先文法。

（2）给出输入串"$aabacc$"的简单优先分析过程。

5. 设有文法 $G[E]$：

$$E \rightarrow ETP|T$$
$$T \rightarrow TFM|F$$
$$F \rightarrow a|b|c$$
$$P \rightarrow +|-$$
$$M \rightarrow *|/$$

（1）$G[E]$ 生成的语言是什么？

（2）给出该文法的一个句子，该句子至少含 5 个终结符，构造该句子的语法树，并指出该句子的所有短语、直接短语和句柄。

（3）证明："ETFMP"是 $G[E]$ 的句型，并指出该句型的所有短语、直接短语和句柄。

6. 设有以下文法 G：

$$S \rightarrow D(R)$$
$$R \rightarrow R;P \mid P$$
$$P \rightarrow S \mid i$$
$$D \rightarrow i$$

对于符号串"$i(P;P;i(R))$"，

（1）给出语法树。

（2）指出它的短语、素短语、最左素短语。

7. 设有以下文法 G：

$$S \rightarrow D(R)$$
$$R \rightarrow R;P \mid P$$
$$P \rightarrow S \mid i$$
$$D \rightarrow i$$

对于文法 G，

（1）计算每个非终结符的 FIRSTVT 集和 LASTVT 集。

（2）构造文法的算符优先矩阵，并判断它是否为算符优先文法。

（3）给出输入串"$i(i;i(i))$"的算符优先分析过程，说明它是否为 $G[S]$ 的句子。

8. 设有以下文法 G：

$$S \rightarrow D(R)$$
$$R \rightarrow R;P \mid P$$

$$P \rightarrow S \mid i$$
$$D \rightarrow i$$

构造文法 G 的优先函数。

9. 构造以下文法 G 的算符优先分析矩阵：

$$S \rightarrow D(R)$$
$$R \rightarrow R;P \mid P$$
$$P \rightarrow S \mid i$$
$$D \rightarrow i$$

10. 下面是简单的布尔表达式文法 $G[S]$，<simple boolean> 是开始符号，$\equiv$ 是等价符号，$\supset$ 是蕴含关系：

<simple boolean> $\rightarrow$ <implication>|<simple boolean> $\equiv$ <implication>

<implication> $\rightarrow$ <boolean term>|<implication> $\supset$<boolean term>

<boolean term> $\rightarrow$ <boolean factor>|<boolean term> $\vee$ <boolean factor>

<boolean factor> $\rightarrow$ <boolean secondary>|<boolean factor> $\wedge$ <boolean secondary>

<boolean secondary> $\rightarrow$ <boolean primary>|$\neg$<boolean primary>

<boolean primary> $\rightarrow$ <logical value>|i|(<simple boolean>)

<logical value> $\rightarrow$ t|f

（1）构造该文法的算符优先矩阵，并判断它是否为算符优先文法。

（2）给出布尔表达式"$\neg i \supset i \equiv (i \vee i)$"的算符优先分析过程。

11. 设有文法 $G[E]$：

$$<E> \rightarrow <E> <T> <POP> \mid <T>$$
$$<T> \rightarrow <T> <F> <MOP> \mid <F>$$
$$<F> \rightarrow a \mid b \mid c$$
$$<POP> \rightarrow + \mid -$$
$$<MOP> \rightarrow * \mid /$$

（1）$G[<E>]$ 生成的语言是什么？

（2）给出该文法的一个句子，该句子至少含 5 个终结符，构造该句子的语法树，并指出该句子的所有短语、直接短语和句柄。

（3）证明：$<E> <T> <F> <MOP> <POP>$ 是 $G[<E>]$ 的句型，并指出该句型的所有短语、直接短语和句柄。

第5章　LR分析法

自底向上的语法分析的关键是，在将输入符陆续移进栈的过程中如何判断栈顶是否形成句柄。LR分析法能够根据栈中符号串、输入串的后续k个字符唯一确定句柄，这种方法对文法限制比较少，大多数无二义性的上下文无关文法所描述的语言都可以用相应的LR分析器进行分析，而且分析速度快，能够准确、即时地指出出错位置，所以是一种很好的语法分析方法。LR分析法的缺点是，对一个实用的语言构造其LR分析器的工作量很大，难于实现，所以一般都要借助工具。目前常用的工具是YACC，它被称为编译器的编译器，是由美国Bell实验室于1974年推出的。

本章介绍另一种自底向上的语法分析方法——LR分析法。依据LR分析器中分析表构造方式的不同，LR分析法分为LR(0)分析、SLR(1)分析、LR(1)分析、LALR(1)分析，每种对应相应的LR文法。

5.1　LR分析法概述

LR分析法记作LR(k)，其中，L表示对输入串从左（Left）向右进行分析，R表示分析时采用最右（Right）推导的逆过程（即最左归约或规范归约），括号中的k表示在确定句柄时要向右查看k个输入符。

在自底向上的"移进→归约"过程中，要解决如何确定栈顶是否形成句柄的问题，对此，必须明确句柄与哪些因素有关：

1）**与栈中的内容有关**。句柄是在栈顶形成的，它是栈中内容的一部分；另外，当栈中内容不同时，即使栈顶符号一样，形成的句柄也会不一样。栈中的内容是句型中已经分析过的，可以简单地称作分析过的"历史"资料，所以说句柄的形成首先与"历史"资料有关。

2）**与文法有关**。语言是由文法定义的，语言的句子必须符合文法的规定。例如文法开始符号有产生式"$S \rightarrow aAb$"，那么句子的第一个符号"应该"是"a"，当识别出"a"后，句子接下来的部分"应该"是一个可以由"A"推出的符号串，而在识别了这个符号串后接下来"应该"只有一个符号"b"，这样才构成语言的一个正确的句子。如果现实的输入串正好符合这些"应该"，则输入串就是正确的，是该语言的一个句子，否则就是错误的（或者说输入串有语法错误）。这些"应该"称作"展望"信息，显然"展望"信息来自文法。

3）**与实际输入串的待分析部分有关**。由"历史"资料知道已经分析过什么，由"展望"信息了解后续应该有什么，那么接下来就应该考虑输入串究竟是什么，是否是那些"应该"的符号（或符号串），这显然是决定句柄的一个因素。例如文法有产生式"$A \rightarrow aBe$"和"$B \rightarrow aBd$"，当识别出了"aB"后，就要看输入串中下一个符号是什么，如果是"e"，就应该归约成"A"，如果是"d"，就应该归约成"B"。

根据以上分析可知，在自底向上的语法分析过程，如果能够随时了解分析过的"历史"资料和未来的"展望"信息，那么再根据现有的实际输入符就可以唯一地确定句柄了。基于这样的思路，LR 分析法将"历史"资料和"展望"信息结合起来，综合成某些抽象的"状态"，**即用一个"状态"概括从分析开始到某一归约阶段的全部"历史"资料和"展望"信息**。在具体的分析过程中使用一个状态栈，其中存放的就是这样的"状态"。"状态"随着对符号栈的每一次操作（符号的移进、归约）进行变化，状态栈也进行相应的变化（状态的进栈、出栈）。这样，由于任何一个"状态"都代表到达这个状态时的分析"历史"和"展望"信息，所以**在任何时刻，栈顶状态代表整个"历史"和"展望"**。也就是说，栈顶状态结合待分析输入串便可以知道栈顶是否已经形成句柄，以及形成了什么样的句柄，从而决定做移进操作（未形成句柄时）还是归约操作（已形成句柄时），若是进行归约操作又该按哪个产生式进行归约（根据句柄是什么），这就是 LR 分析法的基本思想。

显然，"状态"的功能很强，包含"历史"和"展望"两方面的信息。有了这样的状态后，LR 分析器对输入串的分析过程是：首先处于一个初始状态（初态进栈），然后根据栈顶状态（即当前状态）以及待分析的输入串决定将当前输入符移进栈或者对栈顶的句柄进行归约，并到达一个新的状态（新状态进栈），如此反复，直到到达某种结束状态。可见 LR 分析器实质上是一个带栈的 DFA，这种带栈的 DFA 在自动机理论中也叫作**下推自动机**，它是上下文无关文法的识别工具。

那么，"状态"究竟该如何形成呢？状态之间又如何进行转换呢？换句话说，就是如何确定这个 DFA？这就是 LR 分析器的关键所在。

LR 分析器由三个部分组成（如图 5-1 所示）：一张分析表、一个分析栈和一个分析程序。

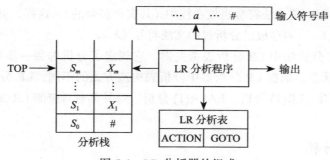

图 5-1　LR 分析器的组成

1）**LR 分析程序**控制整个分析过程，实现对输入串的分析。LR 的分析过程是：对输入串进行扫描，根据当前输入符和当前的栈顶状态，查询 LR 分析表，确定应进行的操作和要转换到的下一个状态，然后完成操作并进行状态的转换，重复这种"查 LR 表→操作→状态转换"的过程，直到分析成功（接受）结束或发现错误。

2）**LR 分析表**是分析过程中进行"移进→归约"操作的依据，它由两部分组成：一部分称作动作表（ACTION 表），另一部分称作状态转换表（GOTO 表）。它们均以状态为行，一个状态一行，ACTION 表以终结符（即输入符）为列，一个终结符一列；GOTO 表以文法符号（包括终结符和非终结符）为列，一个文法符号一列，表 5-1 就是一张 LR 分析表。

ACTION 表的元素 ACTION[S_i, a] 的具体含义是：在状态 S_i 下面临输入符 a 时，分析器所应采取的动作。动作可以是以下四种之一：

- 移进——将输入符 a 移进符号栈；
- 归约——将栈顶已形成的句柄归约；
- 接受——分析过程正常结束，表明输入串是文法的一个合法句子；
- 报错——发现输入串存在语法错误，报告该错误或进行出错处理。

GOTO 表的元素 GOTO[S_i, X] 的具体含义是：在状态 S_i 下面临文法符号 X（$X \in V_N \cup V_T$）时，应转换到的下一个状态。这张表实际上就是定义了一个以文法符号为字母表的 DFA。

表 5-1 LR 分析表

状态	ACTION				GOTO	
	a	b	c	#	S	A
0	s_4		s_3		1	2
1				acc		
2		s_5				
3	r_3	r_3	r_3	r_3		
4	s_4		s_3			6
5	r_1	r_1	r_1	r_1		
6	r_2	r_2	r_2	r_2		

3）**分析栈**是在分析过程中使用的一个工具，主要用于存放"状态"，但为了明确"移进→归约"过程，把文法符号也放在栈中（其实是多余的）。这样，分析栈就有两列，一列存放状态（S_i），一列存放已分析过的文法符号（X_i）。

显然，在 LR 分析法中 LR 分析表是关键，它规定了分析的每一步应做什么，然后转到下一个什么状态。依据 LR 分析器中分析表构造方式的不同，LR 分析法分为 LR(0) 分析、SLR(1) 分析、LR(1) 分析、LALR(1) 分析，每种都有对应的 LR 文法。

5.2 LR(0) 分析

5.2.1 LR(0) 项目集规范族

1. 活前缀

在自底向上的语法分析过程中，分析栈中的内容和后续（待分析）输入串连接起来构成一个完整的句型，而栈中的内容就是该句型的前面部分。

把一个字（终结符、非终结符串）的任意首部（前面部分）称作这个字的**前缀**。在规范句型中，不再含句柄的任何符号的前缀称为**活前缀**。显然，句型中含有句柄的那个活前缀是最大的活前缀，也称为**可归前缀**。例 4-2 中，字 "*aAb*" 的前缀有 "*ε*" "*a*" "*aA*" "*aAb*"。句型 "(*baAbab*)" 的句柄为 "*aAb*"，所以该句型的活前缀有 "*ε*" "(" "(*b*" "(*ba*" "(*baA*" "(*baAb*"。句型 "(*baAbab*)" 的可归前缀是 "(*baAb*"。

规范句型进行自底向上的规范归约的过程，实际上就是将句型可归前缀中的符号陆陆续续地移进栈，直到可归前缀全部进栈，然后进行归约。因此，这期间的任何时刻，栈中内容均应为活前缀，或者说，已识别的内容一定是一个活前缀。

LR 分析器的做法就是构造一个**识别活前缀的有限自动机**——把终结符和非终结符都看成一个有穷自动机的输入符号，每识别一个符号就把该符号移进栈并进行状态转换，这样，栈中内容就总是一个活前缀，当栈中形成可归前缀时，即认为达到了句柄的识别状态，从而进行归约。

2. 识别活前缀的有穷自动机的构造

这是一种由文法的产生式构造识别活前缀的有穷自动机的方法。

在介绍识别活前缀的有穷自动机的构造方法之前，先介绍一个概念——LR(0) 项目。

LR(0) 项目：在一个产生式右部的适当位置加一个圆点即构成一个 LR(0) 项目。在此规定，*ε* 产生式 *A* → *ε* 的项目只有一个，即 *A* → ·。显然，一个产生式可能的项目个数为 "产生式的右部长度 +1"。

例如，产生式 *B* → *aAb* 的项目有：

$$B \rightarrow \cdot aAb$$
$$B \rightarrow a \cdot Ab$$
$$B \rightarrow aA \cdot b$$
$$B \rightarrow aAb \cdot$$

一个 LR(0) 项目的含义与圆点位置有关：

- 圆点的左部——表示将来某时刻将用该产生式进行归约（到那时，该产生式的右部就是句柄），是目前句柄已识别过的部分；
- 圆点的右部——表示句柄有待识别的部分。

要用一个产生式进行归约，必然要将这个产生式右部的所有符号都识别出来，这时这个右部也就是句柄，而这种识别过程是从左到右逐步进行的，一个 LR(0) 项目就表示现在已识别了什么，以后还需要再识别什么。

以产生式 *B* → *aAb* 为例，若要用该产生式进行归约，则从项目的角度来看，其识别过程应该如表 5-2 所示。

表 5-2　识别阶段与对应项目表

识别阶段	对应项目
准备识别	$B \rightarrow \cdot aAb$
识别了一个符号 *a*	$B \rightarrow a \cdot Ab$
又识别了一个符号 *A*	$B \rightarrow aA \cdot b$
最后识别了一个符号 *b*	$B \rightarrow aAb \cdot$

至此，产生式右部的所有符号都已识别出来了，那么就可以归约了。可见识别过程与项目是对应的。

再回过头来考虑一下前面在 LR 分析思想中提到的"状态"，它包含分析的"历史"资料和"展望"信息。在项目中，圆点左边是产生式已分析过的部分，那不就是"历史"吗？圆点的右边是后续应分析的部分，那不就是"展望"吗？因此，项目和 DFA 的状态是有关系的，尽管项目体现的仅仅是产生式的分析"历史"和"展望"，而不是整个句型的分析"历史"和"展望"。这种识别过程与项目的对应关系、项目与 DFA 状态的关系为构造识别活前缀的 DFA 提供了思路，具体构造算法如算法 5-1 所示。

算法 5-1　识别活前缀的 DFA 的构造算法

```
{
    文法拓展（增加 S′ → S）;
    对文法的每个产生式做
        {
            列出所有项目;
            将每个项目作为 FA 的一个状态;
        }
    将 S′ → · S 作为 FA 的开始状态（初态），其余每个状态作为活前缀的识别态;
    将圆点位于最后的项目作为句柄识别态，并将 S′ → S · 作为句子识别态;
    对所有的状态对（i, j）做                              /* 构造识别活前缀的 NFA */
        {
        if　（i 为 X → X₁X₂…X_{i-1} · X_i…X_n && j 为 X → X₁X₂…X_{i-1}X_i · X_{i+1}…X_n）
            {
                则画状态 i 到状态 j 的 X_i 弧 (i) —X_i→ (j);
            }
        if　（i 为 X → γ · Aδ（A ∈ V_N）&& j 为 A → · β）
            {
                则画状态 i 到状态 j 的 ε 弧 (i) —ε→ (j);
            }
        }
    用 ◎ 表示句柄识别态，用 ◎* 表示"接受态"（句子识别态）;
    用算法 2-2（子集法）将 NFA 转换成 DFA;                /* 构造 DFA */
}
```

识别活前缀的 FA 的构造算法首先将文法 $G(V_N, V_T, S, P)$ 进行拓展，增加一个产生式 $S′ → S$。因为在文法中，开始符号 S 是有可能出现在产生式右边的，所以即使归约到了 S 也不一定能确认归约过程结束，而增加 $S′ → S$ 对原文法没有任何影响，但一旦归约出 $S′$，就可以确认归约过程结束了，这就保证了有穷自动机的接受状态是唯一的。

【例 5-1】设有文法 $G[S]$：

$$S → Ab$$

$$A → aA|c$$

将文法拓展（增加 $S′ → S$）成 $G′$，则 $G′[S′]$ 的 LR(0) 项目有：

1. $S′ → · S$	2. $S′ → S ·$
3. $S → · Ab$	4. $S → A · b$

5. $S \rightarrow Ab \cdot$ 6. $A \rightarrow \cdot aA$

7. $A \rightarrow a \cdot A$ 8. $A \rightarrow aA \cdot$

9. $A \rightarrow \cdot c$ 10. $A \rightarrow c \cdot$

  识别活前缀的 NFA 如图 5-2 所示，其中图 5-2a 是以项目为状态的 NFA，图 5-2b 是以项目编号命名状态后的 NFA（读者看起来可能更习惯些）。

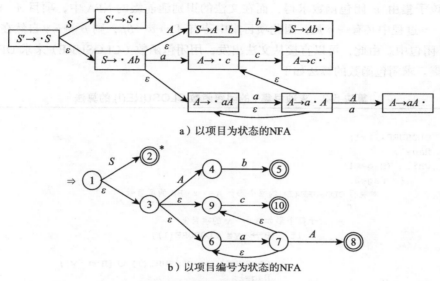

a）以项目为状态的NFA

b）以项目编号为状态的NFA

图 5-2　识别活前缀的 NFA

  将识别活前缀的 NFA，转换成 DFA，如图 5-3 所示，其中每一个状态为 NFA 的一个状态子集，称为 LR(0) 项目集，图中将 DFA 状态所含的 LR(0) 项目均列在了方框中。

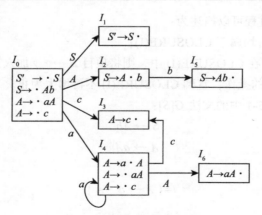

图 5-3　识别活前缀的 DFA

3. LR(0) 项目集规范族的构造

  由上可知，识别活前缀的 DFA 的每个状态含有若干项目，是一个项目集，将 DFA 项目集（状态）的全体称为该文法的 **LR(0) 项目集规范族**。采用先构造 NFA 再构造 DFA

的方法是可以构造出文法的 LR(0) 项目集规范族的，但其过程是比较复杂的，工作量也较大。这里，介绍一种由文法直接构造 LR(0) 项目集规范族的方法。

（1）项目集的闭包

观察 LR(0) 项目集可以发现，若 $A \to \alpha \cdot B\beta$ 在某一项目集中，则 $B \to \cdot \gamma$ 也必在此项目集中。事实上，回顾 NFA 到 DFA 的转换过程可知，DFA 的状态是 NFA 的一个状态子集，该子集由 ε 闭包函数求得，而在文法的识别活前缀的 NFA 中，项目 $A \to \alpha \cdot B\beta$ 到 $B \to \cdot \gamma$ 过程中必有一 ε 弧，因此项目集中若有 $A \to \alpha \cdot B\beta$，则 $B \to \cdot \gamma$ 自然在该项目集的 ε 闭包中。由此，可以直接从文法出发，用闭包函数（CLOSURE）来求 DFA 的状态项目集。求闭包函数的算法如下。

算法 5-2　求项目集 I 的闭包函数 CLOSURE(I) 的算法

```
{
    CLOSURE(I)=I;
    flag=1;
    while (flag==1)
        {  flag=0;
             对现行 CLOSURE(I) 的每个形如 A→α·Bβ 的项目做
                 {
                      对于每个形如 B→·γ 的项目做
                          if  (B→·γ∉ CLOSURE(I))
                              {
                               CLOSURE(I)= CLOSURE(I) ∪ {B→·γ};
                               flag=1;
                                       }
                          }
              }
}
```

此算法求闭包的过程可以描述为：

1）I 中的已有项目均属于 CLOSURE(I)；

2）若 $A \to \alpha \cdot B\beta$ 在 CLOSURE(I) 中，则将项目 $B \to \cdot \gamma$ 加入其中；

3）重复加入项目的操作，直到 CLOSURE(I) 不再增大为止。

【例 5-2】对于例 5-1 中的文法 $G[S]$：

$$S \to Ab$$

$$A \to aA \,|\, c$$

若项目集

$$I = \{\, A \to a \cdot A \,\}$$

则

$$CLOSURE(I) = \{\, A \to a \cdot A, \ A \to \cdot aA, \ A \to \cdot c \,\}$$

（2）识别活前缀的 DFA 的状态转换函数的定义

DFA 的状态转换函数 $GO(I, X)$ 的第一个参数 I 是一个项目集，第二个参数 X 是一个文法符号，其函数值是 I 经 X 到达的新项目集（即在状态 I 下识别符号 X 到达的新状态）。

GO(I, X) 的定义为：

$$GO(I, X) = CLOSURE(J)$$

其中，

$$J = \{\ 任何形如\ A \to \alpha X \cdot \beta \mid A \to \alpha \cdot X\beta \in I\ \}$$

【例 5-3】对于文法 $G'[S']$：

$$S' \to S$$
$$S \to Ab$$
$$A \to aA \mid c$$

若项目集

$$I = \{\ S' \to \cdot S,\ S \to \cdot Ab,\ A \to \cdot aA,\ A \to \cdot c\ \}$$

则

$$GO(I, a) = CLOSURE(\{A \to a \cdot A\ \})$$
$$= \{A \to a \cdot A,\ A \to \cdot aA,\ A \to \cdot c\ \}$$

（3）LR(0) 项目集规范族的构造

以下是由文法直接构造 LR(0) 项目集规范族的算法。

算法 5-3　由文法直接构造 LR(0) 项目集规范族的算法

```
{
    文法增加 S'→S;                                /* 得到拓展文法 */
    I₀ = CLOUSRE({ S'→·S});                       /* 得 DFA 的初态项目集 */
    C={ I₀ }                                       /* 项目集规范族置初值 */
    flag =1;
    while  (flag==1)
        {
            flag = 0;
            对 C 的每个项目集 I 及每个文法符号 X 做
                {
                求 GO(I,X)= CLOSURE(J);            /* 求新项目集 */
                if  (GO(I,X)∉C)
                    {
                        C = C∪{GO(I,X)};          /* 将新项目集加入C中 */
                        flag = 1;
                    }
                }
        }
}
```

此算法构造 LR(0) 项目集规范族的过程可以描述为：

1）拓展文法，求得 DFA 的初态项目集；

2）对已有项目集应用 $GO(I, X)$ 求出新的项目集；

3）重复求新项目集的操作，直到不再出现新的项目集为止。

【例 5-4】对于例 5-1 中的文法 $G[S]$：

$$S \to Ab$$
$$A \to aA \mid c$$

由文法直接构造 LR(0) 项目集规范族的过程如下：

1）文法拓展，增加 $S' \to S$。

2）CLOUSRE($\{ S' \to \cdot S \}$) = $\{ S' \to \cdot S$, $S \to \cdot Ab$, $A \to \cdot aA$, $A \to \cdot c \}$ = I_0

3）GO(I_0, S) = $\{ S' \to S \cdot \}$ = I_1

　　GO(I_0, A) = $\{ S \to A \cdot b \}$ = I_2

　　GO(I_0, c) = $\{ A \to c \cdot \}$ = I_3

　　GO(I_0, a) = $\{ A \to a \cdot A$, $A \to \cdot aA$, $A \to \cdot c \}$ = I_4

4）I_1、I_3 已到达句柄识别态，不需要再求 GO 函数，对 I_2、I_4 再求 GO 函数：

　　GO(I_2, b) = $\{ S \to Ab \cdot \}$ = I_5

　　GO(I_4, A) = $\{ S \to aA \cdot \}$ = I_6

　　GO(I_4, a) = $\{ A \to a \cdot A$, $A \to \cdot aA$, $A \to \cdot c \}$ = I_4

　　GO(I_4, c) = $\{ A \to c \cdot \}$ = I_3

I_5、I_6 已到达句柄识别态，I_3、I_4 是已有项目集，故所有项目集已产生，文法的 LR(0) 项目集规范族为：

$$C = \{ I_0, I_1, I_2, I_3, I_4, I_5, I_6 \}$$

构造出的 DFA 如图 5-3 所示。

5.2.2　LR(0) 文法

1. LR(0) 文法的定义与分类

根据形式的不同，可以将 LR(0) 项目分成四类：

1）**移进项目**：形如 $A \to \alpha \cdot a\beta$ 的项目（其中 $a \in V_T$），相应状态称为**移进状态**。

这样的项目表示接下来应识别到的是一个终结符 a，如果输入串中下一个符号确实是 a，就应将其移进符号栈（说明 a 是正确的而且已被识别）。

2）**待约项目**：形如 $A \to \alpha \cdot B\beta$ 的项目（其中 $B \in V_N$），相应状态称为**待约状态**。

这样的项目表示接下来应识别到的是一个非终结符 B，而 B 是需要归约出来的，故应等待 B 归约出来，然后才能分析 A 的右部的后续符号。

3）**归约项目**：形如 $A \to \alpha \cdot$ 的项目，相应状态称为**归约状态**。

这样的项目表示句柄已形成（A 的右部已全部识别出来），应进行归约。

4）**接受项目**：即项目 $S' \to S \cdot$，相应状态称为**接受状态**。

显然，在一个 LR(0) 项目集中以下两种情况不应存在：

①移进项目和归约项目同时存在，若存在，则称为**"移进 – 归约"冲突**。

若一个项目集中存在以下两种形式的产生式：

$$A \to \alpha \cdot a\beta$$

$$B \to \gamma \cdot$$

● 对于项目 $A \to \alpha \cdot a\beta$，表明在此状态下已识别了 α，接下来应识别终结符 a，所以若面临的输入符确实是 a，则应将 a 移入符号栈（识别了 a）。

- 对于项目 $B \to \gamma \cdot$，表明在此状态下已完整地识别了 γ，故应进行归约操作，将 γ 归约成 B，而这一归约操作与后续输入符是无关的。

那么，若一个项目集中同时存在这两种项目，而且到达这一项目集（状态）后面临的输入符又恰好是 a 时，究竟应进行移进操作还是归约操作呢？这就产生了矛盾，所以说，在 LR(0) 的任一项目集中是不应该存在这种"移进－归约"冲突的。

②不同的归约项目同时存在，若存在，则称为**"归约－归约"冲突**。

若一个项目集中存在两个（或以上）归约项目：

$$A \to \beta \cdot$$
$$B \to \gamma \cdot$$

- 对于项目 $A \to \beta \cdot$，表明在此状态下已识别了 β，应将 β 归约成 A。
- 对于项目 $B \to \gamma \cdot$，表明在此状态下已识别了 γ，应将 γ 归约成 B。

那么，到达这一项目集（状态）时究竟应将 β 归约成 A 还是将 γ 归约成 B 呢？所以说，在 LR(0) 的任一项目集中也不应该存在这种"归约－归约"冲突。

LR(0) 文法：对于一个文法 G，若其拓展文法 G' 的 LR(0) 项目集规范族的每一个项目集都不存在"移进－归约"冲突和"归约－归约"冲突，则称该文法为 LR(0) 文法。

【**例 5-5**】对于例 5-1 中的文法 $G[S]$：

$$S \to Ab$$
$$A \to aA | c$$

从其 LR(0) 项目集规范族 $C = \{ I_0, I_1, I_2, I_3, I_4, I_5, I_6 \}$ 可以看出，它的任何一个项目集都不存在"移进－归约"冲突和"归约－归约"冲突，所以该文法是 LR(0) 文法。

2. LR(0) 分析表的构造

对于 LR(0) 文法，可以直接从文法构造出识别其活前缀的 DFA（项目集规范族和状态转换函数），根据 DFA 就可以构造出 LR(0) 分析表。

前面已经介绍，LR(0) 分析表由 ACTION 表和 GOTO 表组成，记录了 LR 分析过程中在某状态下遇某文法符号时该做什么（ACTION）、再转到什么状态（GOTO）。

（1）ACTION 表

ACTION 表记录的是应进行的操作，其中的元素 ACTION$[S_i, a]$ 可以为四种动作之一，具体的表示及操作如下。

①移进：用 s_j 表示。

其中，s 表示进行移进操作，即将输入符号"a"移进符号栈，j 表示将状态 j 移进状态栈（DFA 中有 GO$(S_i, a)=j$）。此操作实现的功能就是将"a"移进栈并转到 DFA 的下一状态 j。

②归约：用 r_j 表示。

其中，r 表示进行归约操作，j 表示归约所使用的产生式的序号。

若序号为 j 的产生式是 $A \to \alpha$，则归约操作的具体过程为：将状态栈的栈顶指针下移 $| \alpha |$ 的长度（从图 5-4a 到图 5-4b），若此时栈顶状态为 m，且 GOTO$[m, A]=n$（DFA

中有 GO(m,A)=n），则将 n 移进状态栈，A 移进符号栈（见图 5-4c）。

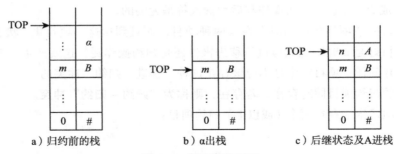

a）归约前的栈   b）α出栈   c）后继状态及A进栈

图 5-4   归约操作过程

③ 接受：用"acc"表示。

若 $S' \to S \cdot \in I_k$，则 ACTION[k, #]="acc"，此时分析正常结束。

④ 报错：用空白表示。

除①②③三种情况以外均为"报错"，应做出错处理。

（2）GOTO 表

GOTO 表记录的是状态转换函数，即在某状态下遇某文法符号应到达的下一个状态。若遇到的文法符号是终结符，由于在 ACTION 表中已给出了相关内容（ACTION[S_i, a]=s_j 中的 j），所以 GOTO 表中不再重复给出，GOTO 表只给出 GO(S_i, A)（$A \in V_N$）。

GOTO 表以状态为行，以非终结符为列，其元素值为以下两种之一：

① GOTO[S_i, A]= GO(S_i, A)，其中 $A \in V_N$。

② 报错：用空白表示。

（3）LR(0) 分析表的构造算法

算法 5-4   LR(0) 分析表的构造算法

```
{
    ACTION 表、GOTO 表的所有单元置初值为"报错标志"；
    对拓展文法的产生式进行编号；
    if  ( LR(0) 项目集规范族为 C={I₀,I₁,…,Iₖ,…,Iₙ} )
        将含 S'→·S 的项目集 Iₘ 的下标 m（即状态 m）作为分析器的初态；
    对 C 的每个项目集 Iₖ 做
        {
            对其中每个形如 A→α·aβ 的项目做               /* 移进操作的填写 */
                if  (GO(Iₖ,a)=Iⱼ)  ACTION[k,a]= sⱼ;
            对其中每个形如 A→α· 的项目做                     /* 归约操作的填写 */
                {
                对每个终结符 a（包括句子括号"#"）做
                    ACTION[k,a]=rⱼ；                    /* j 为产生式 A→α 的序号 */
                }
            对每个非终结符 A 做
                if  ( GO(Iₖ,A)=Iⱼ ) GOTO[k,A]= j;         /*GOTO 表的填写 */
            if  (S'→S·∈Iₖ)  ACTION[k,#]="acc";        /* 接受操作的填写 */
        }
}
```

【例 5-6】对于例 5-1 中的文法 $G[S]$：

$$S \to Ab$$
$$A \to aA|c$$

拓展后对产生式编号如下：

$$0.\ S' \to S$$
$$1.\ S \to Ab$$
$$2.\ A \to aA$$
$$3.\ A \to c$$

前面已构造出项目集规范族 $C = \{ I_0, I_1, I_2, I_3, I_4, I_5, I_6 \}$ 以及识别活前缀的 DFA（见图 5-3），根据这些，按照算法构造出的 LR(0) 分析表如表 5-3 所示。

表 5-3　$G[S]$ 的 LR(0) 分析表

状态	ACTION				GOTO	
	a	b	c	#	S	A
0	s_4		s_3		1	2
1				acc		
2		s_5				
3	r_3	r_3	r_3	r_3		
4	s_4		s_3			6
5	r_1	r_1	r_1	r_1		
6	r_2	r_2	r_2	r_2		

LR(0) 文法也可以这样定义：若文法的 LR(0) 分析表不含多重入口（即分析表的每个元素的值都是唯一的），则称该文法为 LR(0) 文法。

5.2.3　LR(0) 分析器的工作过程

根据 LR(0) 分析表进行 LR 分析的语法分析程序叫作 LR(0) 分析器，该分析器的工作过程如下：

1）令初态进状态栈、"#" 进符号栈；

2）根据输入串的当前符号 a 和分析栈的栈顶状态 S_i 查询 LR(0) 分析表，根据 ACTION[S_i, a] 的值对状态栈和符号栈进行相应的操作（移进、归约、接受或报错）；

3）不断重复 2），直到输入串结束，达到 "acc"。

【例 5-7】设有文法 $G[S]$：

$$S \to Ab$$
$$A \to aA|c$$

根据其 LR(0) 分析表（见表 5-3），输入串 "$aacb$" 的 LR(0) 分析过程如表 5-4 所示，其中带下划线的表示句柄（归约的内容）。

表 5-4 "*aacb*" 的 LR(0) 分析过程

步骤	状态栈	符号栈	当前 输入符	剩余 输入串	ACTION	GOTO
0	0	#	*a*	*acb*#	ACTION[0,*a*]=*s₄*	
1	04	#*a*	*a*	*cb*#	ACTION[4,*a*]=*s₄*	
2	044	#*aa*	*c*	*b*#	ACTION[4,*c*]=*s₃*	
3	0443	#*aac*	*b*	#	ACTION[3,*b*]=*r₃*	GOTO[4,*A*]=6
4	0446	#*aaA*	*b*	#	ACTION[6,*b*]=*r₂*	GOTO[4,*A*]=6
5	046	#*aA*	*b*	#	ACTION[6,*b*]=*r₂*	GOTO[0,*A*]=2
6	02	#*A*	*b*	#	ACTION[2,*b*]=*s₅*	
7	025	#*Ab*	#		ACTION[5,#]=*r₁*	GOTO[0,*S*]=1
8	01	#*S*	#		ACTION[1,#]=*acc*	

用 LR(0) 分析表进行 LR 分析的过程可概括如下：

1）根据文法构造 LR(0) 项目集规范族（识别活前缀的 DFA）；

2）构造 LR(0) 分析表；

3）依据 LR(0) 分析表对输入串进行分析。

事实上所有 LR 分析器的分析过程（总控程序）都是一样的，分析表的结构也完全相同，不同之处在于所依据的 LR 分析表的构造方法不完全一样。

5.3 SLR(1) 分析

5.3.1 SLR(1) 文法

LR(0) 分析法要求文法必须是 LR(0) 的，即文法的 LR(0) 项目集规范族的任一项目集都不能有"移进 – 归约"冲突或"归约 – 归约"冲突，这种要求是比较高的，不是每个无二义文法都符合。那么，若文法不是 LR(0) 的还能否用 LR 分析法进行语法分析呢？SLR(1) 分析法是解决这一问题的方法之一，SLR(1) 即 Simple LR(1) 的简称，其做法是：若文法的 LR(0) 项目集含有"冲突"，则在有"冲突"的项目集所对应的状态下进行操作时，先向前查看一个输入符号，然后根据输入符号决定做哪种动作。

【例 5-8】对文法 *G*[*S*]：

$$1. S \rightarrow (A)$$
$$2. A \rightarrow bBaA$$
$$3. A \rightarrow b$$
$$4. B \rightarrow aAb$$
$$5. B \rightarrow a$$

识别活前缀的 DFA 如图 5-5 所示。从图中可以看出，在项目集 I_5、I_9 中有"移进 – 归约"冲突，所以 *G*[*S*] 不是 LR(0) 文法，无法用 LR(0) 表进行 LR 分析。

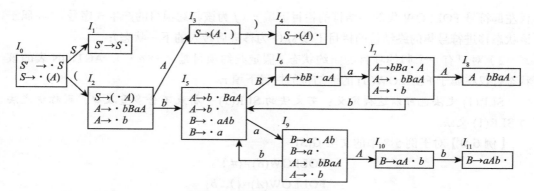

图 5-5　识别活前缀的 DFA

SLR(1) 的处理方法如下。

对于 I_5，归约项目是"$A \to b \cdot$"，若将句柄 b 归约成 A，则从文法中可以发现，非终结符 A 后可以跟的终结符有"）""b"（即 FOLLOW(A)={），b}），而该项目集的移进符号只有"a"且不可以跟在 A 的后面，所以对该状态的动作可以这样进行设置：向后查看一个输入符（即当前输入符），若该输入符属于 FOLLOW(A)（是"）"或"b"），则用"$A \to b$"进行归约；若输入符为"a"，则将"a"移进。这样，冲突就得到了解决。

同样，对于 I_9，归约项目是"$B \to a \cdot$"，FOLLOW(B)={a}，而该项目集的移进符号只有"b"且不属于 FOLLOW(B)，所以该状态的动作可设置成：查看当前输入符，若它属于 FOLLOW(B)（是"a"），则用"$B \to a$"进行归约；若为"b"，则移进。这样，冲突也得到了解决。

所以，若项目集 I 中存在"移进－归约"冲突（假定归约项目是"$A \to \alpha \cdot$"），只要 **I 的移进符号集与 FOLLOW(A) 不相交**，就可以这样解决"冲突"：查看当前输入符，若该符号属于 FOLLOW(A)，则用"$A \to \alpha$"归约；若该符号属于移进符号集，则移进。

同理，若项目集 I 中存在"归约－归约"冲突，假定归约项目是"$A \to \alpha \cdot$"和"$B \to \beta \cdot$"，只要 **FOLLOW(A) 和 FOLLOW(B) 不相交**，就可这样解决"冲突"：查看当前输入符，若该符号属于 FOLLOW(A)，则用"$A \to \alpha$"进行归约；若该符号属于 FOLLOW(B)，则用"$B \to \beta$"进行归约。

若在一个项目集中两种"冲突"同时存在，只要**各归约项目左部符号的 FOLLOW 集和该项目集的移进符号集两两互不相交**，则均可用这样的方法解决"冲突"：查看当前输入符，若该符号属于某归约项目左部符号的 FOLLOW 集，则用该归约项目的产生式归约；若该符号属于移进符号集，则移进。

以上就是 SLR(1) 解决"冲突"的方法。若一个非 LR(0) 文法可以用这种方法解决"冲突"，则称该文法为 **SLR(1) 文法**，按这种方法构造出的分析表称为 SLR(1) 分析表。

5.3.2　SLR(1) 分析表的构造

SLR(1) 分析表的构造方法与 LR(0) 分析表基本一致，仅有以下两点不同：

1）对有"冲突"的状态，其 ACTION 表的状态行的填写方法是：在属于某归约项目左部符号 FOLLOW 集的终结符的栏目下填 r_j（j 为该归约项目的产生式序号），在属于该状态移进符号集的终结符的栏目下填 s_j（j 为移进后转入的下一状态）；

2）对只有一个归约项目的归约状态（假定归约项目是 $A \to \alpha \cdot$），ACTION 表的该状态行仅在属于 FOLLOW(A) 的终结符的栏目下填 r_j。

SLR(1) 文法也可以这样定义：若文法的 SLR(1) 分析表不含多重入口，则称该文法为 SLR(1) 文法。

【例 5-9】对于例 5-8 中的文法 $G[S]$：

$$\text{FOLLOW}(S)=\{\#\}$$
$$\text{FOLLOW}(A)=\{), \ b\}$$
$$\text{FOLLOW}(B)=\{a\}$$

SLR(1) 分析表如表 5-5 所示，其中，

- 含"移进 – 归约"冲突的状态 5、9 在不同的终结符栏目下分别填了移进和归约操作；
- 只有一个归约项目的归约状态 4、8、11 都仅在属于相应 FOLLOW 集的终结符栏目下填了归约操作。

表 5-5　G[S] 的 SLR(1) 分析表

状态	ACTION					GOTO		
	a	b	(	)	#	S	A	B
0			s_2			1		
1					acc			
2		s_5					3	
3				s_4				
4					r_1			
5	s_9	r_3		r_3				6
6	s_7							
7		s_5					8	
8		r_2		r_2				
9	r_5	s_5					10	
10		s_{11}						
11	r_4							

根据 SLR(1) 分析表，输入串"$(babbab)$"的 LR 分析过程如表 5-6 所示，其中 (10) 表示状态 10，带下划线的是句柄。

表 5-6　"(babbab)" 的 LR 分析过程

步骤	状态栈	符号栈	当前输入符	剩余输入串	ACTION	GOTO
0	0	#	(	babbab#	ACTION[0,(]=s_2	
1	02	#(	b	abbab#	ACTION[2,b]=s_5	
2	025	#(b	a	bbab#	ACTION[5,a]=s_9	
3	0259	#(ba	b	bab#	ACTION[9,b]=s_5	
4	02595	#(bab	b	ab)#	ACTION[5,b]=r_3	GOTO[9,A]=10
5	0259(10)	#(baA	b	ab)#	ACTION[10,b]=s_{11}	

（续）

步骤	状态栈	符号栈	当前 输入符	剩余输入串	ACTION	GOTO
6	0259(10)(11)	#(baAb	a	b)#	ACTION[11,a]=r_4	GOTO[5,B]=6
7	0256	#(bB	a	b)#	ACTION[6,a]=s_7	
8	02567	#(bBa	b	)#	ACTION[7,b]=s_5	
9	025675	#(bBab	)	#	ACTION[5,)]=r_3	GOTO[7,A]=8
10	025678	#(bBaA	)	#	ACTION[8,)]=r_2	GOTO[2,A]=3
11	023	#(A	)	#	ACTION[3,)]=s_4	
12	0234	#(A)	#		ACTION[4,#]=r_1	GOTO[0,S]=1
13	01	#S	#		ACTION[1,#]=acc	

5.4 LR(1) 分析

5.4.1 LR(1) 文法

如果一个文法的 LR(0) 项目集规范族含有"冲突"，而且用 SRL(1) 方法依然不能解决问题，这时是否还有其他方法可用呢？也就是说，一个文法如果不是 LR(0) 的，也不是 SLR(1) 的，那么还能否使用 LR 分析法呢？

【例 5-10】对于文法 G[S]：

$$1.S \rightarrow Aa$$
$$2.S \rightarrow bAe$$
$$3.S \rightarrow Be$$
$$4.S \rightarrow bBa$$
$$5.A \rightarrow d$$
$$6.B \rightarrow d$$

LR(0) 项目集规范族如图 5-6 所示。

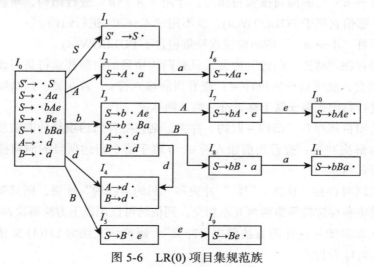

图 5-6 LR(0) 项目集规范族

从图中可以看出，项目集 I_4 中存在"归约 – 归约"冲突：

$$A \rightarrow d \cdot$$
$$B \rightarrow d \cdot$$

根据文法可知，FOLLOW(A)={a，e}，FOLLOW(B)={a，e}，两集合的交集不为空，显然该文法不是 SLR(1) 文法，不能用 SLR(1) 的方法来解决"冲突"。

再观察 LR(0) 项目集规范族可以发现，从 I_0 出发，达到 I_4 状态时，所识别的活前缀是"bd"或"d"（即路径上的符号串），而文法含有活前缀"bd"的规范推导只有以下两个：

$$S' \Rightarrow S \Rightarrow bAe \Rightarrow bde$$
$$S' \Rightarrow S \Rightarrow bBa \Rightarrow bda$$

显然，若将"d"归约成 A，则下一个输入符只能是"e"；而若将"d"归约成 B，则下一个输入符只能是"a"。

同理，含有活前缀"d"的规范推导也只有以下两个：

$$S' \Rightarrow S \Rightarrow Aa \Rightarrow da$$
$$S' \Rightarrow S \Rightarrow Be \Rightarrow de$$

若要将"d"归约成 A，则下一个输入符只能是"a"；而要将"d"归约成 B，则下一个输入符只能是"e"。

此例说明，在进行规范归约时，若归约项目为"$A \rightarrow \alpha \cdot$"，那么并不是遇所有的 FOLLOW($A$) 中的符号就应进行归约，有些符号虽在 FOLLOW 集中，但实际上在规范句型中是不能跟在 A 的后面的，其原因在于，对 FOLLOW 集的定义是 FOLLOW(A)={a | $S \overset{*}{\Rightarrow} \cdots Aa \cdots$}，而并未规定其中的推导必须是规范推导。

因此，对归约项目"$A \rightarrow \alpha \cdot$"，可以找到那些在规范句型中可以真正跟在 A 后的符号，这样的符号称为**项目"$A \rightarrow \alpha \cdot$"的向前搜索符**，它们构成的集合称为**项目"$A \rightarrow \alpha \cdot$"的向前搜索符集**。在含有项目"$A \rightarrow \alpha \cdot$"的状态下，查看当前输入符 a，当 a 属于"$A \rightarrow \alpha \cdot$"的**向前搜索符集**时，才用"$A \rightarrow \alpha$"进行归约，而若 a 不属于向前搜索符集，哪怕它属于 FOLLOW(A)，也不用"$A \rightarrow \alpha$"进行归约。

显然，项目"$A \rightarrow \alpha \cdot$"的向前搜索符集包含于 FOLLOW($A$)。

若项目集存在"移进 – 归约"冲突，只要归约项目的向前搜索符集与该项目集的移进符号集不相交，就可这样解决冲突：查看当前输入符 a，若 a 属于归约项目的向前搜索符集，则进行归约；若 a 属于移进符号集，则移进。

同理，若项目集存在"归约 – 归约"冲突，则只要各归约项目的向前搜索符集不相交，就可这样解决冲突：查看当前输入符 a，a 属于哪个归约项目的向前搜索符集就按哪个项目进行归约。

若项目集同时存在"移进 – 归约"冲突和"归约 – 归约"冲突，则只要各归约项目的向前搜索符集和移进符号集两两互不相交，则依然可以用以上方法解决冲突。

一个文法如果能用这样的方法解决"冲突"，则称该文法为 **LR(1) 文法**，这样的分析方法称为 LR(1) 分析法。

5.4.2　LR(1) 项目集规范族的构造

显然，LR(1) 分析法要解决的关键问题是，如何确定向前搜索符集，为此，将项目的形式进行重新定义。

LR(1) 项目： 一个 LR(1) 项目形如 $[A \rightarrow \alpha \cdot \beta, a]$，其中 $A \rightarrow \alpha\beta$ 是文法的产生式，$a \in V_{\mathrm{T}}$ 是向前搜索符。

若项目 $[A \rightarrow \alpha \cdot \beta, a]$ 属于某状态 I，则含义是：在状态 I 下句柄 $\alpha\beta$ 已被识别出了 α，后续应识别出 β，当 $\alpha\beta$ 全部被识别出来时，向前搜索符应为 a（向前查看一个符号，应该看到 a）。

因此，对于 β 非空的项目 $[A \rightarrow \alpha \cdot \beta, a]$，$a$ 是不起作用的，只有对形如 $[A \rightarrow \alpha \cdot , a]$ 的项目，a 才起作用，这表示只有在下一个输入符是 a 的情况下才按 $A \rightarrow \alpha$ 进行归约。

若项目的向前搜索符有多个，则它们之间用 "/" 分隔，即项目形如 $[A \rightarrow \alpha \cdot \beta, a/b/c]$。

向前搜索符集的确定方法是：若有项目 $[A \rightarrow \alpha \cdot B\beta, a]$，则将 $\mathrm{FIRST}(\beta a)$ 作为 $B \rightarrow \cdot \gamma$ 的向前搜索符集。

LR(1) 项目集规范族的构造算法如下。

算法 5-5　LR(1) 项目集规范族的构造算法

```
{
    文法增加 S′→S;                          /* 拓展文法 */
    I₀ = CLOUSRE ({[S′ →·S,#]});           /* 得到识别活前缀的 DFA 的初态项目集 */
    C={ I₀ }                                /* 项目集规范族置初值 */
    flag =1;
    while  (flag==1)
        {
            flag = 0;
            对 C 的每个项目集 I 及每个文法符号 X 做
                {
                    求 GO(I,X)= CLOSURE(J);              /* 求新项目集 */
                    if  (GO(I,X)∉C)
                        {
                            C = C ∪ {GO(I,X)};           /* 将新项目集加入 C 中 */
                            flag = 1;
                        }
                }
        }
}
```

说明：

1）对项目集 I 求 CLOUSRE 的方法是：

若有

$$[A \rightarrow \alpha \cdot B\beta, a] \in \mathrm{CLOSURE}(I), \ 且 \ b \in \mathrm{FIRST}(\beta a)$$

则

$$[B \rightarrow \cdot \gamma, b] \in \mathrm{CLOSURE}(I)$$

2）求 GO(*I*，*X*) 的方法是：

$$GO(I, X) = CLOSURE(J)$$

其中，*J*={ 任何形如 [*A* → α*X* · β，*a*] 的项目 | [*A* → α · *X*β，*a*] ∈ *I* }。

【例 5-11】例 5-10 中的文法 *G*[*S*] 的 LR(1) 项目集规范族如图 5-7 所示。

从图中可以看到，图 5-6 的项目集 I_4 在图 5-7 中依据向前搜索符集的不同被分裂成了 I_4 和 I_{12} 两个项目集。图 5-7 中的项目集 I_4 虽有两个归约项目，但它们的向前搜索符集分别是 {*a*} 和 {*e*}，不相交，所以当分析到达该状态时，可以向前查看一个输入符（即当前输入符），若该输入符是 "*a*"，则用 *A* → *d* 归约，若输入符是 "*e*"，则用 *B* → *d* 归约，若都不是，则报错。同理，项目集 I_{12} 也可用同样的方法处理。

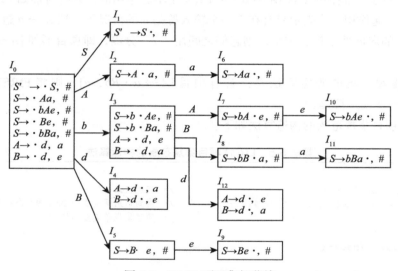

图 5-7　LR(1) 项目集规范族

5.4.3　LR(1) 分析表的构造

LR(1) 分析表的构造方法与 SLR(1) 分析表有以下两点不同：

1）对有"冲突"的状态，其 ACTION 表的状态行的填写方法是：在属于某归约项目向前搜索符集的终结符的栏目里填 r_j（*j* 为该归约项目的产生式序号），在属于该状态移进符号集的终结符的栏目里填 s_j（*j* 为移进后转入的下一状态）。

2）对只有一个归约项目的归约状态，ACTION 表的该状态行中仅在属于该项目向前搜索符集的终结符的栏目里填 r_j。

【例 5-12】对例 5-10 中的文法 *G*[*S*]，根据其 LR(1) 项目集规范族（见图 5-7）可构造出 LR(1) 分析表，如表 5-7 所示，其中，

- 含"归约 – 归约"冲突的状态 4、12 在终结符 "*a*" "*e*" 栏目下填了不同的归约操作；
- 只有一个归约项目的归约状态 6、9、10、11 都仅在它们的向前搜索符栏目下（此例中都是 "#"）填了归约操作。

表 5-7　*G[S]* 的 LR(1) 分析表

状态	ACTION					GOTO		
	a	*b*	*d*	*e*	#	*S*	*A*	*B*
0		s_3	s_4			1	2	5
1					acc			
2	s_6							
3			s_{12}				7	8
4	r_5			r_6				
5				s_9				
6					r_1			
7				s_{10}				
8	s_{11}							
9					r_3			
10					r_2			
11					r_4			
12	r_6			r_5				

　　LR(1) 文法也可以这样定义：若文法的 LR(1) 分析表不含多重入口，则称文法为 LR(1) 文法。采用 LR(1) 分析表进行分析的分析器为 LR(1) 分析器。

　　显然，一个文法是 LR(0) 的，则必然是 SLR(1)、LR(1) 的，反之不然。

5.5　LALR(1) 分析

5.5.1　LALR(1) 文法

　　从例 5-11 可以看到，文法 *G[S]* 的 LR(1) 项目集规范族的状态个数比该文法的 LR(0) 项目集规范族（见图 5-6）的状态个数多，原因在于 LR(0) 的项目集 {*A* → *d* ·，*B* → *d* ·} 在 LR(1) 项目集规范族中由于向前搜索符集的不同而分裂成了两个项目集：

$$I_4: \{ [A \to d \cdot , a], [B \to d \cdot , e] \}$$
$$I_{12}: \{ [A \to d \cdot , e], [B \to d \cdot , a] \}$$

　　这种仅向前搜索符集不同的项目集称为**同心集**，项目集中除了向前搜索符集以外的部分称作项目集的**心**。

　　因此，一个文法的 LR(1) 分析器的状态个数有可能比它的 LR(0) 分析器的状态个数多。

　　由前可知，一个文法的 LR(1) 项目集规范族由于可能存在同心集的分裂，所以可能引起分析器状态个数的增加，进而导致存储容量剧增。为了解决此问题，将 LR(1) 项目集规范族的同心集进行合并，若合并后不产生新的"冲突"，则该项目集族称为 LALR(1) 项目集规范族，其状态个数与 LR(0) 相同。在此，LALR(1) 即超前查看 LR(1)(Look-Ahead LR(1))。

　　关于同心集的合并，有以下几个问题需要说明：

（1）如何合并？

同心集 I_j、I_k 合并就是将对应项目的向前搜索符集进行合并，即同心集合并，心不变，只向前搜索符集合并。合并后的状态记作 I_{jk}。在识别活前缀的 DFA 中，所有导入 I_j、I_k 的弧均导入 I_{jk}，所有由 I_j、I_k 射出的弧均由 I_{jk} 射出。

（2）合并是否会造成后继状态、状态转换的混乱？

若 I_j、I_k 是同心集，则它们对同一符号的转换函数（转换后的项目集）也必然是同心集，因此，I_j、I_k 合并后，它们对同一符号的转换函数也会合并（即后续状态也将合并），因此，不会造成混乱。

（3）合并后是否会产生新的"冲突"？

若文法是 LR(1) 的，则同心集合并后不会产生新的"移进 – 归约"冲突。

因为若文法是 LR(1) 的，则同心集中是不会存在"移进 – 归约"冲突的，即若有

$$I_j = \{ [A \rightarrow \alpha \cdot , \ U_1] , \ [B \rightarrow \beta \cdot a\gamma , \ b] \}$$

则
$$U_1 \cap \{a\} = \varnothing$$

$$I_k = \{ [A \rightarrow \alpha \cdot , \ U_2] , \ [B \rightarrow \beta \cdot a\gamma , \ c] \}$$

则
$$U_2 \cap \{a\} = \varnothing$$

合并后：

$$I_{jk} = \{ [A \rightarrow \alpha \cdot , \ U_1 \cup U_2] , \ [B \rightarrow \beta \cdot a\gamma , \ b/c] \}$$

I_{jk} 的向前搜索符集与移进符号集的交集为空：

$$(U_1 \cup U_2) \cap \{a\} = \varnothing$$

所以不会产生新的"移进 – 归约"冲突。

但应注意，同心集的合并是有可能产生新的"归约 – 归约"冲突的，若产生，则不能进行合并，这说明文法只是 LR(1) 的，而不是 LALR(1) 的。

（4）状态的合并是否会影响报错？

同心集合并后，对某些错误的发现有可能会推迟，但对出错位置仍能够准确定位。

（5）LALR(1) 文法与 LR(1) 文法是什么关系？

显然，LALR(1) 分析法对文法的要求比 LR(1) 分析法的高。一个文法是 LALR(1) 的就必然是 LR(1) 的，反之不然。

5.5.2　LALR(1) 分析表的构造

LALR(1) 分析表的构造方法是：先构造文法的 LR(1) 项目集规范族，若该文法是 LR(1) 的（即任何项目集均无"移进 – 归约"冲突和"归约 – 归约"冲突），则将同心集进行合并，若没有产生新的"冲突"，便形成了 LALR(1) 项目集规范族。然后构造 LALR(1) 分析表，其填写方法与 LR(1) 分析表相同。

【例 5-13】设有文法 $G[S]$：

$$1. \ S \rightarrow CC$$
$$2. \ C \rightarrow cC$$
$$3. \ C \rightarrow d$$

拓展文法，增加产生式 $0.S' \to S$。

构造 LR(1) 项目集规范族，如图 5-8a 所示，从图中可以看出该文法是 LR(1) 文法。LR(1) 项目集规范族中有以下同心集：

$$I_3 \text{ 和 } I_6$$
$$I_4 \text{ 和 } I_7$$
$$I_8 \text{ 和 } I_9$$

将它们合并后得到的项目集为：

I_{36}： $\{[C \to d \cdot, \ d/c/\#]\}$

I_{47}： $\{[C \to c \cdot C, \ d/c/\#], \ [C \to \cdot cC, \ d/c/\#], \ [C \to \cdot d, \ d/c/\#]\}$

I_{89}： $\{[C \to cC \cdot, \ d/c/\#]\}$

这三个新的项目集中并未出现新的"移进－归约"冲突和"归约－归约"冲突，所以该文法是 LALR(1) 文法，新的项目集规范族如图 5-8b 所示。

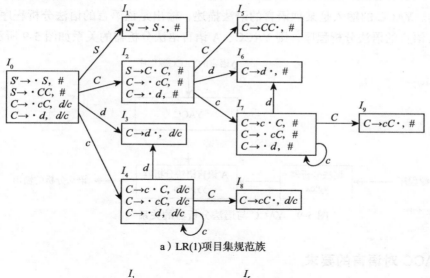

a）LR(1)项目集规范族

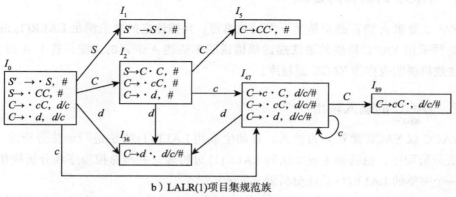

b）LALR(1)项目集规范族

图　5-8

文法的 LALR(1) 分析表如表 5-8 所示。

表 5-8　LALR(1) 分析表

状态	ACTION			GOTO	
	c	d	#	S	C
0	s_{47}	s_{36}		1	2
1			acc		
2	s_{47}	s_{36}			5
36	r_3	r_3	r_3		
47	s_{47}	s_{36}		89	
5			r_1		
89	r_2	r_2	r_2		

5.6　语法分析程序的自动生成工具 YACC 简介

　　YACC（Yet Another Compiler-Compiler）是一个已被广泛使用的语法分析程序的自动生成工具。YACC 的输入是某种语言的语法描述，输出是该语言的语法分析程序。假定要生成 A 语言的语法分析程序，则 YACC、A 语言语法分析器的关系如图 5-9 所示。

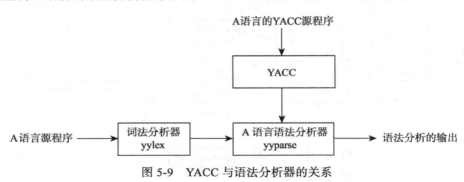

图 5-9　YACC 与语法分析器的关系

5.6.1　YACC 对语言的要求

　　YACC 要求 A 语言必须是上下文无关语言，且描述它的文法满足 LALR(1) 的要求，用户必须采用 YACC 提供的**语法描述规格说明**来描述 A 语言的文法，这个 A 语言的语法描述规格说明也称作 **YACC 源程序**。

5.6.2　YACC 的输入输出

　　YACC 以 YACC 源程序为输入，自动生成用 LALR(1) 方法进行语法分析的 A 语言的语法分析程序，也就是生成文法的 LALR(1) 分析表，并与总控程序和分析栈相结合，构成一个完整的 LALR(1) 语法分析器 yyparse。

　　与 LEX 一样，YACC 的宿主语言也是 C 语言，生成的 yyparse 也是一个 C 语言程序。

　　yyparse 要求有一个名为 yylex 的词法分析程序与它配合，用户可以借助 LEX 来构造 yylex，所以 LEX 与 YACC 可以配合使用。

YACC 源程序的作用是对 A 语言的语法规则进行说明，同时给出语义动作——语法规则用于归约时应完成的动作。

yyparse 的输出可以是语法树，也可以是生成的中间代码、目标代码，或者是一些语法信息，究竟是什么完全由语义动作及 YACC 源程序中给出的一些辅助过程决定。

5.6.3 YACC 源程序

YACC 源程序由三部分组成：说明部分、语法规则部分和辅助过程部分，其一般格式为：

```
{ 说明部分 }
%%
{ 语法规则部分 }
%%
{ 辅助过程部分 }
```

（1）说明部分

这部分用于定义语法规则部分要用的终结符、语义动作中使用的数据类型、变量、语义值的联合类型以及运算符的优先级等，具体包括：

- 头文件表：一系列的 C 语言的 #include 语句。
- 宏定义：用 C 语言的 #define 语句定义程序中要用的宏。
- 数据类型定义：定义语义动作或辅助过程部分要用到的数据类型。
- 全局变量定义：定义外部变量和 YACC 源程序中要用到的全局变量。
- 文法开始符号定义：定义文法的开始符号，若不定义，则语法规则中第一条规则的左部符号会被认为是开始符号。YACC 的开始符号定义语句为：

%start   非终结符

- 语义值类型定义：若不定义语义动作中使用的语义值，则它们都被认为是整型的。因此，若语义值是非整型的，则要在此进行说明。
- 终结符定义：除文字字符外，语法规则中出现的所有终结符必须在这里进行定义，定义中可以给出终结符名和终结符的编码（整数）。
- 运算符优先级和结合性定义：运算符的结合性用语句 %left（左结合）和 %right（右结合）定义，同一 %left（right）语句中的运算符的优先级相同，前面 %left（right）语句中的运算符的优先级低于后面 %left（right）语句中的运算符的优先级。如语句：

%left '+' '-'

%left '*'

定义了 + − * 运算都是左结合的，+ − 运算的优先级低于 * 运算，+ − 的优先级相同。

（2）语法规则部分

这部分给出了要处理的语言的文法及每个产生式的语义动作。

若文法有产生式

$$A \rightarrow \alpha_1 \mid \alpha_2 \mid \cdots \mid \alpha_n$$

则在 YACC 源程序的这部分中将被写成：

A：α_1　{语义动作$_1$}

　　| α_2　　{语义动作$_2$}

　　……

　　……

　　| α_n　　{语义动作$_n$}

　　;

其中，产生式中的终结符是用单引号括起来的，没括起来的且在说明部分没有被说明的字母数字串被看成非终结符；{语义动作}是 C 语言的语句序列，当它放在产生式的后边时，将在用该产生式进行归约前被执行。语义动作可以是计算、返回语法符号的语义值，也可以是建立语法树、产生中间代码、输出有关信息等。

（3）辅助过程部分

这部分由一些 C 语言函数组成。主要包括：

- 主程序 main( )：完成一些初始准备工作，然后调用由 YACC 生成的 yyparse( ) 完成语法分析。
- 错误信息报告程序：用户可以在这里给出自己的错误信息报告程序。
- 词法分析程序：在这里必须给出名为 yylex 的词法分析器，每次调用 yylex( ) 将得到一个单词符号，包括单词的种别（单词种别必须在 YACC 源程序的第一部分中给出说明）和单词的自身值。
- 其他程序段：一些必要的例行程序，这些程序都是 C 语言程序。

5.7　练习

1. 判别下列各题所示文法是否为 LR 类文法，若是，请说明是哪一类，若不是，请说明理由。

（1）$S \rightarrow D;B \mid B$

　　$D \rightarrow d \mid \varepsilon$

　　$B \rightarrow B;a \mid a \mid \varepsilon$

（2）$S \rightarrow aAd \mid eBd \mid aBr \mid eAr$

　　$A \rightarrow a$

　　$B \rightarrow a$

（3）$S \rightarrow P$

　　$P \rightarrow C \mid B$

　　$B \rightarrow H;T$

　　$H \rightarrow bd \mid H;d$

　　$T \rightarrow se \mid s;T$

$$C \rightarrow bT$$

2. 设有文法 *G*[*S*]:

$$1. S \rightarrow (SR$$
$$2. S \rightarrow a$$
$$3. R \rightarrow ;SR$$
$$4. R \rightarrow)$$

（1）判断 *G* 是 LR(0) 文法。

（2）构造 *G* 的 LR(0) 分析表。

（3）给出输入串"(*a*;(*a*);*a*)"的 LR(0) 分析过程。

3. 已知文法 *G*[*A*]:

$$1. A \rightarrow aAd$$
$$2. A \rightarrow aAb$$
$$3. A \rightarrow \varepsilon$$

（1）判断该文法是否是 SLR(1) 文法，若是，则构造相应的分析表。

（2）给出输入串"aadb"的 LR 分析过程。

4. 判别以下文法是否为 LR 类文法，若是，请说明是哪一类，若不是，请说明理由。

$$G: S \rightarrow aAd \mid eBd \mid aBr \mid eAr$$
$$A \rightarrow a$$
$$B \rightarrow a$$

5. 给定文法 *G*[*A*]:

$$A \rightarrow (A) \mid a$$

（1）构造 LR(1) 项目集族及识别所有活前缀的 DFA。

（2）证明：LR(1) 项目 [*A* → (*A* ·),)] 对活前缀"(((*A*"是有效的。

（3）构造 LR(1) 分析表。

（4）此文法是 LALR(1) 文法吗？若是，请构造 LALR(1) 分析表。

6. 请指出表 5-9 中的 LR 分析表 *a*、*b*、*c* 分属 LR(0)、SLR(1) 和 LR(1) 中的哪一种，并说明理由。

表 5-9　LR 分析表

a)

状态	ACTION		GOTO	
	b	#	*S*	*B*
0	s_3		1	2
1		*acc*		
2	s_4			5
3	r_2			
4		r_2		
5		r_1		

（续）

b)

状态	ACTION			GOTO
	a	b	#	T
0	s_2	s_3		1
1			acc	
2	s_2	s_3		
3	r_2	r_2	r_2	
4	r_1	r_1	r_1	

c)

状态	ACTION			GOTO
	i	k	#	P
0	s_1	s_3		2
1	s_1	s_3		
2			acc	
3			r_2	
4			r_1	

7. 一个类 ALGOL 的文法如下：

```
<Program> → <Block>
<Program> → <Compound Statement>
<Block> → <Block Head>; <Compound Tail>
<Block Head> → begin d
<Block Head> → <Block Head>;d
<Compound Tail> → s; end
<Compound Tail> → s; <Compound Tail>
<Compound Statement> → begin <Compound Tail>
```

（1）试构造其 LR(0) 分析表。

（2）给出输入串"begin d；d；s end"的分析过程。

8. 证明下列文法不是 LR(0) 文法但是 SLR(1) 文法：

$$S → A$$
$$A → Ab \mid bBa$$
$$B → aAc \mid a \mid aAb$$

9. 证明下列文法是 LR(1) 文法但不是 SLR(1) 文法（其中"$"相当于"#"）：

$$S → A\$$$
$$A → BaBb \mid DbDa$$
$$B → \varepsilon$$
$$D → \varepsilon$$

第6章 语义分析

词法分析阶段的工作分析出了源程序中存在什么样的单词及这些单词的构成是否正确，语法分析阶段的工作则分析出了源程序中存在哪些语法单位（如表达式、语句、过程乃至整个程序）及这些语法单位的构成是否符合该语言的规定。词法分析和语法分析停留在对高级语言源程序的形式和结构的分析阶段。编译的目的是，把源程序翻译成表达意义完全相同的目标语言程序，涉及源程序的意义，因此必须对源程序进行语义分析。语义分析的经典方法是，由语法分析的过程来主导语义分析，这称为语法制导的语义计算。而符号表则用于记录包含语义分析在内的各个编译阶段的符号属性。

6.1 语义分析概述

一个语法上正确的程序并不一定能够正确地执行，语义分析任务就是对词法分析和语法分析正确的源程序的语义进行检查，以确认程序的每一个部分是否具有正确的意义，程序的各部分是否能够有意义地结合在一起，这种检查称为静态语义检查。在这一过程中，若发现程序存在静态一致性或完整性方面的问题，则报告静态语义错误；若不存在静态一致性或完整性方面的问题，则称该程序通过了静态语义检查。语义分析过程中与静态语义检查相关的部分称为静态语义分析。

静态语义检查的一个重要内容是进行类型检查，即检查操作数的类型是否符合操作符的要求，如算术运算符的运算对象是否为整型或实型。静态语义检查还包括控制流检查、唯一性检查和与名字相关的检查。对于操作对象的类型等信息在编译中是使用符号表来保存的，即当编译程序发现一个操作对象的某种信息时，便将这种信息保存到符号表中，当编译程序在分析和翻译过程中需要了解操作对象的某种信息时，就到符号表中去查找。

6.2 语法制导的语义计算

对于词法分析和语法分析正确的源程序，编译程序就可以对其进行语义分析。在语义分析阶段，首先是收集或计算源程序的上下文相关信息，并将这些信息分配到相应的程序单元记录下来。

要进行语义分析，首先就要对语义进行说明或描述。说明或描述程序设计语言的语义是一个重要且复杂的研究课题，虽然已有一些研究成果，形成了若干种语义学，但它们都还不便于用来自动完成语义处理任务。目前较常用的是语法制导的语义计算，这种语义计算使用一种工具——属性文法来描述程序设计语言的语义。

6.2.1 属性文法

什么是属性文法呢？简单地说，一个**属性文法就是一个上下文无关文法再加上一系列的语义规则**。设 $G=(V_N, V_T, P, S)$，如果它的每个产生式 $\alpha \to \beta$ 中的 α 是一个非终结符，则 G 是一个 2 型文法或上下文无关文法。上下文无关文法定义的语言称为 2 型语言或上下文无关语言，可由下推自动机（Pushdown Automata，PDA）识别。语义规则是附加在文法的产生式上的，每个产生式都对应一组语义规则，用以说明该产生式的语义，即该产生式表示的语法单位的具体意义或应完成的动作。在语法制导翻译中将按照这些规则来进行语义处理。属性文法的形式化定义如下。

定义 6-1：一个属性文法是一个三元组 $A=(G, V, F)$，其中，

- G：一个上下文无关文法；
- V：属性的有穷集；
- F：关于属性的断言或谓词（规则）的有穷集。

1. 属性

属性是为文法符号配备的相关"值"，一个"值"为一个属性，表示该文法符号所代表的语法单位的某一方面的相关信息，用 $N.t$ 的形式表示，其中 N 为该文法符号，t 为属性（即 N 的 t 属性）。一个文法符号可以有多个属性，以表示它的多种相关信息。属性的使用与常见的变量的属性一样，可以进行计算和传递。

例如，E 代表变量或表达式，则属性 E.type 表示 E 的类型（可以是整型、实型等），属性 E.val 表示 E 的值（如 5、3.2 等）。

属性通常分为综合属性和继承属性两类。

（1）综合属性

一个文法符号 N 的某一属性 t 的值若由其产生式右部符号的属性决定，则 $N.t$ 为 N 的综合属性。

例如，有产生式 $E \to T^1 + T^2$（由于同一非终结符出现多次，故加上角标以示区别），val 表示"值"属性，则应有 E.val=T^1.val+T^2.val，即 E 的值由 T^1 的值和 T^2 的值确定，因此 E.val 就是综合属性。

从语法树上看，一个结点的综合属性值是由其子结点的属性值确定的（见图 6-1），这种综合属性适用于"自下而上"地传递信息。

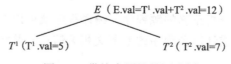

图 6-1　带综合属性的语法树

（2）继承属性

一个文法符号 N 在产生式的右边出现，若它的 t 属性由该产生式的左部非终结符或右部其他符号的属性决定，则 $N.t$ 为 N 的继承属性。

例如，对于有变量说明语句的文法：

$$D \to TL$$
$$T \to \text{real} \mid \text{int}$$
$$L \to \text{id} \mid L^1, \text{id}$$

显然，该文法中的非终结符 T 代表该说明语句说明的标识符的类型，L 代表该说明语句的标识符表。用 T.type 表示 T 的数据类型，则 T.type 就是一个综合属性，它的值由 real 或 int 决定。用 L.in 表示标识符表中标识符的类型，则 L.in 的值应由 T.type 确定，L.in 的值可以由产生式依次传递给标识符表中的每一个标识符，从而使它们获得类型信息，因此 L.in 就是继承属性。

例如，语句

$$\text{real id}_1, \text{id}_2$$

带属性 type、in 的语法树如图 6-2 所示。从语法树上可以看出，T 结点的 T.type 的值来自其子结点，故为综合属性；L 结点的 L.in 的值来自兄弟结点 T 的属性，而 L.in 的值又要下传给其子结点 L^1 的 L^1.in，即 in 属性的值是由其父结点或兄弟结点的属性值决定的，故为继承属性。

继承属性适用于"自上而下"地传递信息。

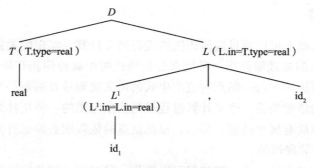

图 6-2　带继承属性的语法树

2. 规则

规则也称为语义规则，每个产生式都配有一组，描述了该产生式的语义，从而给产生式赋予具体的动作意义。

例如，对于产生式 $E \to T^1 + T^2$，可以配备以下两条语义规则：

```
T1.type = int AND T2.type = int
E.val= T1.val+T2.val
```

其中，T.type 表示 T 的类型属性，T.val 表示 T 的值属性。

在这里，产生式本身描述了一个这样的算术表达式结构——两个运算对象中间有一个运算符"+"，这是关于表达式形式的问题。而两条语义规则描述的则是关于这样的一个表达式所要进行的操作——第一条语义规则表明应对这两个运算对象进行类型检查（它们都应为整型），第二条语义规则表明要对这两个运算对象的值实施加运算（其结果

就是表达式 E 的值）。

对一个产生式而言，究竟配备多少条什么样的语义规则是由具体语言的语义决定的。语义规则所描述的工作一般可以包括属性值的计算、静态语义的检查、符号表的操作、代码（中间代码或目标代码）的生成等。

通常将语义规则写成过程调用或过程段的形式，所以，一个产生式所对应的语义规则也称作**语义子程序**。

由于属性文法包含上下文无关文法及语义规则（属性是出现在语义规则中的），所以在描述属性文法时，通常采用与上下文无关文法相类似的书写形式，如表 6-1 所示。

表 6-1　属性文法的书写形式

产生式	语义规则
$E \rightarrow T^1 + T^2$	{ T^1.type=int AND T^2.type=int E.val =T^1.val+T^2.val　}
$T \rightarrow F^1 + F^2$	…… ……
……	……

关于属性文法的内容有很多，在此仅介绍以上内容以便讨论语法制导翻译。

6.2.2　语义计算

在属性文法基础上可以通过遍历语法树进行语义计算。实现的关键是，构建属性之间的依赖图。所谓的**依赖图**是指一种用来分析语法树中属性间相互依赖关系的有向图，有向图的结点是语法树中每一结点对应产生式的语义规则涉及的每一个属性，有向边表示属性与属性间的依赖关系。语义计算过程就是按依赖图的一种拓扑结构对语法树进行遍历，目的是计算所有属性的值。那么，显然这里的依赖图必须是有向无环图，如果有环，则无法直接计算属性值。

语法树中各结点属性值的计算过程可以看作一种对语法树的标注过程，属性的计算结果显然可以用带标注的语法树表示。

【例 6-1】表达式属性文法如表 6-2 所示。

表 6-2　表达式属性文法

产生式	语义规则
$S' \rightarrow E$	{ print(E.val) }
$E \rightarrow E^1 + T$	{ E.val =E^1.val+T.val }
$E \rightarrow T$	{ E.val =T.val }
$T \rightarrow T^1 * F$	{ T.val =T^1.val*F.val }
$T \rightarrow F$	{ T.val =F.val }
$F \rightarrow (E)$	{ F.val =E.val }
$F \rightarrow i$	{ F.val =i.lexval }

其中，属性 i.lexval 为标识符 i 的具体值。

若有如下变量：

a a.lexval=3
b b.lexval=5
c c.lexval=2

现有表达式"a+b*c"（语法树为图 6-3），图 6-4 给出了语法树对应的依赖图，图 6-5 给出了语义处理过程中属性值的传递过程，图 6-6 给出了带标注的语法树。

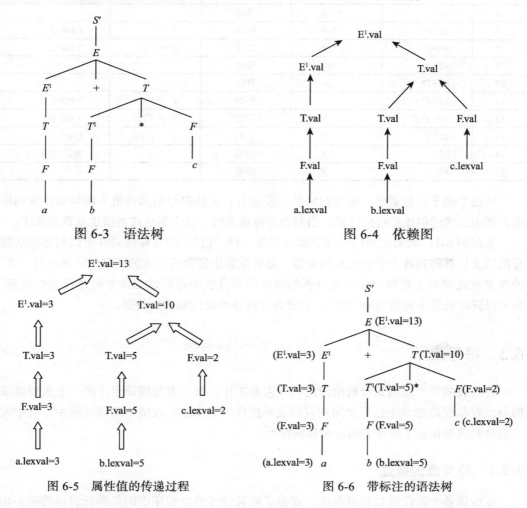

图 6-3 语法树

图 6-4 依赖图

图 6-5 属性值的传递过程

图 6-6 带标注的语法树

语义计算的基本实现方法是，对于一个描述某语言语法的上下文无关文法，给它的每个产生式配备一个**语义子程序**，该语义子程序的功能是对该产生式所描述的语法单位进行语义分析。在编译程序进行语法分析时，若语法分析采用的是自顶向下的分析方法，则每当一个产生式匹配输入串成功时，就调用该语义子程序；若语法分析采用的是自底向上的分析方法，则每当一个产生式用于归约时，就调用该语义子程序。

下面以例 6-1 中的表达式为例，解释如何在表达式的语法分析过程中按语义规则进行语义处理，而这里所进行的语义处理工作是计算表达式的值（见表 6-3）。

表 6-3　输入串 "$a+b*c$" 的语法分析和语义处理过程

步骤	分析栈	剩余输入串	动作	使用产生式	语义处理结果
1	#	$a+b*c$#	移进		
2	#a	$+b*c$#	归约	$F \rightarrow i$	F.val=3
3	#F	$+b*c$#	归约	$T \rightarrow F$	T.val=3
4	#T	$+b*c$#	归约	$E \rightarrow T$	E.val=3
5	#E	$+b*c$#	移进		
6	#$E+$	$b*c$#	移进		
7	#$E+b$	$*c$#	归约	$F \rightarrow i$	F.val=5
8	#$E+F$	$*c$#	归约	$T \rightarrow F$	T.val=5
9	#$E+T$	$*c$#	移进		
10	#$E+T*$	c#	移进		
11	#$E+T*c$	#	归约	$F \rightarrow i$	F.val=2
12	#$E+T*F$	#	归约	$T \rightarrow T^1*F$	T.val=10
13	#$E+T$	#	归约	$E \rightarrow E^1+T$	E.val=13
14	#E	#	归约	$S' \rightarrow E$	显示结果 13
15	#S'	#	结束		

　　从这个例子可以看出，随着归约的逐步进行，文法符号的属性值不断得到计算和传递，即表达式的值逐步得到计算，当归约过程结束时，整个表达式的值也就算出来了。

　　类似例 6-1，如果把表达式的类型也当作一种"值"，那么显然同样可以利用语法制导的语义计算得到各个子表达式的类型，最后推断出整个表达式的类型值，表达式"值"的含义在此得到了延伸。在语义分析的其他问题分析中都可以用该方法进行类似处理，还可以同时处理多种类型的"值"，只要确立好各个属性间的依赖图。

6.3　符号表

　　符号表的管理是语义分析阶段的一个主要工作。符号表是编译程序的一个重要组成部分，在前面的章节中已多次用到符号表的操作，事实上，在整个编译过程中，有很大一部分时间都花在了符号表的管理和操作上。

6.3.1　符号表的概述

　　在编译各个阶段的分析过程中，需要了解被编译的源程序中的各种标识符的很多相关信息，例如，源程序中使用了一个标识符，编译程序就要知道该标识符的种别，即它是变量名、数组名还是过程名等。如果标识符是一个变量名，就需要知道它的变量类型，以便给它分配合适的存储单元、检查它所参与的运算是否合适、是否需要进行类型转换（即进行语义检查），还要知道它的作用域，以便检查源程序中对它的使用是否在它的作用域范围内……如果标识符是一个数组名，则编译程序就需要知道这个数组的维数、每一维下标的下界和上界、数据类型等。**符号表**（symbol table）是将标识符映射到它们的类型和存储位置的一种数据结构，也是编译程序用到的最重要的数据结构之一。

符号表的作用主要体现在以下几个方面。

1. 收集符号属性

收集符号属性是了解和使用标识符及其各种属性的基础。标识符及其各种属性的收集工作绝大部分是在编译的词法分析、语法分析过程中进行的。编译程序在对源程序进行词法分析时，每当遇到一个标识符，就要去查找符号表：首先看该标识符是否已在符号表中，若不在，则说明这是一个新的标识符，要在符号表中建立该标识符的项，并将已发现的属性填入表中；如果该标识符在符号表中已经存在，说明它在前面已经出现过，这时它若有新属性，就可直接将该属性填入表。在语法分析阶段及后续的各个阶段，将会发现或产生标识符的更多属性，所有这些都要陆续填入符号表。

2. 作为上下文语义合法性检查的依据

在进行语义分析时需要了解标识符的各种不同属性，这样才能确认对标识符的说明和引用是否正确，也才能进行正确的翻译工作。

例如，以下说明语句将同一个变量两次说明成不同的语言成分：

```
int   a,b;
char  a[20];
```

编译程序在对第一个 int 语句进行分析时，在符号表中创立了变量 a 的项，并记录了它的"整型变量"这一属性，而在对第二个 char 语句进行分析时，通过查符号表发现该标识符已经存在并且已定义为整型变量，这样就发现了该标识符被二次说明的错误。

3. 作为目标代码生成阶段地址分配的依据

在目标代码生成阶段，要为各种数据（如变量、数组等）分配存储空间。如何进行存储空间的分配，即在什么区域分配、分配多大的存储空间、分配的具体位置等，都与数据的属性有关，要根据符号表中记录的那些数据属性来确定。

例如，在 C 语言程序中，若某变量被定义成公共存储区的一个双精度实型变量，则在编译程序的前几个阶段就会发现该变量的这些信息，并将它们记录在符号表中。当编译程序进行目标代码生成要为该变量分配存储空间时，就能够在符号表中找到该变量的这些信息，从而在公共存储区给它分配双倍于一般实型变量的存储单元，然后将存储单元地址（该区域中相对于起始位置的偏移量）作为该变量的又一属性记录于符号表中，以便后续程序对该变量进行访问。

6.3.2   符号表的定义

标识符的一种信息也就是它的一个属性，每个标识符都会有多个属性，不同种别的标识符所具有的属性也是不同的，反映了标识符的不同语义特征。编译程序在对源程序的分析和翻译过程中逐步获得并使用这些属性，从而完成编译任务，生成正确的目标代码。为了保存和使用标识符的属性，编译程序建立了一些表格，称为**符号表**（形如表 6-4），表中每个符号的信息为**一项**（行），符号名及其每个属性为一个**域**（列），符号在符号表中的位置称为该符号的**符号表入口地址**。

表 6-4 符号表

	符号名	属性 1	属性 2	……	属性 n
第 1 项					
第 2 项					
	……	……	……	……	……

在程序中用到的标识符的作用各不相同，有的是变量名，有的是常量名、数组名、过程名、函数名、类型名等，对于有不同作用的标识符，其所具有的属性（域）及属性的多少都不尽相同。

1. 符号名

在符号表中符号名一栏也称作主栏，这是必有的属性栏目，符号表的其余属性栏目也称为信息栏。

符号名就是标识符本身，不同的语言对标识符都有自己的定义，它们可以是字母数字串，也可以是含有其他一些字符的字符串。符号名一般不能重名，所以符号名与它在符号表中的位置是一一对应的，因而常用符号名在表中的位置（整数值）来表示该符号，并将符号名的位置值称为它的内部代码。例如在语法制导翻译中，中间代码中的操作对象和结果都是用它们在符号表中的入口地址来表示的，如用 E.place 来表示 E，用 entry(id) 表示标识符 id。

当然，在一个程序里有时是允许出现同名标识符的，但它们的作用域或可视性一定是不同的，即在程序运行的任何时刻，必然只有其中一个标识符是可操作的。只要对符号表的组织管理工作进行一定的控制（详情见后），就能确保在任何时刻对符号表的操作都是仅对符号表的某一段区域进行的，而这一段区域中的符号恰好是这一时刻所能操作的符号，显然在这一段区域中符号名是不允许重复的。因此，在符号表中符号名始终是唯一的标志，故作为主栏来使用。

2. 符号的种别

符号的种别也就是符号的类别。一个程序设计语言的符号一般都有很多种，如变量名、数组名、过程名、函数名、类型名、文件名等，一个符号属于哪一类是首先应该知道的信息，因为不同种别的符号所具有的属性是有很大差别的。

不同的程序设计语言使用的单词不完全一样，但一般来说，对于每一种程序设计语言，关键字、运算符和界符都是固定的，一般有几十个或上百个，而标识符、常量则由程序员定义。在词法分析中对单词进行分类，然后给每种单词一个种别码。它们的编码方式不唯一，以有利于后续分析为原则，根据语言的具体情况确定。常用编码方式如下：

1）标识符：可以统一为一类，给定一个编码，也可以根据标识符的用途对它们加以细分，如变量名、数组名、函数名等各分为一类，每类一个编码。

2）关键字：可将其全部编为一类，但在绝大多数语言的编译中均采用一字一类的编码方式，这样用编码就可以表示关键字，实际处理起来也比较方便。关键字是有特定用途的，一般语言都不允许将它们挪作他用，即使允许，程序员一般也不会使用保留字作为其他的一般标识符，因此可以建立一张表，将语言的所有关键字及其编码存于其中。当词法分析程序拼出一个标识符时，就去查看这张表以确定其是否为关键字（关键字的形式往往也符合标识符的组成规则），这样便可得到其编码。

3）常量：一般按类型进行分类，如整型、实型、字符型、布尔型……各为一类，每类一个编码。

4）运算符：可以一符一个编码，也可以把具有共性的运算符作为一类，如算术运算符为一类，逻辑运算符为一类，每类一个编码。

5）界符：一般一符一个编码。

3. 符号的数据类型

作为变量名或函数名等的标识符都具有数据类型，例如整型、实型、字符型、布尔型等。这种数据类型信息是很重要的，它直接决定在存储分配时如何确定其存储格式、分配多大的存储空间等，而在运算时则决定了该变量或函数可以参与什么样的运算操作。例如，一个变量是整型的，那么它就可以参与算术运算，若在程序中对它进行字符运算，则在进行语义检查时只要查一下符号表就可以发现这一语义错误。

4. 符号的存储类别

程序在运行时，数据是存储在内存的数据区的。不同的语言，数据区的存储分配方式是不完全相同的，例如有的语言将数据区划分成几个分区，不同的数据分区的分配和使用方式也是不同的，而符号的不同存储类别决定了在哪个分区为该符号分配存储空间，以及该符号可以如何使用。存储类别是编译过程中语义处理、检查和存储分配的重要依据。

对于符号的存储类别，每个语言都有自己的定义方式。以 C 语言为例，C 语言将数据区划分为静态存储分配区和动态存储分配区，而变量可以有四种存储类别：

- auto（自动）；
- static（静态）；
- register（寄存器）；
- extern（外部）。

存储类别的定义方式是在变量说明语句前加存储类别信息，如

```
static int r=2, t;
```

分配在静态区的变量有全局变量和用 static 定义的局部变量，分配在动态区的变量有函数的形式参数、函数内部定义的局部变量（未加 static 说明的）和用于函数嵌套调用的栈。

分配在不同区的变量的作用域是不同的。静态区的变量的作用域为整个程序，存储

单元一旦分配就一直占用，直到程序运行结束。对于动态区的变量，只在函数调用中定义它时才为它分配存储单元，调用一旦结束，就立即释放其所占的存储单元。

5. 符号的作用域及可视性

符号的作用域是指符号变量在程序中起作用的范围，一般来说，它可以由该符号的定义位置及存储类别来决定。符号的可视性是指符号的可引用性，它与符号的作用域不是同一个概念，当然，若变量可引用，则必然发生在其作用域内，但变量的可视性不仅取决于作用域，还与形式参数、分程序结构等有关。也就是说，一个变量不一定在其作用域的任何地方、任何时刻都是可引用的。

例如在 C 语言中，若全局变量和某函数的局部变量重名，假设都是 a，那么在该函数运行过程中对变量 a 进行引用时，实际上引用的是局部变量 a 而不是全局变量 a。尽管该函数在全局变量 a 的作用域范围内，但在该函数的运行过程中，全局变量 a 是不可引用的。

如何表示符号的作用域和可视性呢？对于不同的程序设计语言编译程序可以有不同的表示方法。例如，对于具有分程序结构的语言（如 Pascal 语言，程序结构如图 6-7 所示），可以在符号表中记录符号在程序结构中被定义的层次，最外层程序为 0 层，向内依次为 1 层、2 层、……。这样，通过这个层次值就可以知道符号的作用域，在 0 层定义的符号在整个程序范围内有效，在 1 层定义的符号在定义该符号的过程或函数中及其内层（2 层、3 层等）有效。

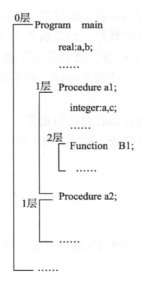

图 6-7   分程序结构的程序

6. 符号变量的存储分配信息

符号的存储分配信息就是符号在存储区中被分配的空间的具体位置。当然，这一信息要在进行了存储分配后才能确定，而存储分配的依据就是符号的存储类别、定义和出现的位置等。

一般来说，静态存储区的变量在编译时就可被分配好存储空间，而动态存储区变量要在程序运行时才能分配。

7. 符号的其他属性

对于不同的符号还会有各种不同的属性。比如数组要建立"内情向量"，以便为其分配存储空间和对其进行存取操作，所以，对于作为数组名的符号来说，在符号表中应用一个属性记录其内情向量的入口地址。又比如记录结构型变量的变量名，在符号表中应记录其成员（数据项）的信息，这也与存储分配有关。另外，对于函数名、过程名还应有形式参数的信息，如参数个数和类型、参数传递方式等。

总而言之，只要是在编译过程中需要用到的符号的信息，都应在符号表中设置相应的属性来保存它们。

6.3.3 符号表的组织

高级语言程序中符号可以有很多种，每种符号又有不同的属性，那么，如何组织符号表才能使不同符号的不同属性都得到合理的保存呢？另外，在编译过程中要对符号表进行大量的操作，对符号表操作效率的高低将直接影响编译的效率，所以能够对符号表进行方便快捷的操作也是对组织符号表的一个要求。

那么，究竟如何组织符号表呢？从下面几个方面来进行讨论。

1. 符号表的总体组织

所谓符号表的总体组织，就是从符号分类的角度来看，究竟构造多少张符号表？是只构造一张符号表还是构造多张符号表？把什么样的符号的相关信息放在同一张符号表中？

总的来说，符号表有三种总体组织方式：

1）仅构造一张符号表，将所有符号的信息全部保存在这张表中。

显然，这种方式将使得信息管理高度集中，编译程序只要管理一张表格就行了。但是缺点也是显而易见的，不同种类的符号有不同的属性，每个属性在符号表中都占一列，将所有符号全部放在一张表中势必造成符号表属性列多、结构复杂；而对于具体的每个符号来说，与之相关的属性列必然只有少数几个，这又造成了表格空间的巨大浪费；同时，由于表格体积庞大，各类符号都在一起，所以相应的表格操作也比较复杂。

2）将属性完全相同的符号组织在一起构成一张符号表。

这种组织方式中将同类符号的信息放在一起，这样，每类符号都有一张符号表，例如关键字表、变量名表、函数名表、过程名表等。这种组织方式要求编译程序操作和管理多张符号表，其优点是每张符号表中的符号所具有的属性个数和结构完全相同，即每个表项的长度是相同的、表项中的每个栏目也都是有效的，不浪费表格空间，并且编译程序对同一张表中的每个符号的操作和管理方式也是一致的。但这种方式也有缺点，编译程序要同时管理多张符号表，从而增加了编译程序的管理工作量和复杂度。

3）折中前两种方式。也就是说，按符号所具有的属性的相似程度进行分类，将属性类似的符号组织在一起构成一张符号表，从而从总体上来说是构造了若干张符号表，这时符号表的张数比第一种方式要多，但相对于第二种方式来说又要少些。自然这种方式的优点和缺点也是前两种方式的折中。

2. 符号表的构造方法

每一张符号表究竟如何构造、其中的表项如何排列也是很重要的问题，因为在编译过程中经常需要对表项进行查找，因此符号表的结构、查找速度的快慢将直接影响编译的效率。

符号表的构造方法一般来说有三种——线性表、检索树、散列表。

（1）线性表

线性表又分无序线性表和有序线性表两种。

1）**无序线性表**。将符号按被扫描到的先后顺序排列，也就是按符号在源程序中出现的顺序排列。可以用一个二维数组存放符号表，一行存放一个名字及其相关信息。在扫描源程序时，每当发现一个名字，就将其填入表中，第一个名字填第一行，第二个名字填第二行，……。

【例 6-2】以下 C 语言程序段的线性符号表如表 6-5 所示。

```
void main( )
    { int  i, x;
      char ch1, ch2;
      int  flag, code;
      float k, y;
      double d, c;
      ……
      ……
    }
```

表 6-5 线性符号表

行号	name	type	……
1	i	int	
2	x	int	
3	ch1	char	
4	ch2	char	
5	flag	int	
6	code	int	
7	k	float	
8	y	float	
9	d	double	
10	c	double	
……	……	……	……

这种组织方式的结构简单，在使用过程中也不需要做整理工作。但是，表项的这种排列方式实际上就是无序排列，因为符号在源程序中出现的顺序对于编译程序来说是毫无意义的，若要在这样的符号表中查找某一符号，则必须从表的第一项开始进行顺序查找，即进行符号名的匹配，若某个符号不在表中，也必须从头到尾扫描一遍表才能确定无此符号，显然这种方式的查找效率是极低的。

2）**有序线性表**。针对无序线性表的缺点，对线性表做一点改进——将表项按符号名的大小（通常指名字的字符代码，如 ASCII 码）顺序排列，从而构造出有序线性表。

【例 6-3】例 6-2 中的 C 语言程序段的有序线性符号表如表 6-6 所示。

　　这种组织方式使得符号表中的表项是有序的，在这样的表中查找某一符号通常可以采用"二分法"（也称为折半查找，详见"数据结构"的相关教材），这种查找算法可大大提高查找效率。这种组织方式虽然提高了查找速度，但也付出了一定的代价，因为它要求在加入每个新项时都必须寻找合适的位置，然后进行插入操作，也就是，每当填入一个新的符号，就需要对符号表进行整理（找到合适的位置、该位置及其以下已有表项均向下移动一行以空出该行，然后再填入新项），以保证表的有序性，而这种整理工作也是极费时间的。

表 6-6　有序线性符号表

行号	name	type	……
1	c	double	
2	ch1	char	
3	ch2	char	
4	code	int	
5	d	double	
6	flag	int	
7	i	int	
8	k	float	
9	x	int	
10	y	float	
……	……	……

　　因此，一般是在事先已知要填入的所有名称的情况下才会使用这样的有序表，这种有序表非常适合于保存源语言定义好的、与具体编译对象（源程序）无关的表，如关键字表、汇编操作码表等。

　　（2）检索树

　　检索树又称为搜索树或二叉排序树（详见"数据结构"的相关教材），将符号表组织成检索树的优点是结构简单，且查找速度可由"二分法"保证，所以在实际的编译程序中这是一种较为常用的符号表实现技术。

　　具体来说，表示符号表的检索树，其每个结点就是符号表的一个表项，同时在结点上增加两个指针栏 left、right，分别指向该结点的左、右儿子，每个结点的主栏值代表该结点的值。检索树满足这样的要求——对于任一结点 p，其左子树的所有结点的值均小于或等于 p 结点的值，其右子树的所有结点的值均大于 p 结点的值。

　　【例 6-4】例 6-2 中的 C 语言程序段的检索树符号表如图 6-8 所示。

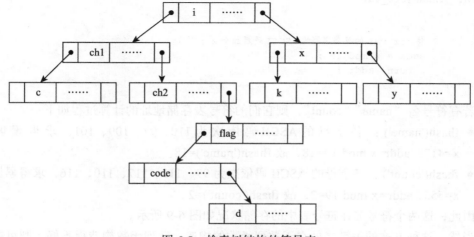

图 6-8　检索树结构的符号表

检索树的形成过程如下：

1）将第一个符号名的项作为根结点，其指针栏 left、right 均置为 null（空）；

2）每当碰到一个新符号名时，就构造一个新结点，该结点主栏为这个新符号名，其指针栏 left、right 均置为 null（空），然后进行检索树的插入操作，将该结点插入检索树的适当位置。

关于检索树的插入算法此处不做赘述，读者可参考"数据结构"的相关教材。

在这种符号表中进行查找时，操作过程与插入结点的过程类似，即首先将根结点作为比较结点，查找值等于比较结点值，则为找到，小于等于，则到其左子树中去找，大于，则到其右子树中去找；再将左（右）子树的根结点作为比较结点，重复以上比较过程，直到找到或到达叶结点（查找失败）为止。

显然，检索树的查找效率会比有序线性表的二分法查找效率低一些，而且由于增加了指针栏 left、right，使得存储空间有所增大，但值得一提的是，在检索树的构造过程中，一个结点一旦插入，其位置就不再变动，所以这种结构的符号表不存在"整理"问题。

（3）散列表

这是一种效率较高的组织方式，绝大多数语言的编译程序都采用这种方式来组织符号表。具体方法就是确定一个散列函数（也叫作杂凑函数、哈希函数）fhash，该函数的参数为符号的代码值，函数值为该符号对应的表项在符号表中的位置 Vhash，即

    Vhash = fhash(< 符号代码值 >)

也就是说，一个符号在符号表中的位置是由该函数计算出来的（如图 6-9 所示），这样，在查找某一符号时只要计算该符号的散列函数值，就可以知道它应该在符号表中的什么位置，若该位置确实是该符号的表项，则查找成功，若不是，则说明符号表中没有该符号的表项。显然这种方式的查找效率高，只要计算一个函数值就可以了，而不必到符号表中一个一个地去匹配。

【例 6-5】有符号表的散列函数如下：

```
int  fhash(str_var)
   {
       x=0;
       将 str_var 的每个字符的 ASCII 码累加至 x ;
       addr = x mod 19 ;
       return  addr ;
   }
```

若有符号名 "name""count"，则它们的符号表存储地址的计算过程如下：

- fhash('name')：各字母的 ASCII 码依次为 110、97、109、101，求得累加值 $x=417$，$addr=x \bmod 19=18$，故 fhash('name')=18。
- fhash('count')：各字母的 ASCII 码依次为 99、111、117、110、116，求得累加值 $x=553$，$addr=x \bmod 19=2$，故 fhash('count')=2。

因此，这两个符号名在符号表中的存储状况如图 6-9 所示。

当然，这种方式的关键之处在于散列函数的构造。散列函数构造得不好，则可能会

出现不同符号具有相同函数值的情况（称"地址冲突"），关于如何构造散列函数，如何解决地址冲突，"数据结构"相关教材中都有专门的叙述，在此不进行具体讲解，读者若有兴趣，可参阅相关教材。

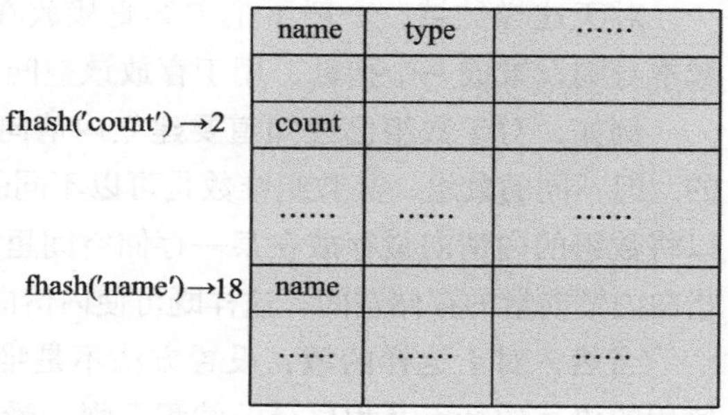

name	type	……
count		
……	……	……
name		
……	……	……

其中 fhash('count')→2 指向 count 行，fhash('name')→18 指向 name 行。

图 6-9　散列表

3. 域（列）的组织

将符号表的域（列）分为固定部分和非固定两大部分。

（1）固定部分

固定部分包括符号的名字域和种别域，这两个域是任何一种符号都有的。

种别域的设置比较简单，因为每种语言的符号的种别都是有限、固定的那么几种，所以可以把这个域设置成固定宽度，并将符号的种别直接填写在该域中，种别也可以用简单的整数值来表示，如用 1 表示变量名，用 2 表示函数名等。

名字域当然也可设置成固定宽度并直接填写名字值，但由于各符号名的长度不尽相同，甚至有的语言对符号名的长度没有限制，所以也经常这样做：设置一个独立的字符串数组，将符号名填写在其中，而在符号表中，则将名字域设置成两个子域，一个子域为指针，指出该符号名在字符串数组中的起始位置，另一个子域为长度，说明该符号名的字符个数，这样，根据这两项就可以在字符串数组中找到真正的符号名了，而符号表中则不填写具体的符号名（如图 6-10 所示，其中有名字 main 和 name 等）。

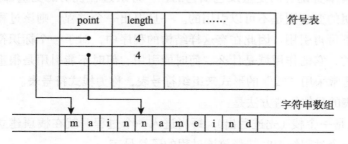

图 6-10　名字域的组织

（2）非固定部分

符号表中除固定部分以外的域称为非固定部分，这种域可根据域的具体特点灵活设置，一般分两种情况加以考虑。

1）域值的类型相同且在一定的长度范围内或等长。

对于这种情况，可以简单地将该域定义为该类型及（足够的）固定长度，并将符号的域值直接填写在域中。

例如，对于变量的类型域可以这样设置：首先在编译程序中用整型编码来代表变量的类型，如 1 代表整型、2 代表实型、3 代表字符型等，然后将类型这个域设置成整型，便可保存变量的类型属性值。

2）域值的类型相同但长度不同且可能有较大的差异。

对于这样的域，一般不把内容直接放在其中，而是另设相关空间来存放实际内容，域本身则设置成一个指针，用于存放该空间的地址。

例如，对于数组已经知道要建立内情向量，一个语言的数组的内情向量结构是固定的，但不同的数组，其数组维数是可以不同的，这就使得内情向量的大小不一致，所以可以将数组的内情向量存放在某一存储空间里，而在符号表中则设置一个内情向量指针域，指向内情向量的存储空间，这样既可使内情向量得以保存，同时符号表的结构又比较简单。

当然，对于这样的域，设置方法不是唯一的，可以根据域的特点、构造编译程序所使用的语言的特点及程序员的编程习惯和爱好来灵活掌握。

对于符号表的固定部分和非固定部分，在实际组织中也经常将它们分开来放（如图6-11所示），这时，对固定部分应增加一指针域，指向该表项的非固定部分，而非固定部分也可以增加一长度域，指出该符号非固定部分域的个数。这种做法可以使得非固定部分的组织方式更为灵活，不浪费存储空间。

图 6-11 符号表的组织

4. 栈式符号表

对于具有分程序结构的语言（如 Pascal），由于其过程的结构是嵌套的，当进入一个过程时，该过程本身说明的变量及包围它的任一外层过程说明的变量都是可以引用的，其内层过程说明的变量则是不可以引用的。一旦退出一个过程，则该过程及其内部过程说明的变量均不可再引用。因此在有这样结构的程序中，对于一个标识符，弄清楚它是在哪一层说明的、它的作用域是什么、何时能引用、何时不能引用是很重要的。为解决好这些问题，通常采用"栈"的形式来组织符号表，称为**栈式符号表**。

栈式符号表的具体构造方法是：

1）符号表是一个栈（先进后出），每当进入一个过程时就在栈顶建立该过程的子符号表，而每当一个过程结束时就释放该过程的子符号表。

过程的调用是先调用后返回、后调用先返回的，这与栈的操作方式恰好是一致的，若对程序像图6-7那样进行层次编号，则建立起来的栈式符号表结构必然如图6-12所示，即当前过程的子符号表在栈顶，向下（栈底方向）是其直接外层过程的子符号表，栈的最底层是主程序的子符号表，这也就意味着，在任一时刻栈内的符号都是处于作用域范围内的符号。

过程的子符号表也将构造成栈，即过程中说明的符号是按说明的先后次序依次进栈的（先说明先进栈）。

2）在符号表中增设一个指针域，将同一子符号表内的符号用该指针链接起来，这样在查询某张子符号表时，通过当前符号的指针域就能知道子符号表中的下一符号，子符号表的最后一个符号的指针域值设置成 0，据此就能知道查询是否已查到子符号表的表尾、是否可以结束了。

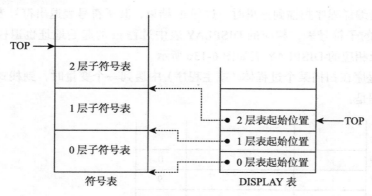

图 6-12　栈式符号表

3）为了解过程的嵌套关系，另外建立一张过程的嵌套层次表，称为 DISPLAY 表，它也是一个栈，用来记录当前过程以及包含它的所有过程的子符号表在符号表栈中的起始位置，即每当建立一个过程的子符号表时就将其起始位置压入 DISPLAY 表中，这样，当前过程的子符号表的起始位置一定在 DISPLAY 表的栈顶，最外层过程（主程序）的子符号表的起始位置一定在栈底（如图 6-12 所示）。

【例 6-6】有如下 Pascal 程序：

```
program st(output) ;
    var  x , y , z : integer ;
        a : real ;
    procedure  up( n :integer , k : real ) ;
        var  i , j :integer ; ①
        function  gt (var ax : integer , ay :integer) : integer ;
            var  m , s : integer ; ②
            begin
                ...
            end ;
        begin ③
            ...
        end ;
    begin
        ...
    end ;
```

以下是编译程序扫描到程序的①②③点位置时的符号表情况：

①点：编译程序扫描到这里时，主程序的子符号表已经在栈内建好，从栈底往上依次为符号 x、y、z、a、up，且由指针链接好，链尾为符号 up。进入过程 up 后，扫描到了符号 n、k、i、j（相继进栈），到达①点位置，所以此时符号表中有两张子符号表（主程序的和过程 up 的，其中 up 的子符号表还未建完），符号表栈及相应的 DISPLAY 表如图 6-13a 所示。

②点：当编译程序扫描到这里时，程序又深入了一层，这时过程 up 的子符号表已建

好，当前子符号表为过程 gt 的符号表，且已扫描到符号 ax、ay、m、s，此时的符号表栈及相应的 DISPLAY 表如图 6-13b 所示。

③点：当编译程序扫描到这里时，过程 gt 结束，其子符号表退出符号表栈，程序退回到过程 up 的子符号表，相应的 DISPLAY 表中过程 gt 的起始地址也退栈，所以此时的符号表栈及相应的 DISPLAY 表如图 6-13c 所示。

当编译程序在扫描某个过程体（或主程序）中遇到一个变量时，到栈式符号表查找该符号的过程是：

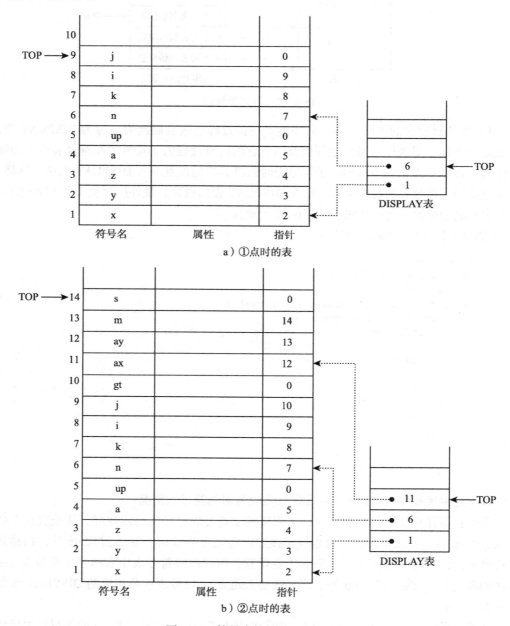

图 6-13 符号表栈及 DISPLAY 表

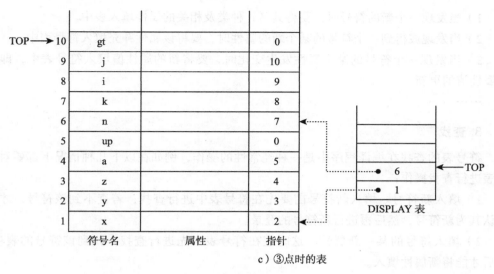

c）③点时的表

图 6-13 （续）

1）从 DISPLAY 栈顶值所指项（即当前过程的子符号表的起始位置）开始依链接指针逐一查找，若找到，则查找成功，若直到链尾仍未找到，则转至步骤 2。

2）从 DISPLAY 栈的下一项值所指项（即外一层过程的子符号表的起始位置）开始依链接指针逐一查找，若找到，则查找成功，否则再转至步骤 2 继续查找（在更外一层查找），若直到最外层子符号表仍未找到，则说明遇到了一个非法引用的变量。

6.3.4 符号表的管理

符号表的建立一般是在编译程序的开始进行的，而它的内容则在词法、语法、语义分析等阶段陆续填入，在编译的各个阶段都需要对符号表进行查找，以获取编译程序所需的符号信息，所以，符号表的使用与管理贯穿整个编译过程。

1. 建立和初始化

建立符号表时首先应设计好符号表，即根据编译程序所使用的语言的特点来为符号表选用合适的结构。例如，若编译程序是用高级语言实现的，则最常选用的结构就是数组，可以是记录数组，也可以是变体数组。

然后，通过构造编译程序所用语言允许的适当方式建立符号表，并对其进行初始化。所谓初始化可以是使表处于空表状态，也可以是在表中预先存放一些保留字或标准函数名的有关信息等，具体应做什么工作与编译程序对表的设计和使用方法有关。总的来说，初始化就是要为后面使用符号表做好准备。

2. 登录

登录就是将符号的名或属性填入符号表中。登录操作一般在编译的词法分析阶段和语法语义分析阶段陆续进行。

登录操作会在多种情况下发生，例如：

1）当发现一个新的符号时，要将其名、种类及相关的属性填入表中。

2）当发现或得到一个符号的某个新的属性时，要将该属性补充填入符号表中。

3）当发现一个符号的某个属性发生变化时，要将新的属性值填入符号表中，即进行属性值的更新。

……

3. 查找

符号表的查找在编译程序中是一种经常性的操作，例如在以下几种情况下都要对符号表进行查找操作：

1）填入新符号。填入新符号前要先在符号表中进行查找，若查不到该符号，才能确认其为新符号，然后再进行新符号的登录。

2）填入符号的某一新属性。这时应在符号表中先进行查找，找到该符号的表项，然后才能将新属性填入。

3）更新符号的某一属性值。这时也应先在符号表中进行查找，找到该符号的表项，然后才能将属性的新值填入。

4）了解符号的属性值。在编译过程中若需要获取某符号的某些属性以便进行分析和翻译时，就必须查符号表以找到该符号的这些属性。

总之，建立符号表保存符号的各种属性信息，其目的就是可以随时查到这些信息，以便进行正确的分析和翻译。

符号表的查找方法与符号表的组织方式有关。若符号表为无序线性表，则要用顺序查找算法进行查找；若符号表为有序线性表，则可采用二分查找算法进行查找；若符号表为检索树，则要用检索树的查找算法进行查找；若符号表为散列表，则要计算散列函数值并根据其地址冲突解决方法进行查找，等等。关于查找算法，本书不做具体介绍，读者可参考"数据结构"教材的相关内容。

4. 表项的删除

符号表中的表项若不再使用了，应及时删除，以提高内存的利用率。

5. 符号表中分程序结构层次的管理

若程序设计语言是分程序结构的，则符号表采用栈式组织，对于这样的栈，必须管理好，如新的过程的子符号表何时在栈顶产生（进栈），何时释放（退栈），表中符号项如何排列，等等，这些问题都应有妥善的解决方案。

6.4 练习

1. 什么是符号表？符号表的作用有哪些？

2. 符号表的总体组织方式有哪些？简单说明各种方式的优缺点？

3. 简述栈式符号表的作用？

4. 设有文法 $G[S]$:

$$S \rightarrow (L)|a$$
$$L \rightarrow L,S|S$$

按照语法制导翻译的思想给此文法配上语义动作子程序，它输出句子中配对括号的个数，如对句子 "(a,(a,a)),(a)" 输出 3。

5. 设 while 语句的文法为:

$$S \rightarrow \text{while } E \text{ do } S^1$$

试构造该语言的语义翻译子程序。

6. 令 S.val 为由下列文法 $G[S]$ 产生的二进制数的值，例如对于输入串 101.101, S.val=5.625:

$$S \rightarrow L.L \mid L$$
$$L \rightarrow LB \mid B$$
$$B \rightarrow 0 \mid 1$$

按照语法制导翻译的思想，给出计算 S.val 的语义子程序。

7. 对于下面的 Pascal 程序，试给出编译程序在扫描到①至⑥点时的符号表及 DISPLAY 表。

```
program main(output) ;
    var  a , b , c, d : integer ; ①
    procedure  b1 ;
        label  le1;
        var  e , f :integer ; ②
        begin
            ...
        end ;
    procedure  b2;
        label  le2, le3;
        var  g , h :integer ; ③
        function  b3 (var x : integer , y :integer) : integer ;
            var  a: integer ; ④
            begin
                ...
            end ;
        begin ⑤
            ...
        end ;
    begin   ⑥
        ...
    end ;
```

8. 采用语法制导翻译思想，表达式 E 的"值"的描述如下:

产生式	语义动作
(0) $S' \rightarrow E$	{print E.val }
(1) $E \rightarrow E^1+E^2$	{ E.val:=E^1.val + E^2.val }
(2) $E \rightarrow E^1*E^2$	{ E.val:=E^1.val * E^2.val }
(3) $E \rightarrow (E^1)$	{ E.val:=E^1.val }
(4) $E \rightarrow n$	{ E.val:=n.lexval } /* n.lexval 为 n 的值 */

若采用 LR 分析法，给出表达式 (5*4+8)*2 的语法树并在各结点注明语义值 val。

第7章 中间代码生成

实际构造编译程序时，语义分析往往与中间代码生成组织在一起，即在语义分析的同时完成对源程序的翻译。源程序的翻译可以产生两种结果，一种是直接生成目标语言程序；另一种则是生成中间代码程序，这样做可以使编译程序的结构在逻辑上更为清晰，也便于进行后续的代码优化以及目标代码生成工作。

7.1 中间代码生成概述

中间代码也称为中间表示，是源程序的不同表示形式。源程序直接翻译成目标代码是一项复杂的工作，为了降低翻译工作的难度，将中间代码作为源语言与目标语言的中间桥梁，过渡两者间的语义差别，使得编译程序的逻辑结构更加清晰。

在生成中间代码之前，已经通过词法分析、语法分析确保高级语言源程序的形式和结构正确，也通过语义分析，分析出该语法单位具体的动作意义，那么中间代码生成完成的任务是进行初步翻译，生成与源程序等价的中间代码程序。翻译工作将分两步进行——先把源程序翻译成等价的中间代码程序，再把中间代码程序翻译成目标代码程序。这个过程中的中间代码只是一种统称，可能存在多级中间代码，那么依次实现每一级中间代码的生成，直至目标代码生成。这样做还有另一个好处，就是便于进行代码优化。

显然，中间代码的指令应结构简单、含义明确，易于实现"源程序→中间代码→目标代码"三者之间的转换。

7.2 中间代码

编译程序使用的中间代码有多种不同的形式，常见的有逆波兰式、P-代码、树代码、三元式和四元式等，而其中四元式的使用最为普遍，本节选择其中的几种形式进行简单介绍。

7.2.1 逆波兰式

1. 逆波兰式

逆波兰式是由波兰逻辑学家卢卡西维奇发明的一种表达式，它在编译程序出现之前就已经存在了，原本用于算术表达式或逻辑表达式的表示，在编译程序中使用它作为中间代码，使它的应用范围得到了拓展。

在通常的表达式中，操作符是夹在操作对象中间的，如"a+b""c*d"等，而在逆波兰式中，将操作对象放在前面，操作符跟在操作对象的后面，这也称为后缀表示法。形如：

$$<操作对象_1><操作对象_2><操作符>$$

【例 7-1】表 7-1 是几个表达式的逆波兰式。

表 7-1　逆波兰式

表达式	逆波兰式
(a+b)*c	ab+c*
a+b*(c+d/e)	abcde/+*+
(A∨B)∧(C∨¬D∧E)	AB∨CD¬∨E∧∧

编译程序将这种表示法扩展到程序设计语言的语句，例如在赋值语句中，把赋值看成一个二元操作，其第一操作对象为语句中赋值号左边的变量，而第二操作对象为赋值号右边的表达式值，这样 C 语言的语句 "a=b*c*c-d" 就可表示成逆波兰式：

$$abc*c*d-=$$

又如 C 语言的 if 语句

$$if(E)S_1\ else\ S_2$$

可将其看成三元操作（操作对象分别为 E、S_1、S_2），若用符号 "¥" 表示该操作，则语句可表示成逆波兰式：

$$ES_1S_2¥$$

逆波兰式的特点是形式简单，能表示操作符的操作顺序而又不需要用括号。

2. 逆波兰式的处理

逆波兰式还有一个特点，就是易于计算机进行处理。计算机的处理方法是：设置一个栈，从左到右对表达式进行扫描，若遇操作对象，则将其压进栈，若遇操作符，则根据操作符的目数弹出栈顶若干操作对象进行操作，然后再把结果压进栈。

【例 7-2】若变量 a=3、b=5、c=2、d=8，则逆波兰式的赋值语句 "abc*c*d-=" 的处理（计算）过程如表 7-2 所示。

表 7-2　"abc*c*d-=" 的处理（计算）过程

步骤	栈	当前输入符	剩余输入串	动作	处理结果
1		a	bc*c*d-=	移进	
2	a	b	c*c*d-=	移进	
3	ab	c	*c*d-=	移进	
4	abc	*	c*d-=	弹出 b、c，计算结果进栈	10
5	a(10)	c	*d-=	移进	
6	a(10)c	*	d-=	弹出 10、c，计算结果进栈	20
7	a(20)	d	-=	移进	
8	a(20)d	-	=	弹出 20、d，计算结果进栈	12
9	a(12)	=		弹出 a、12，赋值	a=12

注：表中 "(10)" 表示常数 10，在栈中占一个单元。

7.2.2　树代码

1. 抽象语法树

抽象语法树就是对语法树进行一定的改造，去掉其中与翻译无关的信息，从而得到的源程序的一种中间代码形式。具体来说，就是在抽象语法树上，将操作符作为内部结点、将操作对象作为叶结点，并且每个结点上都可以带有相关属性。

【例 7-3】语句 "a=b*c*c-d" "if　E　S_1　else　S_2" 的抽象语法树分别如图 7-1a、图 7-1b 所示。

"if(E)S_1 else S_2" 这样的多目操作对应的是多叉树，而从 "数据结构" 课程中可知道，多叉树是可以转化成二叉树的，所以二叉树也可以表示多目操作，因此在编译程序中仅使用二叉树作为中间代码的表示形式。关于多叉树到二叉树的转换，此处不作解释，若有必要，读者可参考相关书籍。

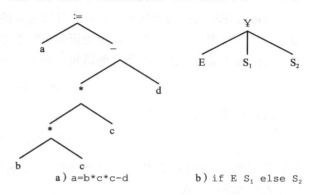

a）a=b*c*c-d　　　　b）if E S_1 else S_2

图 7-1　抽象语法树

2. 抽象语法树的存储实现

抽象语法树有两种存储实现方法，一是以记录形式存储，二是以数组形式存储。

1）记录形式：每个结点为一个记录，一个记录包含三个域，一是操作符或操作对象域，其他两个是指针域，用来指向该结点的左、右儿子。

【例 7-4】赋值语句 "a=b*c+b*d" 的抽象语法树表示如图 7-2 所示。

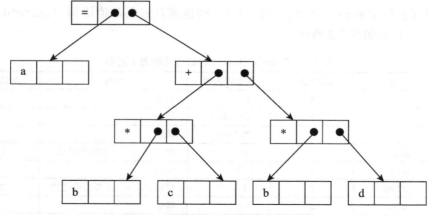

图 7-2　赋值语句的抽象语法树表示

2）数组形式：将二叉树保存在一个三列的二维数组中，二叉树的一个结点占一行，结点所在行的行号表示该结点的位置，数组的三列分别为操作符或操作对象、左儿子位置和右儿子位置（即左右儿子指针）。

【例 7-5】赋值语句"a=b*c*c-d"的数组形式存储表示如图 7-3 所示。从行号为 2 的根结点开始沿指针就可访问到这棵抽象语法树的所有结点。

1	a		
2	=	1	8
3	b		
4	*	3	5
5	c		
6	*	4	7
7	c		
8	−	6	9
9	d		

图 7-3　赋值语句的数组形式存储表示

7.2.3　三地址码

1. 三地址码

这是一种最常用的中间代码形式，其指令形式为：

$$(i)x := y \text{ op } z$$

其中，i 为指令的序号或标号，y 和 z 为两个操作对象，op 为操作符，x 为操作结果，:= 为赋值符。指令中仅含一个操作符，而含有 x、y、z 三个地址，所以称为三地址码。这样的中间代码形式对于代码的优化和目标代码的生成是极其有利的。

【例 7-6】赋值语句"a=b*c*c-d"表示成如下三地址码（其中 t_i 为临时变量）：

1）$t_1 := b*c$

2）$t_2 := t_1*c$

3）$t_3 := t_2-d$

4）$a := t_3$

2. 三地址码的表示

三地址码在具体实现时可以采用记录的形式来表示，即一条记录存放一条指令，而记录格式的不同造就了三地址码的三种常用的表示方法，即三元式、间接三元式和四元式。

（1）三元式

三元式形式的指令的记录仅含有三个域，形如

$$(i)(op, arg_1, arg_2)$$

其中，op 为操作符，arg_1、arg_2 为第一、第二操作对象，而操作结果就由该指令的位置（序

号）i 来表示。

【例 7-7】例 7-6 中的三地址码可表示成以下三元式序列：

1）(* , b , c)

2）(* , (1) , c)

3）(- , (2) , d)

4）(:= , a , (3))

从本例可以看出，三元式避免了临时变量的引用。

（2）间接三元式

间接三元式形式的指令的记录形式与三元式一样，但在三元式的基础上另外增加了一张间接码表，该码表给出了三元式指令序列中的指令的执行顺序，这也就意味着三元式序列中指令的排列并不一定要与指令的执行顺序一致。

【例 7-8】语句“a=(b+c)*d+x/(b+c)”的间接三元式表示为：

间接码表	三元式序列
（1）	（1）(+ , b , c)
（2）	（2）(* , (1) , d)
（1）	（3）(+ , (2) , (4))
（4）	（4）(/ , x , (1))
（3）	（5）(:= , a , (3))
（5）	

从本例可以看出，间接三元式可以避免相同的指令在三元式序列中的重复出现。另外，这种表示方法也有利于代码优化，因为有时可以通过调整指令的执行顺序来提高代码的执行效率，而要调整指令的执行顺序，在间接三元式这种表示方法中只要修改间接码表就行了，不必修改三元式序列，这样的修改相对于直接修改三元式序列要容易实现得多。

（3）四元式

四元式是最常用的中间代码形式，其指令形式为：

$$(i)(op, arg_1, arg_2, result)$$

与三元式不同的是多了一项操作结果 result，它可以是变量、临时变量或转移标号等。

【例 7-9】例 7-7 中的三地址码可表示成以下四元式序列：

1）(* , b , c , t_1)

2）(* , t_1 , c , t_2)

3）(- , t_2 , d , t_3)

4）(:= , t_3 , _ , a)

虽然四元式比三元式多了一个结果的引用，但减少了指令之间的相互引用，便于代码优化，所以本书采用四元式作为中间代码的形式。

由于程序设计语言中的操作符有不同的目数（即操作对象个数不同），另外还有转移指令等，故本书使用如表 7-3 所示的几种四元式形式。

表 7-3　本书使用的四元式形式

三地址码	四元式	意　义
x := y op z	(op , y, z, x)	y、z 做双目 op 操作，结果赋给 x
x := op y	(op , y, _, x)	y 做单目 op 操作，结果赋给 x
x := y	(:= , y, _, x)	简单的复制，将 y 的值赋给 x
goto L	(j , _, _, L)	无条件转移，转移目标是标号为 L 的四元式
if a goto L	(j , a, _, L)	条件转移，a 为布尔变量或常量，当 a 为真时，转向标号为 L 的四元式，否则，执行下一条指令
if a rop b goto L	(jrop , a, b, L)	rop 为关系运算符（<、=、>、!=、<=、>= 等），表示当 a rop b 为真时，转向标号为 L 的四元式，否则，执行下一条指令
par a	(par , _ ,_, a)	参数传递，将实参 a 传入形式单元
call id, n	(call , n ,_, id)	调用过程 id，该过程参数的个数为 n
x := c[t]	(=[], c[t], _ , x)	将数组元素值取出存入 x
c[t]:= x	([]=, x ,_, c[t])	将 x 值取出存入数组元素

另外，为了简单起见，本书的中间代码有时也直接采用三地址码本身 x := y op z 的形式。

7.3　自底向上的语法制导翻译

语法制导翻译的任务是**实现语义分析并生成与源程序等价的中间代码程序**。

语法制导翻译的基本实现方法是，为每个语法单位编写一个翻译子程序，在语法分析的过程中，每当分析出一个语法单位，就调用该语法单位的翻译子程序，翻译生成相应的中间代码。具体来说，对于一个描述某语言语法的上下文无关文法，给它的每个产生式配备一个**语义子程序**（也称为翻译子程序），该语义子程序的功能是，对该产生式所描述的语法单位进行语义分析并生成对应的中间代码程序段。在编译程序进行语法分析时，若语法分析采用的是自顶向下的分析方法，则每当一个产生式匹配输入串成功时，就调用该语义子程序；若语法分析采用的是自底向上的分析方法，则每当一个产生式用于归约时，就调用该语义子程序，从而生成相应的中间代码程序段。所以说，语法制导翻译就是在语法分析的同时调用语义子程序进行翻译，分析一个语法单位的同时就翻译这个语法单位，这样分析一点、翻译一点，当语法分析结束时，翻译工作也就完成了。

以下将介绍程序设计语言的几种常用语句的自底向上的语法制导翻译方法。

7.3.1　说明语句的翻译

说明语句的作用是定义程序中各种形式的有名实体，如常量、变量、数组、记录等，用来说明这些实体及有关的类型信息。在翻译说明语句时，并不一定要生成中间代码（过程说明、动态数组说明除外），但需要将这些信息收集和保存起来，以便在后续的分析和翻译工作中能够及时、准确地了解这些信息。

因此，在翻译说明语句时要完成的工作主要是信息的收集和保存。

1. 简单变量说明语句的翻译

对于简单变量说明语句，翻译要做的工作是将变量的名字、类型及有关信息登记在符号表中，以便将来可以检查变量名字的引用与说明是否一致。

设简单变量说明语句的文法为：

$$D \rightarrow D^1, \text{id}$$
$$| \text{ integer id}$$
$$| \text{ real id}$$

可给出表 7-4 所示的语义规则。

表 7-4   说明语句的语义规则

产生式	语义规则
$D \rightarrow \text{integer id}$	{ enter(id , integer); D. t = integer }
$D \rightarrow \text{real id}$	{ enter(id , real); D. t = real }
$D \rightarrow D^1, \text{id}$	{ enter(id ,D^1.t); D.t = D^1.t }

其中：

1）给文法符号 D 配备了一个语义变量（属性）D.t，用来记录说明语句所引入变量名字的性质（类型为 integer 或 real）。

2）enter(id , A) 是一个过程，其功能是在符号表中建立一个新的项，并把名字 id 和 id 的性质 A 登录在该项中。

【例 7-10】有符合以上文法的说明语句：

real a,b,c

该语句的语法分析及语义子程序的调用处理过程如表 7-5 所示，符号表的填写结果如表 7-6 所示。

表 7-5   说明语句的语法分析及语义子程序的调用处理过程

步骤	栈	当前输入符	剩余输入串	动作	处理结果
1		real	a,b,c#	移进	
2	real	a	,b,c#	移进	
3	real a	,	b,c#	$D \rightarrow$ real id 归约	(a,real) 填入符号表，D.t =real
4	D	,	b,c#	移进	
5	D,	b	,c#	移进	
8	D,b	,	c#	$D \rightarrow D^1$, id 归约	(b,real) 填入符号表，D.t =real
7	D	,	c#	移进	
8	D,	c	#	移进	
9	D,c	#		$D \rightarrow D^1$, id 归约	(c,real) 填入符号表，D.t =real
10	D	#		结束	

2. 数组说明语句的翻译

在程序设计语言中使用的数组可分为静态数组和动态数组两种，若一个数组所需的存储空间的大小在编译时就已经完全确定，则这种数组被称作静态数组（或确定数组），否则就称作动态数组（或可变数组）。

在引用数组时要解决的关键问题是计算数组元素的地址，而如何计算数组元素的地址是由数组在存储器中的存放形式决定的。

表 7-6 说明语句的符号表填写结果

name	type	…
⋮	⋮	⋮
a	real	…
b	real	…
c	real	…
⋮	⋮	⋮

一个多维数组在存储器中的存放形式有两种：一种是按行存放，另一种是按列存放。图 7-4 为数组 $A[1..3，1..4]$ 按行存放和按列存放的示意图（假设数组的存储首地址为 a，每个元素占一个单元）。

a）按行存放

a	$A[1，1]$
a+1	$A[1，2]$
a+2	$A[1，3]$
a+3	$A[1，4]$
a+4	$A[2，1]$
a+5	$A[2，2]$
a+6	$A[2，3]$
a+7	$A[2，4]$
a+8	$A[3，1]$
a+9	$A[3，2]$
a+10	$A[3，3]$
a+11	$A[3，4]$

b）按列存放

a	$A[1，1]$
a+1	$A[2，1]$
a+2	$A[3，1]$
a+3	$A[1，2]$
a+4	$A[2，2]$
a+5	$A[3，2]$
a+6	$A[1，3]$
a+7	$A[2，3]$
a+8	$A[3，3]$
a+9	$A[1，4]$
a+10	$A[2，4]$
a+11	$A[3，4]$

图 7-4 数组存放形式示意图

以按行存放为例，设有 n 维数组 $A[l_1..u_1，l_2..u_2，\cdots，l_n..u_n]$，存储器中的存储首地址为 a，每个元素需占 k 个单元。为了计算数组元素的地址，令

$$d_1=u_1-l_1+1$$
$$d_2=u_2-l_2+1$$
$$\cdots$$
$$d_n=u_n-l_n+1$$

其中，d_i 为数组第 i 维的尺寸。这样，该数组的元素 $A[i_1，i_2，i_3，\cdots，i_n]$ 的地址 ADDR 可按以下公式计算：

$$\text{ADDR}=\text{CONSPART}+\text{VARPART}$$
$$\text{CONSPART}=a-((\cdots((l_1d_2+l_2)d_3+l_3)d_4+\cdots+l_{n-1})d_n+l_n)*k$$
$$\text{VARPART}=((\cdots((i_1d_2+i_2)d_3+i_3)d_4+\cdots+i_{n-1})d_n+i_n)*k$$

也就是说，元素地址 ADDR 由两部分组成：一是 CONSPART，其值与元素下标无关，只与各维的下界 l_i、上界 u_i 及数组的首地址有关，是一个不变的量，计算一次即可，将它称为元素地址的基址部分；二是 VARPART，其值是随着元素下标的不同而不同的，故将它称为元素地址的变址部分。

在翻译数组说明语句时要做的工作是：将数组的维数 n，各维的下界 l_i、上界 u_i、尺寸 d_i，首地址 a，数组类型 type 及 CONSPART 构造成一张表保存起来，这张表称为数组的**内情向量**，它将被保存在一个特定的信息表区中，而在符号表中该数组名项的相应栏里则记录着它的内情向量的地址。有了内情向量，在引用数组元素时就可以根据元素的下标算出其存储地址，从而实现对元素的操作。

数组 $A[l_1..u_1, l_2..u_2, \cdots, l_n..u_n]$ 的内情向量表如表 7-7 所示。

【例 7-11】 若有实型数组 $A[1..3, 1..4]$，每个元素占 1 个单元，存储首地址为 a，则

$d_1=3$

$d_2=4$

$\text{CONSPART} = a-(l_1d_2+l_2)*k = a-5$

这个数组说明语句的处理结果如图 7-5 所示。

表 7-7　数组内情向量表

l_1	u_1	d_1
l_2	u_2	d_2
…	…	…
l_n	u_n	d_n
n	CONSPART	
type	a	

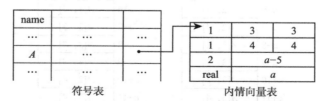

图 7-5　实型数组 $A[1..3, 1..4]$ 的处理结果

若引用元素 $A[2, 3]$，根据公式可以算出：

$$\text{VARPART} = (i_1d_2+i_2)*k = (2*4+3)*1=11$$

$$\text{ADDR} = a-5+11=a+6$$

显然，这个地址与图 7-4a 中 A[2，3] 的存放位置是一致的。

对于不同的语言，数组的定义和使用方式有可能不同，如 C 语言数组各维的下界是定值 0，$u_i=d_i$，故在内情向量中不必保存 l_i、u_i，只保存 d_i 即可，而且在引用数组元素时是不检查数组越界的……所以数组究竟如何处理、有什么样的语义规则还应根据语言的具体情况来定。

7.3.2　含简单变量的赋值语句的翻译

1. 简单变量的引用

在赋值语句中引用简单变量时，若该程序设计语言规定变量必须先定义后引用，则

翻译要做的工作比较简单：先查找符号表中是否有该变量的项，若有，则说明该变量已经在前面的说明语句中说明过了，这时要得到该变量的符号表入口地址，以便进行后续的类型检查或生成有该变量参与的运算的中间代码等；若没有，则说明该变量不曾被说明，应进行出错处理。

在语义子程序中，一般构造一个函数 lookup(id.name)，该函数的功能是在符号表中查找变量名为 id.name 的项，若找到，则返回一指向该项的指针，若没找到，则返回空值（Nil）。

2. 含简单变量的赋值语句的翻译

在翻译含简单变量的赋值语句时，首先要根据源语言的语义进行必要的语义检查，然后生成相应的中间代码——四元式。

为简单起见，假设含简单变量的赋值语句的文法为：

$$A \rightarrow id = E$$
$$E \rightarrow E^1 + T \mid T$$
$$T \rightarrow T^1 * F \mid F$$
$$F \rightarrow -P \mid P$$
$$P \rightarrow (E)$$
$$P \rightarrow id$$

表 7-8 是一组对应的简单的语义规则。

表 7-8　赋值语句的语义规则

产生式	语义规则
$A \rightarrow id = E$	{ p = lookup(id.name); if (p ≠ nil) gencode (:=,E.place,_,entry(id)); else error }
$E \rightarrow E^1 + T$	{ E.place = newt; gencode (+,E^1.place,T.place,E.place) }
$E \rightarrow T$	{ E.place =T.place }
$T \rightarrow T^1 * F$	{ T.place = newt; gencode (*,T^1.place,F.place,T.place) }
$T \rightarrow F$	{ T.place = F.place }
$F \rightarrow -P$	{ F.place = newt; gencode (@,P.place,_,F.place) }
$F \rightarrow P$	{ F.place = P.plac }
$P \rightarrow (E)$	{ P.place = E.place }
$P \rightarrow id$	{ P.place = entry (id) }

其中：

1）id.name 为 id 的 name（名）属性。

2）lookup(id.name) 为函数，其功能为在符号表中查寻是否已有 id.name 项，若有，则返回其入口，若无，则返回空值 nil。

3）gencode(op，arg_1，arg_2，result）为语义过程，其功能为向四元式表的尾部增加一条形如 (op，arg_1，arg_2，result) 的四元式，并使表中四元式的序号增加 1。

4）newt 为语义过程，生成一新的临时变量。

5）entry(id) 为变量名 id 在符号表中的入口位置。

6）E.place 为文法符号 E 的地址属性，若 E 为临时变量，则 E.place 为其在临时变量区中的地址，若 E 为程序中的一般变量，则 E.place 为其在符号表中的入口位置。在四元式中 arg_1、arg_2 和 result 都用它们的地址属性来表示。

7）操作符 "@" 表示单目减运算。

这组语义规则所做的工作极为简单，仅仅是检查变量是否未定义就引用、产生存放中间结果的临时变量、生成运算四元式。而一个实用的程序设计语言的赋值语句的语义规则是不可能这样简单的，往往还有其他一些工作要做，如检查运算对象的类型，根据源语言是否允许不同类型的运算对象进行运算来确定是否要进行类型转换，若要进行类型转换，则要生成进行类型转换的四元式，等等。若将这些问题考虑进去，语义规则就要变得复杂一些了，如对于产生式

$$E \to E^1+T$$

若语言允许整型量、实型量进行运算，当两个运算对象的类型不同时，要先将整型量转换成实型量，然后再进行实型运算，这时的语义规则如下（其中 T.type 表示 T 的类型属性，"itr" 为整型转换成实型的运算符）：

```
{
    E.place = nwet;
    if  ( E¹.type == int && T.type == int )
        {
            gencode ( +,E¹.place,T.place,E.place ) ;
            E.type = int ;
        }
    else  if  ( E¹.type == real && T.type == real )
            {
                gencode ( +,E¹.place,T.place,E.place ) ;
                E.type = real ;
            }
        else  if  ( E¹.type == int )
                {
                    p.place = newt ;
                    gencode ( itr,E¹.place,_,p.place ) ;
                    gencode ( +,p.place,T.place,E.place ) ;
                    E.type = real ;
                }
            else {
                    p.place = newt ;
                    gencode ( itr,T.place,_,p.place ) ;
                    gencode ( +,E¹.place,p.place,E.place ) ;
                    E.type = real ;
            }
}
```

【例 7-12】若变量 b、c 为整型，a、d、x 为实型，按照以上语义规则（考虑类型转换），赋值语句"a=(b+c)*d+x"的翻译结果如下（设起始四元式序号为 10）：

```
(10)(+, entry(b), entry(c), t₁.palce)
(11)(itr, t₁.place, _ , t₂.palce)
(12)(*, t₂.place, entry(d), t₃.palce)
(13)(+, t₃.place, entry(x), t₄.palce)
(14)(:=, t₄.place, _ , entry(a))
```

为简便起见，通常直接用变量名（如 b、t_2）表示变量的符号表入口地址（如 entry(b)、t_2.place），所以，以上四元式序列也可简单表示成：

```
(10)(+, b, c, t₁)
(11)(itr, t₁, _ , t₂)
(12)(*, t₂, d, t₃)
(13)(+, t₃, x, t₄)
(14)(:=, t₄, _ , a)
```

7.3.3　含数组元素的赋值语句的翻译

1. 数组元素的引用

静态数组的内情向量在编译时就可以确定了，但动态数组（可变数组）在编译时只能确定内情向量的长度，因此在编译时可为内情向量分配一定的存储空间，以便在运行时建立相应的内情向量。

内情向量一旦建立，对数组元素的引用就可以根据内情向量中的内容及元素的下标按计算公式计算出元素的地址。

在翻译数组元素的引用时要做的工作是：先计算元素地址中的变址 VARPART 值，再取出内情向量中的基址 CONSPART 值构成元素地址，然后采用变址方式对数组元素进行操作，根据元素引用的位置决定生成取数或存数的中间代码。

（1）变址取数四元式

数组元素的变址取数四元式为：

$$(=[],c[t],\_,x)$$

其中，c 为存放 CONSPART 值的基址单元，t 为存放该元素 VARPART 值的变址单元。该指令的含义为：c 中的基址可加上 t 中的变址可得到一地址值，将该地址单元中的内容取出，存入 x 中（即 x:= c[t]）。

（2）变址存数四元式

数组元素的变址存数四元式为：

$$([]=,x,\_,c[t])$$

该指令的含义为将 x 中的内容存入一单元中，该单元的地址是 c 中的基址加上 t 中的变址（即 c[t]:= x）。

2. 含数组元素的赋值语句的翻译

在翻译含数组元素的赋值语句时，遇数组元素应做如下处理：

1）随着不断读取元素下标陆续生成计算 VARPART 值的四元式序列；

2）生成元素取数或存数四元式

【例 7-13】赋值语句 " a=A[2,3]+x" 中引用了数组元素 $A[2,3]$（A 为例 7-11 中的实型数组 $A[1..3，1..4]$），由例 7-11 已知，对于该元素

$$VARPART= i_1d_2+i_2 = 2*4+3=11$$

$$ADDR= CONSPART+ VARPART = a-5+11= a+6$$

若存放 CONSPART 值（$a-5$）的基址单元为 c，则赋值语句的翻译结果如下（设该语句的第一个四元式序号为 100）：

```
(100)(*,    2,   4, t₁)
(101)(+,    t₁,  3, t₂)
(102)(=[ ], c[t₂],_, t₃)
(103)(+,    t₃,  x, t₄)
(104)(:=,   t₄,  _, a )
```

其中，（100）、（101）两条指令的功能就是计算元素 A[2,3] 的 VARPART。

7.3.4 布尔表达式的翻译

1. 布尔表达式的组成和作用

程序设计语言中的布尔表达式一般由以下部分构成：

1）布尔运算符：not 、and、or 或！、&&、||（C 语言中的符号）；

2）布尔变量；

3）关系表达式：含 !=、=、<=、>=、<、> 等关系运算符的表达式。

为简单起见，仅考虑由以下文法 $G[B]$ 定义的布尔表达式：

$$B \rightarrow B^1 \ or \ T \mid T$$

$$T \rightarrow T^1 \ and \ F \mid F$$

$$F \rightarrow not \ F^1 \mid (B) \mid E^1 \ rop \ E^2 \mid id$$

其中，rop 为关系运算符，E 为算术表达式。

布尔表达式一般有两种用处：一种是用于计算逻辑值；而另一种更常用，那就是在控制语句（如 if 语句、while 语句等）中用作条件表达式，以控制程序的走向。布尔表达式的作用不同，其翻译方法也不同。

2. 计算逻辑值的布尔表达式的翻译

布尔表达式若用于计算逻辑值，则可以有以下两种翻译方法。

（1）完全按计算规则进行计算

这种翻译方法与算术表达式的翻译方法相同，就是按表达式的运算规则生成计算表达式值的中间代码，与算术表达式的不同之处仅在于运算符不同、运算对象和运算结果

的类型不同而已。

程序设计语言中（如 C 语言），逻辑值"真"和"假"常用数值 1 和 0 表示，在这里也采用这种表示方法。

【例 7-14】布尔表达式"a or b and not c"将翻译成以下中间代码序列：

$$(100)\ t_1 := not\ c$$
$$(101)\ t_2 := b\ and\ t_1$$
$$(102)\ t_3 := a\ or\ t_2$$

对于关系表达式，可以将其看成等价的条件语句，进而翻译成一个中间代码序列。如"a>b"可看成语句"if　a>b　then 1 else 0"，进而翻译成以下中间代码序列：

```
(100) if  a>b  goto 103
(101) t:=0
(102) goto 104
(103) t:=1
(104) …
```

按照这种翻译方法，可以给出布尔表达式文法的语义规则（见表 7-9）。

表 7-9　布尔表达式的语义规则

产生式	语义规则
$B \to B^1\ or\ T$	{ B.place = newt; 　gencode (or,B^1.place,T.place,B.place) }
$B \to T$	{ B.place =T.place }
$T \to T^1\ and\ F$	{ T.place = newt; 　gencode (and,T^1.place,F.place,T.place) }
$T \to F$	{ T.place = F.place }
$F \to not\ F^1$	{ F.place = newt; 　gencode (not,F^1.place,_,F.place) }
$F \to (B)$	{ F.place = B.place }
$F \to E^1\ rop\ E^2$	{ F.place = newt; 　gencode (jrop,E^1.place,E^2.place,nextquad+3); 　gencode (:=,0,_,F.place); 　gencode (j,_,_,nextquad+2); 　gencode (:=,1,_,F.place) }
$F \to id$	{ F.place = entry (id) }

其中的 nextquad 为一计数变量，其值为下一条即将产生的四元式的序号，过程 gencode 每调用一次，其值增加 1。

（2）采取一定的优化措施，只计算部分表达式

布尔表达式的计算有时是可以简化的，如对于"A or B"，若算出 A 为"真"，则不必再计算 B 了，这实际上意味着用"if-then-else"结构来解释"not""and""or"运算，即

$$A\ or\ B\quad 解释成\quad if\ A\ then\ 1\ else\ B$$
$$A\ and\ B\quad 解释成\quad if\ A\ then\ B\ else\ 0$$

```
not A    解释成  if  A  then  0  else  1
```
这种翻译方法的实现与控制结构的翻译有关，此处暂不细述。

3. 控制语句中布尔表达式的翻译

当布尔表达式出现在控制语句中时，它的作用在于控制程序的走向。

例如，对于 if 语句

$$if \quad B \quad then \quad S_1 \quad else \quad S_2$$

其中，布尔表达式 B 的作用仅在于控制对 S_1、S_2 的选择。

对于这样的布尔表达式，人们对它的值究竟是什么其实并不感兴趣，所以也无须刻意去计算，B 的值也无须最终保存在某个临时单元中，只要能确定"转向哪里"就行了。因此，对应的处理方法是，将其翻译成一系列的转移指令，其形式有三种，如表 7-10 所示。

表 7-10 布尔表达式的转移指令

转移指令	意　义
goto p	无条件转至序号为 p 的四元式
if a goto p	如果 a 为真，则转至序号为 p 的四元式
if a rop b goto p	如果 a rop b 为真，则转至序号为 p 的四元式

这三种转移指令对应的四元式形式分别为：

```
(j ,  - ,  - ,  p)
(j ,  a ,  - ,  p)
(jrop,  a ,  b ,  p)
```

对于布尔表达式 B，设置两个属性 B.true 和 B.false，分别用来记录 B 的两个"出口"：

1）B.true：记录 B 的"真"出口，即当 B 为真时控制流的转向目标；

2）B.false：记录 B 的"假"出口，即当 B 为假时控制流的转向目标。

例如，if 语句的代码结构如图 7-6 所示，B.true 的值应为 S_1 的第一个四元式的序号，B.false 的值应为 S_2 的第一个四元式的序号。

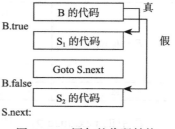

图 7-6 if 语句的代码结构

【例 7-15】有语句

```
if  a<b or c<d and e<f  then  x=y+1
else  y=x+1 ;
```

其翻译结果应为：

```
(100)(j<, a, b, 106 )      // 转向 B.true
(101)(j , _, _, 102 )
(102)(j<, c, d, 104 )
```

```
           (103)(j , _, _, 109 )      // 转向 B.false
           (104)(j<, e, f, 106 )      // 转向 B.true
           (105)(j , _, _, 109 )      // 转向 B.false
B.true →  (106)(+, y,  1,  t₁ )
           (107)(:=, t₁, _,  x )
           (108)(j , _, _, 111 )      // 转向 S.next
B.false → (109)(+, x, 1,  t₂ )
           (110)(:=, t₂, _,  y )
S.next →  (111)……
```

在实现这样的翻译时会面临一个问题——有些指令的转移目标是不能在产生四元式的同时得知的。例如，例中的第（100）号四元式，在生成该四元式时，由于整个布尔表达式还没有翻译完，所以根本无法知道其转向目标（即这个布尔表达式的真出口 B.true）为（106）。同理，对于第（103）号四元式，在生成该四元式时，由于整个布尔表达式仍然没有翻译完，同时 S_1 也还没有翻译，所以更无法知道其转向目标（即这个布尔表达式的假出口 B.false）为（109），所以在生成这样的四元式时其第四项转向目标是无法填写的，当然只能暂时空着，在以后得知转移目标后再"回填"。

另外，在一个布尔表达式的四元式序列中，需要回填"真"（"假"）出口的四元式往往还不止一个，如例中的第（100）、（104）号四元式都需要回填转移目标（106），第（103）、（105）号四元式都需要回填转移目标（109）。那么，如何保证这些需要回填转移目标的四元式都能得到正确的回填呢？。

解决的方法是"拉链"——把布尔表达式的四元式序列中需要回填"真"出口 B.true 的四元式链接在一起形成一条"真链"，把需要回填"假"出口 B.false 的四元式也链接在一起形成一条"假链"，并利用这些四元式暂未使用的第四项作为链接指针以实现链接。同时，给布尔表达式 B 设置两个属性 B.truelist 和 B.falselist，分别用来记录"真""假"链的链首。

假设在布尔表达式的四元式序列中有第 p、q、r 三个四元式需要回填 B.true，则形成的"真"链如图 7-7 所示。

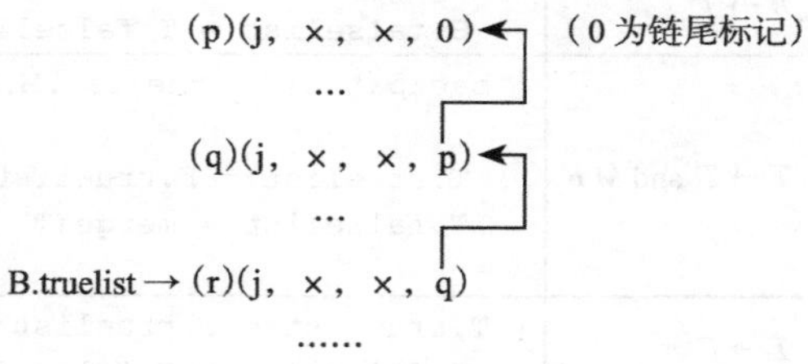

```
(p)(j, ×, ×, 0)◄─     （0为链尾标记）
...
(q)(j, ×, ×, p)◄─
...
B.truelist → (r)(j, ×, ×, q)
......
```

图 7-7 "真"链

这样，在完成布尔表达式的翻译时就形成了一条"真"链和一条"假"链，只要记住这两条链的链首 B.truelist、B.falselist，当翻译到 S_1 时就可以将 S_1 的第一个四元式的序号（即 B.true）从 B.truelist 开始回填到"真"链的每一个四元式的第四项中。同理，当翻译到 S_2 时就可以将 S_2 的第一个四元式的序号（即 B.false）从 B.falselist 开始回填到"假"链的每一个四元式的第四项中。这种先建立链表然后在适当时候回填的技术也称为**"拉链—回填"技术**，这种技术在编译中很常用，在那些与转移有关的语句的翻译中往往都需要用到。

在例 7-15 中，完成 if 语句中的布尔表达式的翻译时（作为 S_1、S_2 的 x=y+1、y=x+1 还未翻译）形成的四元式序列为：

```
                    (100)(j<, a, b,  0 ) ←─────────┐
                    (101)(j , _, _, 102 )          │
                    (102)(j<, c, d, 104 ) ←──┐     │
                    (103)(j , _, _,  0 ) ←─┐  │     │
B.truelist  →  (104)(j<, e, f, 100 )──┼──┼─────┘
B.falselist →  (105)(j , _, _, 103 )──┘  │
```

可以看到，其中形成了两条链，真链以 B.truelist 为链首，结点有 104、100 两个四元式；假链以 B.falselist 为链首，结点有 105、103 两个四元式．

为了实现控制语句中的布尔表达式的翻译，将文法改为 $G[B]$：

$$B \to B^1 \text{ or } MT \mid T$$
$$T \to T^1 \text{ and } MF \mid F$$
$$F \to \text{not } F^1 \mid (B) \mid E^1 \text{ rop } E^2 \mid \text{id}$$
$$M \to \varepsilon$$

其中加入了一个非终结符 M，对文法本身并没有影响，目的是执行一个语义动作，以记录下一个即将产生的四元式的序号．

从文法可以看出，布尔运算符的优先顺序从高到低为 not、and、or，且服从左结合．

$G[B]$ 中各产生式的语义规则如表 7-11 所示．

表 7-11　布尔表达式的语义规则

产生式	语义规则及说明
$B \to B^1 \text{ or } M T$	{ backpatch(B^1.falselist,M.quad);　　　// B^1 的假出口为 T 的第一个四元式，回填 B^1 的假链 　　B.truelist = merge(B^1.truelist,T.truelist); // B^1、T 的真出口是一致的，两链合并后为 B 的真链 　　B.falselist = T.falselist;　　// B 的假链为 T 的假链　}
$B \to T$	{ B.truelist = T.truelist; 　　B.falselist = T.falselist;　　//T 的真、假链为 B 的真、假链　}
$T \to T^1 \text{ and } M F$	{ backpatch(T^1.truelist,M.quad);　　　// T^1 的真出口为 F 的第一个四元式，回填 T^1 的真链 　　T.truelist = F.truelist;　　// T 的真链为 F 的真链 　　T.falselist = merge(T^1.falselist,F.falselist) 　　　// T^1、F 的假出口是一致的，合并后为 T 的假出口　}
$T \to F$	{ T.truelist = F.truelist; 　　T.falselist = F.falselist;　　//T 的真、假链为 F 的真、假链　　}
$F \to \text{not } F^1$	{ F.truelist = F^1.falselist; 　　F.falselist = F^1.truelist;　　// F 的真、假链为 F^1 的假、真链　}
$F \to (B)$	{ F.truelist = B.truelist; 　　F.falselist = B.falselist;　　// F 的真、假链为 B 的真、假链　}
$F \to E^1 \text{ rop } E^2$	{ F.truelist = makelist(nextquad); 　　F.falselist = makelist(nextquad+1); 　　gencode (jrop,E^1.place,E^2.place,0);　// F.truelist 指向此四元式 　　gencode (j ,_,_,0);　　　// F.falselist 指向此四元式　}
$F \to \text{id}$	{ F.truelist = makelist(nextquad); 　　F.falselist = makelist(nextquad+1); 　　gencode (jnz,id.place,_,0);　　// F.truelist 指向此四元式 　　gencode (j ,_,_,0);　　　// F.falselist 指向此四元式　}
$M \to \varepsilon$	{ M.quad = nextquad ;　　// 记录后面的 T 或 F 的第一个四元式的序号　}

其中的变量及过程说明如下：

1）nextquad：计数变量，其值为下一条即将产生的四元式的序号。

2）makelist(i)：创建仅含一个四元式的新链表，i 为该四元式的序号，函数值为该链首值（i）。

3）M.quad：后面的第一个四元式的标号。

4）merge(p_1,p_2)：函数，把以 p_1、p_2 为链首的两条链合并，并将 p_2 作为新链的链首返回。

5）backpatch(p,t)：过程，把以 p 为链首的链表中的每个四元式的转移目标（第四区）均填为 t，实现地址回填。

（注：merge、backpatch 的详细构造不进行介绍。）

【例 7-16】参考上面的文法，布尔表达式 "a<b or c<d and e<f" 的语法树如图 7-8 所示，图中内结点的旁边用带圈的数字标出了规范归约的顺序。

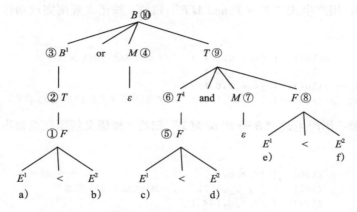

图 7-8   "a<b or c<d and e<f" 的语法树

语法制导翻译过程如下：

1）归约①：用产生式 "$F \rightarrow E^1 \, rop \, E^2$" 归约，按语义规则完成动作，产生以下结果：

```
F.truelist → (100)    ( j<,a,b,0 )
F.falselist → (101)   ( j ,_,_,0 )
```

2）归约②：用产生式 "$T \rightarrow F$" 归约，按语义规则完成动作，将上面产生的结果改为：

```
T.truelist → (100)    ( j<,a,b,0 )
T.falselist → (101)   ( j ,_,_,0 )
```

3）归约③：用产生式 "$B \rightarrow T$" 归约，按语义规则完成动作，将上面产生的结果改为：

```
B.truelist → (100)    ( j<,a,b,0 )
B.falselist → (101)   ( j ,_,_,0 )
```

4）归约④：用产生式 "$M \rightarrow \varepsilon$" 归约，按语义规则完成动作，产生以下结果：

```
M.quad:= 102
```

5）归约⑤：用产生式"$F \rightarrow E^1$ rop E^2"归约，按语义规则完成动作，产生以下结果：

```
F.truelist → (102)   ( j<,c,d,0 )
F.falselist → (103)  ( j ,_,_,0 )
```

6）归约⑥：用产生式"$T \rightarrow F$"归约，按语义规则完成动作，将上面产生的结果改为：

```
T.truelist → (102)   ( j<,c,d,0 )
T.falselist → (103)  ( j ,_,_,0 )
```

7）归约⑦：用产生式"$M \rightarrow \varepsilon$"归约，按语义规则完成动作，产生以下结果：

```
M.quad:= 104
```

8）归约⑧：用产生式"$F \rightarrow E^1$ rop E^2"归约，按语义规则完成动作，产生以下结果：

```
F.truelist → (104)   ( j<,e,f,0 )
F.falselist → (105)  ( j ,_,_,0 )
```

9）归约⑨：用产生式"$T \rightarrow T^1$ and $M F$"归约，按语义规则完成动作，将前面产生的结果改为：

```
               (102)  ( j<,c,d,104 )   // M.quad(104)回填
               (103)  ( j ,_,_,0 )
T.truelist →   (104)  ( j<,e,f,0 )
T.falselist →  (105)  ( j ,_,_,103 )   // 假链合并（由105、103构成）
```

10）归约⑩：用产生式"$B \rightarrow B^1$ or $M T$"归约，按语义规则完成动作，将前面产生的结果改为：

```
               (100)  ( j<,a,b,0 )
               (101)  ( j ,_,_,102)    // M.quad(102)回填
               (102)  ( j<,c,d,104 )
               (103)  ( j ,_,_,0 )
B.truelist →   (104)  ( j<,e,f,100 )   // 真链合并（由104、100构成）
B.falselist →  (105)  ( j ,_,_,103 )
```

7.3.5 控制语句的翻译

了解了控制语句中的布尔表达式的翻译后，再来看看控制语句的翻译。

程序设计语言中的控制语句一般包括条件转移语句（if）、开关语句（case、switch）、循环语句（for、while、repeat）、出口语句（break、continue、exit）、转移语句（goto）等，下面选择其中的一些进行介绍。

1. 条件转移语句

假设条件转移语句 if 的形式为：

```
S → if  B  then  S₁
  | if  B  then  S₁  else  S₂
```

前面已经给出了"if-then-else"这个语句的代码结构（见图 7-6），要将语句翻

译成这样一个代码序列，需要考虑以下问题：

1）在翻译其中的布尔表达式 B 时，B 的真出口 B.true 要等扫描到语句中的关键字"then"时才能知道，以 B.truelist 为链首的真链此时才能回填；B 的假出口 B.flase 要在处理了内嵌语句 S_1 后扫描到关键字"else"时才能知道，以 B.falselist 为链首的假链那时才能回填，所以在处理 S_1 时，B.falselist 的值得传下去，以便回填。

2）内嵌语句 S_1 执行完则意味着 if 语句已执行完，所以在 S_1 的四元式序列后应该有一个无条件转移指令，该指令的转移目标为 S_2 的四元式序列之后的那个四元式，而该四元式的序号得在 S_2 翻译完后才能够知道并回填。当然，若 if 语句嵌套另一个 if 语句（即 S_1 或 S_2 又是 if 语句或含有 if 语句），则转移目标得在更晚的时候才能知道。

如何保证这些需要回填转移目标的四元式能够得到及时、正确的回填呢？可以仿照布尔表达式的处理方式，具体做法如下：

让文法符号（如 S）拥有一属性"S.chain"，它是某一条链的链首指针，该链将那些期待在翻译完 S 后回填转移目标的四元式链在一起，构成一条回填链，而真正的回填工作将在处理 S 的外层环境的某一适当时候完成。

为了能及时回填有关四元式的转移目标，并完成正确的翻译，将语句的文法改写成：

$$S \rightarrow CS_1$$
$$S \rightarrow TS_2$$
$$C \rightarrow \text{if } B \text{ then}$$
$$T \rightarrow CS_1 \text{ else}$$

各产生式的语义规则如表 7-12 所示。

表 7-12 if 语句的语义规则

产生式	语义规则及说明
$S \rightarrow CS_1$	{S.chain = merge(C.chain, S_1.chain)} // C 的回填链的回填目标为 B 的假出口，与 S_1 的回填链的回填目标一致，均为整个 if 语句后的第一个四元式，故将这两条链合并成 S 的回填链，由 S.chain 记住该链链首
$S \rightarrow TS_2$	{S.chain = merge(T.chain, S_2.chain)} // T 的回填链的回填目标与 S_2 的回填链的回填目标一致，均为整个 if 语句后的第一个四元式，故将这两条链合并成 S 的回填链，由 S.chain 记住该链链首

$C \rightarrow \text{if } B \text{ then}$	{backpatch(B.truelist, nextquad);
	// 下一个四元式为 B 的真出口，故回填 B 的真链。
	C.chain = B.falselist; // C 需要回填的就是 B 的假链，由 C.chain 记住该链链首 }

$T \rightarrow CS_1 \text{ else}$	{ q = nextquad;
	gencode(j , -,-,0); // 产生 S_1 后的无条件转移指令，序号为 q
	backpatch(C.chain, nextquad); // C 的回填链的回填目标（B 的假出口）在下一个四元式（else 后的第一个四元式），故此时应回填
	T.chain = merge(S_1.chain, q); } // q 的转移目标需回填，它与 S_1 的回填链的回填目标一致，均为整个 if 语句后的第一个四元式，故将它们合并成 T 的回填链

例 7-15 给出了一个 if 语句的翻译实例，读者只要按照自底向上的归约过程，并根据以上语义规则进行语法制导翻译，就可以得到例 7-15 的翻译结果。

2. 开关语句（case、switch）

在程序设计语言中，开关语句一般为 case 语句或 switch 语句，也称作分情况语句，作用在于实现多向分支。

假设开关语句的形式为：

```
case      E     of
          C₁ :      S₁
          C₂ :      S₂
          ......
          Cₙ₋₁ :    Sₙ₋₁
     otherwise : Sₙ
endcase
```

其中，E 为一个表达式，C_1、C_2、…、C_{n-1} 是 E 的若干个可能的取值，语句的执行过程如图 7-9 所示。

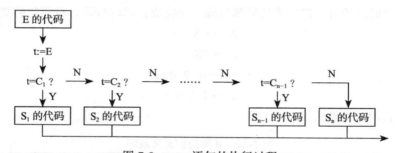

图 7-9　case 语句的执行过程

按照该过程，语句的中间代码结构应为：

```
         E 的代码 ;
         t:=E;
L₁:    if  t ≠ C₁  goto L₂;
         S₁ 的代码 ;
         goto  next ;
L₂:    if  t ≠ C₂  goto L₃;
         S₂ 的代码 ;
         goto  next ;
         ......
Lₙ₋₁:  if  t ≠ Cₙ₋₁  goto Lₙ;
         Sₙ₋₁ 的代码 ;
         goto  next ;
Lₙ:    Sₙ 的代码
next:
```

而在具体实现时，往往将 case 语句翻译成以下结构的中间代码序列：

```
         E 的代码 ;
         t:=E;
         goto  test;
```

```
L₁:      S₁ 的代码；
         goto  next ;
L₂:      S₂ 的代码；
         goto  next ;
         ……
Lₙ₋₁:  S ₙ₋₁ 的代码；
         goto  next ;
Lₙ ：   Sₙ 的代码
         goto  next ;
test: if  t=C₁  goto L₁;
      if  t=C₂  goto L₂;
         ……
      if  t=Cₙ₋₁  goto Lₙ₋₁;
      goto  Lₙ;
next :
```

其中，把所有的测试（if 指令）都放在了后面，其目的是在目标代码生成时产生高质量的目标指令。

对于这个语句中的指令"if　t=C_i　goto L_i"，为了特别表明它是 case 语句中的测试指令，以便代码生成器可以对它进行特别的处理，通常使用以下三地址码形式：

```
case   Cᵢ  Lᵢ
```

这样，case 的测试指令序列为：

```
test:   case   C₁  L₁
        case   C₂  L₂
        ……
        case   Cₙ₋₁  Lₙ₋₁
        case   t  Lₙ
```

如何生成这种结构的中间代码呢？在翻译过程中使用一个队列 queue，并按以下步骤进行翻译：

1）遇 case 时产生新标号 test、next 和临时变量 t。

2）分析表达式 E 时，产生 E 的代码，并将结果放入 t 中（生成指令 t:=E）。

3）遇 of 时产生指令 goto test，并设置空队列 queue。

4）每当见到一个 C_i 或 otherwise 时，

①产生一个标号 L_i，连同 S_i 的第一条指令的序号填进符号表中，并将它在符号表中的位置（入口地址）P_i 连同 C_i 值作为一个结点存入队列 queue 中（（C_i，P_i）入队列）；

②产生相应语句 S_i 的代码；

③产生一指令 goto next。

5）遇 endcase 时着手产生以 test 为标号的 n 个测试指令（逐次读出队列 queue 的内容并查符号表形成指令）。

其中的第 4）步是一个循环，①的结果是形成一个队列，如图 7-10 所示。

图 7-10　队列 queue

注意，如果 case 发生嵌套，则对不同层次的 C_i、P_i 要用不同层次的队或栈，这样才能确保嵌套的正确实现。

【例 7-17】有如下 case 语句：

```
case  i+j-k  of
    1 :   A=A+B
    2 :   B=A+B
    3 :   { C=C+1; D=D+1 }
    4 :   D=A*B
endcase
```

语法制导翻译过程为：

1）产生新标号 test、next 和临时变量 t；

2）分析 i+j-k，生成指令：

$$(100) \quad t_1 := i + j$$
$$(101) \quad t_2 := t_1 - k$$
$$(102) \quad t := t_2$$

3）生成指令：

$$(103) \quad goto \ test$$

设置空队列 queue。我们将 queue 的结点简单地表示成：

(C_i 的值，S_i 第一条指令的序号)

产生标号、查填符号表等后续过程均省略。

4）遇 1：

① C_1 的值 1、S_1 的第一条指令的序号 104 入队列 queue，如图 7-11a 所示。

②生成指令：　(104)　$t_3 := A + B$

$$(105) \quad A := t_3$$

③生成指令：　(106)　goto next

5）遇 2：

① C_2 的值 2、S_2 的第一条指令的序号 107 入队列 queue，如图 7-11b 所示。

②生成指令：　(107)　$t_4 := A + B$

$$(108) \quad B := t_4$$

③生成指令：　(109)　goto next

6）遇 3：

① C_3 的值 3、S_3 的第一条指令的序号 110 入队列 queue，如图 7-11c 所示。

②生成指令：　(110)　$t_5 := C + 1$

$$(111) \quad C := t_5$$
$$(112) \quad t_6 := D + 1$$
$$(113) \quad D := t_6$$

③生成指令：　(114)　goto next

7）遇 4：

① C_4 的值 4、S_4 的第一条指令的序号 115 入队列 queue，如图 7-11d 所示。

②生成指令：　(115) t_7:=A*B

　　　　　　　　(116) D:=t_7

③生成指令：　(117) goto next

8）遇 endcase：逐次读出队列 queue 的内容，产生以 test 为标号的以下测试指令：

```
test: (118) if  t=1  goto (104);
      (119) if  t=2  goto (107)
      (120) if  t=3  goto (110)
      (121) if  t=4  goto (115)
next: (122)
```

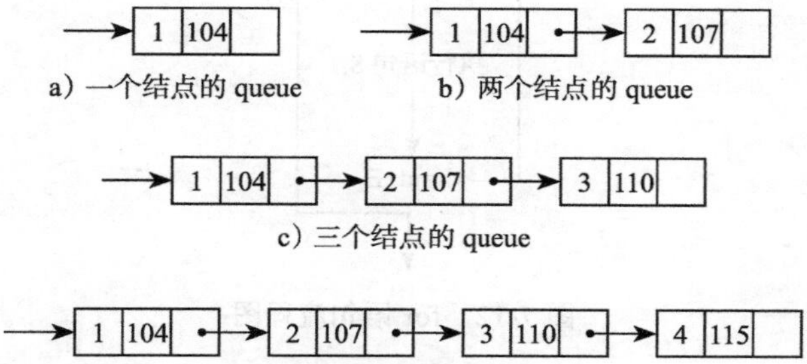

a）一个结点的 queue　　　b）两个结点的 queue

c）三个结点的 queue

d）四个结点的 queue

图 7-11　队列 queue 的形成过程

至此，完整的 case 语句的中间代码已生成完毕，即

```
      (100) t₁ := i + j
      (101) t₂ :=t₁-k
      (102) t:=t₂
      (103) goto test
      (104) t₃:=A+B
      (105) A:=t₃
      (106) goto next
      (107) t₄:=A+B
      (108) B:=t₄
      (109) goto next
      (110) t₅:=C+1
      (111) C:=t₅
      (112) t₆:=D+1
      (113) D:=t₆
      (114) goto next
      (115) t₇:=A*B
      (116) D:=t₇
      (117) goto next
test: (118) if  t=1  goto (104);
      (119) if  t=2  goto (107)
      (120) if  t=3  goto (110)
      (121) if  t=4  goto (115)
next: (122)
```

3. 循环语句的翻译

循环语句在程序设计中用得很多，而且有多种形式，如 for 语句、while 语句、

repeat 语句等。在此，以 for 语句为例介绍循环语句的翻译方法。

假设 for 语句的文法为：

S → for id:=E₁ step E₂ until E₃ do S₁

语句的执行过程如图 7-12 所示。

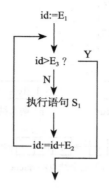

图 7-12　for 语句流程图

根据自底向上的语法分析的过程（语句是从左分析到右的），产生中间代码的顺序应该是先产生 E_1 的代码，然后产生 E_2、E_3、S_1 的代码，由此，翻译形成的中间代码结构应如图 7-13 所示。

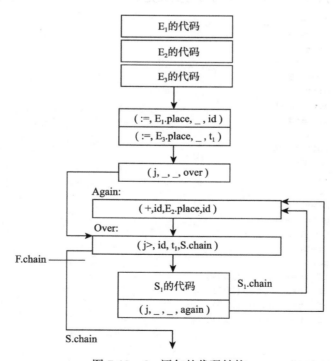

图 7-13　for 语句的代码结构

要翻译生成以上结构的中间代码，在翻译过程中应记住两条指令（即 again 和 over）

的序号，这样才能生成相应的转移指令，为此，我们将文法改写成：

$$S \to FS_1$$

$$F \to \text{for id} := E_1 \text{ step } E_2 \text{ until } E_3 \text{ do}$$

相应的语义规则及说明如表 7-13 所示。

需要提醒的是，在语法制导翻译过程中，当用产生式"$F \to \text{for id} := E_1 \text{ step } E_2 \text{ until } E_3 \text{ do}$"进行归约从而进行相应的语义处理（翻译）时，$E_1$、$E_2$、$E_3$ 的中间代码都已经产生了，因此，在该产生式的语义规则中只要生成后续的指令就可以了。同理，当用产生式"$S \to FS_1$"进行归约从而进行相应的语义处理时，S_1 也已经翻译完了，因而只要完成转移目标回填及生成相应的转移指令（j, _, _, again）就行了。

表 7-13　for 语句的语义规则

产生式	语义规则及说明

$F \to \text{for id} := E_1$ step E_2 until E_3 do	{ F.place = entry(id);　　　　　// 记住 id 的符号表入口以备后用
	　gencode(:=, E₁.place, _, F.place); // 生成 (:=,E¹.place,_, id)
	　t₁ = newt;　　　　　　　　　// t₁ 用于存放循环终值
	　gencode(:=, E₃.place, _, t₁);
	　gencode(j, _, _, nextquad+2);　　// 生成 (j, _,_,over)
	　F.again = nextquad;　　　　// 记住 again
	　gencode(+, F.place, E₂.place, F.place);
	　　　　　　　　　　　　// 生成 (+,id,E₂.place,id)
	　F.chain = nextquad;　　　　// 记住 over
	　gencode(j>, F.place, t₁,0);
	　　// F.chain 即该指令序号，其转移目标即 S.chain 待回填}

$S \to FS_1$	{ backpatch(S₁.chain, F.again) 　gencode(j, _, _, F.again); 　S.chain = F.chain }

【例 7-18】有如下 for 语句：

```
for  I:=A+B*2  step 1  to C+D+10  do P=P+2
```

其自底向上的语法制导翻译过程如下：

1）E_1 的代码：

$$(100)(\quad *, \quad B, \quad 2, \quad t_1)$$
$$(101)(\quad +, \quad A, \quad t_1, \quad t_2)$$

E_2 为常数 1，不必生成中间代码，填入常数表（或符号表）即可。

E_3 的代码：

$$(102)(\quad +, \quad C, \quad D, \quad t_3)$$
$$(103)(\quad +, \quad t_3, \quad 10, \quad t_4)$$

2）完成产生式 $F \to \text{for id} := E_1 \text{ step } E_2 \text{ until } E_3 \text{ do}$ 的语义动作：

生成 (:=,E¹.place,_, id):　　(104)(:=, t₂, _, I)

生成 (:=, E₃.place, _, t₁):　　(105)(:=, t₄, _, t₅)

生成 (j, _,_,over):　　　　　(106)(j, _, _, 108)

F.again = nextquad=107 (again)

生成 (+,id,E_2.place,id)： 　(107)(+, 　I, 　1, 　 I 　)

F.chain = nextquad=108 (over)

生成 (j>, F.place, t_1,0)： 　(108)(j>, 　I, 　t_5, 　0 　) 　/* 转移目标 S.chain

待回填 */

3）生成 S 的代码： 　　(109)(+, 　　P, 　2, 　t_6)

(110)(:=, 　t_6, 　_, 　P)

4）完成产生式 $S \rightarrow FS_1$ 的语义动作：

S_1.chain 不需回填

生成 (j, _, _, F.again)： 　(111)(j, 　_, 　_, 　107)

S.chain = F.chain=108

至此得到语句完整的翻译结果，即

```
                    (100)( *,   B,   2,   t₁ )
                    (101)( +,   A,   t₁,  t₂ )
                    (102)( +,   C,   D,   t₃ )
                    (103)( +,   t₃,  10,  t₄ )
                    (104)( :=,  t₂,  _,   I  )
                    (105)( :=,  t₄,  _,   t₅ )
                    (106)( j,   _,   _,  108 )
            Again:  (107)( +,   I,   1,   I  )
S.chain → over:     (108)( j>,  I,   t₅,  0  )
                    (109)( +,   P,   2,   t₆ )
                    (110)( :=,  t₆,  _,   P  )
                    (111)( j,   _,   _,  107 )
```

7.3.6　过程调用

过程调用实际上要做的事情是把程序控制转移到子程序（过程）上去执行，当执行完子程序后，要能够正常地返回到调用该子程序（过程）的地方。

要完成这样的工作，在将控制转移到子程序前应该做以下准备工作：

1）将实参的信息传给子程序；

2）保存返回地址。

对于参数传递，在程序设计语言中有多种方式，如传值、传地址等。以传地址为例，若参数是变量或数组元素，则直接将它们的存储地址传递给子程序；若参数是表达式，则要先计算表达式的值并放入某处，再将该处地址传递给子程序。

那么参数地址又传递到什么地方呢？

对于被调用的子程序，它的每个形式参数都会有一个存储单元，称为形式单元，对应的实参信息就传递（存）到该单元。

因此，在通过转子指令进入子程序后，第一步要做的工作就是将实参信息取到对应的形式单元中，然后再开始子程序语句的执行。

假设过程调用语句为（其中 id 为过程名，a_1，a_2，…，a_n 为实参）：

```
call   id ( a₁, a₂, …, aₙ )
```

为了完成实参信息的传递，我们将过程调用语句翻译成中间代码时，把实参地址传递指令依次放在转子指令之前，从而生成以下四元式序列：

```
par   a₁
par   a₂
……
par   aₙ
call  id, n
```

为了实现这样的翻译，我们将 call 语句的文法改写成：

```
S → call  id ( <Elist> )
<Elist> → <Elist> , E    (E 可看成终结符)
<Elist> → E
```

为了记住每个实参的地址，以便把它们的传递指令排在 call 指令之前，我们设置队列 queue，它顺序记录每个实参的地址，并用属性 Elist.queue 记录其队首。

文法各产生式的语义规则及说明如表 7-14 所示。

表 7-14 过程调用语句的语义规则

产生式	语义规则及说明

$S \to$ call id (\<Elist\>)	{ n=0; /*n 为参数个数计数器 */
	    for 队列 queue 中的每一项 p do
	        { n=n+1; gencode(par , _, _, p); }
	                                            /* 生成 n 个参数传递指令 */
	    gencode(call , n, _, id.place) } /* 生成转子指令 */

\<Elist\> → \<Elist\>, E	{ 将 E.place 加入 queue 的队尾 } /* 后续参数入队列 */
\<Elist\> → E	{ 初始化 queue，它仅包含 E.place } /* 第一个参数入队列 */

7.4 练习

1. 什么是语法制导翻译？

2. 在编译过程中为何要生成中间代码？中间代码应具备什么特点？常用的中间代码有哪几种形式？

3. 写出以下表达式的逆波兰式（↑表示指数运算，<>为不等号，同级运算左结合）：

（1）A-B/(C+D)↑M+A*(C+D)↑N

（2）¬A ∨ ¬(C ∨ ¬D)

（3）a<=b+c ∧ a＞d ∨ a+b<>e

（4）(a+c<b) ∨ (a>d) ∨ (a<>b+e)

（5）A=(x-y)↑z*(y-1)

（6）x-y<=z ∨ a<0 ∧ (8+z)>3

（7）a ∧ b ∨ c ∧ (b ∨ x=0 ∧ c)

（8）if a>b then x=y else if b>a then y=0 else y=x

（9）if (x+y)*z=0 then s:=(a+b)*c else s:=a*b*c

4. 分别写出表达式 (A+B) ↑ N –(C+D)* (A–B)/E 的树代码、三元式、四元式序列。

5. 设运算符的优先级由高到低依次为 –、*、↑（乘幂），且均右结合，写出下面表达式的后缀式。

（1）a*b-c-d↑e↑f-g-h*i

（2）a+b-c+d*x*y↑a↑d-c-d+y

6. 给定文法 G[E] 如下：

$$E \rightarrow E+T \mid T$$
$$T \rightarrow T*F \mid F$$
$$F \rightarrow i$$

则 L(G) 中的一个句子 i+i+i*i*i 的逆波兰表示是什么？

若文法变为

$$E \rightarrow T+E \mid T$$
$$T \rightarrow F*T \mid F$$
$$F \rightarrow i$$

则 i+i+i*i*i 的逆波兰表示又是什么？

7. (x<y) or (c>d) and (c<a) 为 if 语句中的布尔表达式，将其翻译成四元式序列，并标出待填真、假链的链首指针；若含有，则它的 if 语句为

if (x<y) or (c>d) and (c<a) then m=n*2 else m=n*4

试写出该 if 语句的四元式序列。

8. 给出下列语句的四元式序列：

（1）for I:=A*2 step B to A*10 do Y=Y+X

（2）case I of

    1: A=A+3*N;

    2: A=A+5*N;

    3: A=A+8*N;

    4: A=A+9*N;

 endcase

9. 有布尔表达式 A or (B and not(C or D))，当它作为控制语句的条件时，写出它的四元式序列。

10. 给出下列语句的四元式序列。

（1）if W<1 then A:=B*C+D else repeat A:=A-1 until A<0

（2）for I:=A+B*2 step 1 to C+D+10 do if H>G then P:=P+1

第8章 运行时存储空间的组织

程序运行时存储空间的组织是编译程序的任务之一。一般来说，在目标代码生成前编译程序必须进行目标程序运行环境的设计和数据空间的分配，这样编译程序才能生成合适、完整的目标代码。

8.1 运行时存储空间的划分

运行程序时必须在内存中得到一块存储区域，以容纳程序代码本身以及程序运行中需要存储的数据。这里所说的程序代码从编译的角度来说，就是经编译得到的目标代码程序。存放目标代码程序的空间大小是在编译时就能确定的，不需要多加讨论，而如何组织、安排数据的存放则是值得探讨的问题。

存储区域中用于存放数据的那部分空间称为数据空间，需要存放在数据空间中的数据一般包括以下这些：

1）用户在程序中定义的各种数据对象（如变量、数组等）；

2）运行过程中产生的中间结果（如临时变量等）；

3）传递参数的临时工作单元；

4）调用过程时所需的连接单元；

5）组织 I/O 所需的缓冲区等。

这些数据可以分为静态数据和动态数据两大类，由于数据特性的不同，它们的存储空间的分配和管理方式也不同，为此需要对存储区域进行划分。典型的划分方法是将整个存储空间分成目标代码区、静态数据区、栈区和堆区四个区域（如图 8-1 所示），其中后三个区域的总和就是整个数据空间。

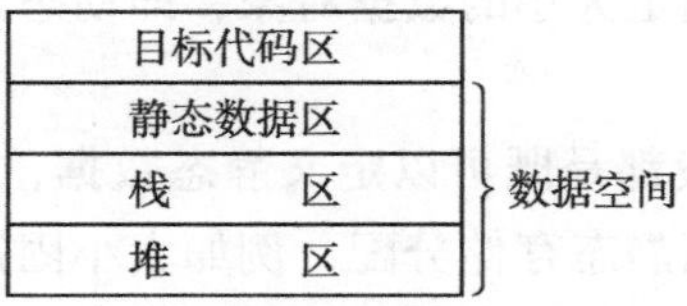

图 8-1　目标程序运行时存储区域的划分

静态数据区用于存放静态数据对象，即在编译时就能确定其所占空间大小的数据。每种语言都有这样一些静态数据，如 C 语言的全局变量和用 static 定义的局部变量，甚至有的语言（如 FORTRAN 语言）中所有的数据都是静态的。存储在静态数据区的数据所占的单元是在编译时就分配好的，并且在程序运行期间一直被占用，直到程序结束。

栈区和堆区这两个数据区用于存放动态数据对象以及过程活动的管理控制信息。很多语言都有动态数据，即编译时无法知道所占空间大小的数据。虽然这两个区域都用来存放动态数据，但它们分别采用栈和堆两种不同的空间组织方式。

8.2　数据空间的存储分配策略

一种语言的编译程序究竟采用哪种或哪几种数据空间的存储分配策略，主要应考虑源语言本身的结构特点、所定义的数据类型以及决定名字作用域的规则等因素，这些都直接影响存储空间的管理和组织的复杂程度。

数据空间的存储分配策略可以分为两种，一种是静态存储分配策略，另一种是动态存储分配策略。

8.2.1　静态存储分配策略

若编译时就能确定目标程序运行中某些数据对象所需的数据空间的大小，那么在编译时就对它们分配好数据空间，确定好它们的存储位置，在整个程序运行的生命期中，这些数据对象将始终占据分配给它们的固定位置，这种存储空间的分配策略称为**静态存储分配策略**。

很多早期语言（如 FORTRAN 语言）都采用静态存储分配策略。FORTRAN 语言的程序是段结构的，同一个符号名在不同的程序段表示不同的存储单元，不同的程序段之间不允许对变量进行互相引用和赋值，每个数据所需的存储空间的大小均为常量（没有可变数组等），这些特点使得一个 FORTRAN 程序的所有数据对象的数量和所需存储空间的大小在编译时就可以完全确定，所以该语言的存储分配完全采用静态分配，它的整个数据存储空间只有一个静态数据区。

采用静态存储分配策略的前提是，待分配的数据对象的数量和大小在编译时已知，即数据对象是静态数据。这种存储分配策略比较简单，不需要考虑太多的因素，数据对象和存储空间一旦对应上就不会有任何变化，操作起来也比较简单。但它显然是有缺陷的，一是因为数据对象始终占据存储空间，所以会造成存储空间的浪费；二是如果语言允许使用那些在编译时无法确定大小的数据对象，即动态数据，那么这些数据对象是无法进行静态存储分配的。

大多数程序设计语言一般都是既可以定义静态数据，也可以定义动态数据。其中，对于那些静态数据对象仍采用静态存储分配，例如大小固定、在整个程序执行期间均可访问的全局变量，或在整个程序执行期间保持不变的文字常量等。对于这样的语言，就要对数据存储空间进行划分（见图 8-1），将静态数据分配到静态数据区。C 语言的全局变量和用 static 定义的局部变量就是采用这种方式进行存储空间分配的。

8.2.2　动态存储分配策略

若某语言中存在递归过程、可变数据或可变数据结构，则这些数据对象所需的存储空间的大小在编译时是无法确定的，只能在运行时动态地确定，因此无法对其采用静态存储分配，而必须在程序运行时才能给它们分配存储空间，这种存储空间分配策略称为**动态存储分配策略**。

动态存储分配又分为栈式动态存储分配和堆式动态存储分配两种。

1. 栈式动态存储分配

栈式动态存储分配策略适合于 PASCAL、C、ALGOL 等语言，这些语言具有一个共同的特点——允许过程的递归调用。

对每一次的递归调用过程，都应该为过程的此次执行分配新的局部变量的数据空间。当程序未执行时，递归调用的深度是不可知的，所以究竟应分配多少空间在编译时是无法确定的。同时，递归调用是一种逐层深入再依次返回的过程，即先调用后返回，这符合栈的操作方式，所以将程序的数据空间设计成一个栈，每当调用一个过程时，就将这次调用所需的存储空间分配在栈顶，而每当过程运行结束时就释放这部分空间。

我们称过程的一次调用所需要的数据空间为过程的**活动记录**（Activation Record，AR），它是一段连续的存储单元，其中存放过程的一次执行所需要的所有信息，具体包括以下三个部分数据。

（1）连接数据

连接数据就是那些管理过程活动的控制信息，包括以下四种信息：

1）调用过程时的机器状态信息。在调用一个过程时，机器的各种状态信息（如寄存器的状态等）必须保存下来，这样才能保证在过程调用结束返回到调用程序段时恢复到调用前的状态。

2）存取链。有些语言允许在一个过程中引用非本过程定义的变量，即其他过程定义的且在本过程范围内有效的变量，而这些变量保存在其他过程的活动记录中，因此必须有一种使得在过程中可以引用这些变量的机制，存取链就起这样的作用，具体的实现方法针对各种语言不尽相同。

3）控制链。指向调用该过程的那个过程的最新活动记录。若 A 过程调用 B 过程，则当 B 过程运行结束返回到 A 过程时必然是返回到 A 的最近一次执行中，因此 B 过程的活动记录退栈后，A 的最新活动记录就应该成为栈顶活动记录，为了找到 A 的最新活动记录，就需要保存这一信息。注意，有些语言是不需要这一信息的。

4）返回地址。

（2）形式单元

根据语言中参数传递方式的不同，存放相应的实参的地址（传地址）或值（传值）。

（3）局部数据

局部数据就是生存期（作用域）在该过程这次活动中的数据对象，包括以下三种对象：

1）局部变量。过程中定义的局部变量。考虑这样的过程递归调用——对于第 n 次调用和第 $n+1$ 次调用，因为调用的是同一个过程，所以过程中定义了同名局部变量，但显然两次调用中的同名局部变量不应占有相同的存储单元，否则将会造成变量操作的混乱，因为事实上它们根本就不是同一个变量。综上，过程的每次调用中都要为局部变量分配新的存储单元。

2）临时工作单元：存放过程在这次活动中产生的中间结果。

3）局部数组的内情向量：若语言允许使用可变数组，则应保存过程内定义的可变数组的内情向量。

不同的语言有不同的特性，对于过程的调用、执行和返回所需要保存的信息也不完全相同，所以过程的活动记录所包含的内容也要根据语言自身的特点来设定。

关于栈式存储分配，将在 8.3 节进一步讨论。

2. 堆式动态存储分配

堆式动态存储分配策略适合于那些允许用户自由申请、自由退还数据空间的程序设计语言。

例如，C++ 中的 new 运算可以在程序执行过程中定义动态变量和动态数组，delete 运算可以释放动态变量和动态数组所占的存储空间。这种定义和释放完全根据程序运行时的具体情况而定，每执行一次 new 运算就产生一个动态变量或数组，并为其分配存储空间，每执行一次 delete 运算就释放一个动态变量或数组所占的存储空间。但是，程序究竟何时会执行 new/delete 运算、会执行多少次 new/delete 运算，这在编译时是无法知道的，因此必须在程序执行过程中动态地进行存储空间的分配和释放。

由于这种动态数据对象是自由产生和自由撤销的，即空间的使用未必须从诸如"先申请后释放，后申请先释放"之类的原则，所以栈式存储分配方式就不再适用了。

实现这种自由申请和释放空间的方法是采用堆式存储分配。

首先，为程序确定一块大的存储区域，称之为"堆"区。在"堆"区为动态数据对象分配 / 释放存储空间的方法如下：

1）每当定义一个动态数据对象时（如执行一次 new 运算），就按该数据对象所需空间的大小从"堆"区中借用一块连续的存储区域并分配给该数据对象。

2）每当释放一个动态数据对象时（如执行一次 delete 运算），就将它所占的存储空间还给"堆"区。

对于这种分配方式，必须解决以下三个问题：

问题 1：由于每产生一个这样的动态数据对象就要在"堆"区中使用一段连续的存储单元，而这一段存储单元又随时可能被还回来（释放），所以当程序运行一段时间、进行了多次空间分配和释放之后，"堆"区有可能被分割成许多块，其中有些块是被数据对象占据的，称其为"已分配区"，而另一些块是没被占据的，称其为"自由区"，图 8-2 中的灰色部分 b_1、b_2、b_3、b_4 为"已分配区"，空白部分 a_1、a_2、a_3、a_4 为"自由区"。为了能为后续的动态数据对象分配存储单元，必须知道哪些块是"已分配区"，哪些块是"自由区"，这是需要解决的第一个问题。

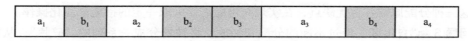

图 8-2 "堆"区的分配情况

解决方法是：采用链表，将每一块连续的存储单元作为链表的一个结点，将所有"已分配区"链接起来，形成一条"已分配区"链；将所有"自由区"链接起来，形成一条"自由区"链，如图 8-3 所示，图中每个结点的前两个存储单元分别存放本存储区的长度和指向链表中下一结点首地址的指针。

对两个链表的操作如下：

1）在初始状态下，"自由区"链中只有一个块（即整个"堆"区），而"已分配区"链是空的。

2）每当从"自由区"链中的某一块划走 N 个连续单元，就令这 N 个单元形成一个块，链接到"已分配区"链中，而原来块中剩余的单元构成一个新块，并且仍链接在"自由区"链中。

3）每当释放"已分配区"链中的一块，就将该块从"已分配区"链中删除，并将其链接到"自由区"链中。

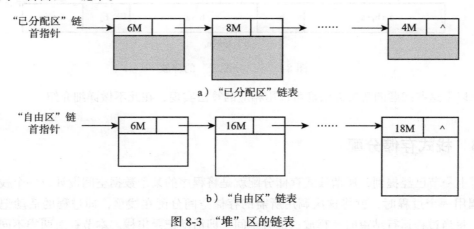

a）"已分配区"链表

b）"自由区"链表

图 8-3 "堆"区的链表

问题 2：若需要一个体积为 N 的空间，就应找一个体积大于等于 N 的"自由区"，并从中划取连续的大小为 N 的空间。若此时体积大于等于 N 的"自由区"有多个，则应从哪个"自由区"中划取连续的 N 个单元呢？这是需要解决的第二个问题。

解决方法是按以下几种原则之一进行选择：

1）最先分配原则：沿"自由区"链表搜索时，从最先碰到的体积大于等于 N 的那块"自由区"中进行分配。

2）最佳分配原则：在"自由区"链表中搜索，从体积大于等于 N 的最小"自由区"中进行分配。

3）最大分配原则：与最佳分配原则正好相反，在"自由区"链表中搜索，从体积大于等于 N 的最大"自由区"中进行分配。

这三种分配原则各有优缺点，在实现时可能需要采取一定的措施来简化操作。

问题 3："自由区"经过不断的分配和释放，将被划分成一系列的"碎片"，从而有可能出现这样的情况——需要体积为 N 的空间时，虽然"碎片"的体积总和大于 N，但没有一个"自由区"的体积大于等于 N，因此也就无法进行空间的分配。这时如何处理呢？

解决方法是在分配"自由区"和释放"已分配区"时采取一定的措施，及时进行"自由区"的合并。例如，可以将"自由区"链表构造成双向循环链表，并要求表中的结点按地址从低到高排列，即插入新结点（释放"已分配区"）时要进行插入点的搜索，找到合适的位置再插入。在插入新结点时还要检查该区的左、右相邻区是否为"自由区"，如果是，则将该区并入相邻"自由区"，此时"自由区"链表不会增加新的结点，甚至可能减少结点（三区合一）。例如对于图 8-2，若释放"已分配区" b_3，则"堆"区的分配情况将如图 8-4a 所示，若再释放 b_1，则"堆"区的分配情况将如图 8-4b 所示。

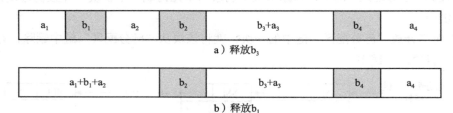

a）释放 b_3

b）释放 b_1

图 8-4　"已分配区"的释放

以上这些问题的解决方法都可以用相应的算法实现，在此不做详细介绍。

8.3　栈式存储分配

上一节已经提到，所谓栈式存储分配就是将程序的某个数据空间设计成一个栈，每当调用一个过程时，就将这次调用所需的存储空间分配在栈顶，即过程的活动记录进栈，每当过程运行结束时就释放这部分空间，即活动记录出栈。本节针对两类不同的语言——简单程序设计语言和嵌套过程语言——分别讨论它们的栈式存储分配方法。

8.3.1　简单程序设计语言的栈式存储分配

1. 简单程序设计语言的栈式存储分配

所谓简单程序设计语言是指符合以下要求的语言：

1）无分程序结构；

2）过程定义不嵌套，即在一个过程内不允许定义其他过程；

3）允许过程的递归调用；

4）允许过程含有可变数组。

C 语言就是这样一种语言，所以本小节均以 C 语言为例介绍简单程序设计语言的栈式存储分配。

C 语言程序由一个主函数 main 和若干个（可以为 0 个）子函数构成，每个函数都是独立的程序单位，其程序结构如下：

```
main( )
        {
            main 的局部数据定义
            ……
        }
        void  R( )
        {
            R 的局部数据定义
            ……
        }
    void  Q( )
        {
            Q 的局部数据定义
            ……
            R( );                    // 调用其他函数
            ……
            Q( );                    // 递归调用
            ……
        }
```

C 语言的全局变量是在函数外定义的（穿插在函数之间），其存储空间分配策略是静态分配在全局数据区。

从下面的例子中可以了解 C 语言的栈式存储分配过程。

【例 8-1】有一个 C 语言程序，含主函数 main、函数 Q、函数 R，观察以下几种程序的运行过程：

（1）主函数 main 调用函数 Q，函数 Q 又调用函数 R（即 main → Q → R）

数据空间的最底部是静态分配的全局数据区，往上是动态栈。随着程序的运行，栈中活动记录的建立过程如下：

1）首先，进入主函数 main，在栈中建立 main 的活动记录，然后执行 main；

2）当 main 执行到函数 Q 的调用语句时，在 main 的活动记录上方建立 Q 的活动记录，然后执行过程 Q；

3）当过程 Q 执行到其中的函数 R 的调用语句时，在 Q 的活动记录上方又建立 R 的活动记录，然后执行函数 R，所以此时存储空间栈的情况如图 8-5a 所示，其中的 TOP和 SP 分别为当前活动记录的栈顶位置和起点位置。

（2）主函数 main 调用函数 Q，Q 又递归调用自身（即 main → Q → Q）

与（1）的不同之处在于，当函数 Q 调用它自身时，将在 Q 的第一次调用生成的活动记录（记作"Q 的活动记录 1"）的上方再建立一个 Q 的活动记录，这是 Q 的第二次调用所生成的活动记录（记作"Q 的活动记录 2"），然后进入 Q 的第二次执行，所以此时存储空间栈的情况如图 8-5b 所示。

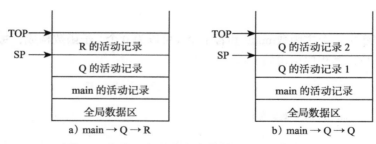

a) main → Q → R   b) main → Q → Q

图 8-5　程序运行过程中存储空间栈的变化情况

2. 简单程序设计语言过程的执行

在此讨论简单程序设计语言过程的执行情况。

（1）活动记录

C 语言函数的活动记录如图 8-6 所示，有以下两点说明：

1）控制链（老 SP）保存的是调用该函数的那个函数的最新活动记录在栈中的起点位置。保存这一项内容使得运行栈中形成了一条链，这条链记录了程序运行中函数之间相互调用的轨迹，并且是动态的。

2）形式单元部分本身也是一个栈，按参数在函数参数表中出现的先后次序依次从下往上进行分配。

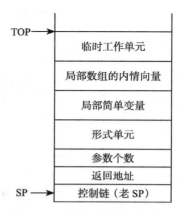

图 8-6　C 语言函数的活动记录

从图中可以看出，C 语言函数的活动记录的每一项内容所占的空间大小在编译时都是可以确定的，所以活动记录的体积在编译时也是完全确定的，即同一个函数的每一次调用所生成的活动记录的大小都是相同的。当然，不同函数由于数据量（参数个数、局部变量、局部数组、临时变量等）的不同，其活动记录的大小是不一定相同的。

（2）过程的调用

已知过程调用 P（$a_1,a_2,\cdots,a_n$）的中间代码序列如下：

```
par  a₁;
par  a₂;
……
par  aₙ;
call  P , n;  (n 为参数个数)
```

那么这些指令究竟如何执行呢？当遇到过程调用时，首先遇到的指令是" par a_i"，这时应做的工作（实际上也就是指令" par a_i"对应的目标代码应完成的任务）是参数传递，即将 a_i 的值或地址放入新过程的活动记录的相应形式单元中。

从 C 语言的活动记录结构可以知道，形式单元与活动记录起点（SP）间的距离是确定的，假设活动记录中每项内容占一个存储单元，则距离值就为 3，所以，根据现行栈顶值 TOP、参数 a_i 的序数 i，就可算出参数 a_i 的形式单元地址，从而完成参数的传递工作。

若参数传递方式为传值，则每条指令" par a_i"的目标代码应为：

```
(i+3)[TOP]:=a_i
```

若参数传递方式为传地址，则每条指令"par a_i"的目标代码应为：

```
(i+3)[TOP]:=addr(a_i)
```

对于代码"call P，n"应做的工作如下：

1）保护现行 SP（成为将要建立的函数的新活动记录的老 SP）；

2）保存参数个数 n；

3）实现控制的转移——从调用函数转到被调用函数。

因此指令"call P，n"的目标代码应如下：

```
1[TOP]:=SP
3[TOP]:=n
JSR    P                    // 转向 P 的第一条指令
```

（3）过程的进入

转入函数 P 后应做的工作如下：

1）定义 P 的新活动记录的 SP；

2）保护返回地址；

3）定义新活动记录的 TOP。

若活动记录所需的单元数为 L，则完成这些工作的指令如下：

```
SP:=TOP+1
1[SP]:= 返回地址
TOP:=TOP+L
```

以上工作完成后，被调用函数的活动记录就创建好了，从而可转入函数 P 执行该函数。

（4）过程的返回

过程执行完毕，控制要返回到调用段，此时应释放当前的活动记录。

C 语言的函数返回要做的工作如下：

1）恢复调用函数的 TOP、SP；

2）按保存的返回地址无条件返回。

这些工作可用以下四条指令完成：

```
TOP:= SP -1
SP:=0[SP]
X:=2[TOP]
UJ  0[X]
```

其中，第一、二条指令的作用是恢复老 TOP、老 SP，第三条指令的作用是取出返回地址并将其存于 X，第四条指令的作用是按 X 中的地址无条件返回。

8.3.2　嵌套过程语言的栈式存储分配

1. 嵌套过程语言的栈式存储分配

允许过程定义嵌套的程序设计语言称为嵌套过程语言，若不考虑"文件""指针"这样的数据类型，Pascal 语言就是这样的一种程序设计语言，其程序结构如下：

```
Program  A;
    A 的数据说明
    Procedure  B( 参数表 );
        B 的数据说明
        Procedure  C( 参数表 );
            C 的数据说明
            begin                  // C 的过程体
                ……
            end;                   // C 的过程体结束
        begin                      // B 的过程体
            ……
            C;                     // 外层可调用内层过程
            ……
        end;                       // B 的过程体结束
    Procedure  D;
        D 的数据说明
        begin                      // D 的过程体
            ……
            B;                     // 同层过程间可相互调用
            ……
        end;                       // D 的过程体结束
    begin                          // 主程序体
        ……
        B;                         // 主程序调用内层过程
        ……
        D;                         // 主程序调用内层过程
        ……
    end.                           // 主程序体结束
```

这种语言的特点如下：

1）程序的过程定义是嵌套的，内层过程由外层过程调用，内层过程执行完毕将返回外层过程。

这种调用和返回方式（先调用后返回）决定了应该用栈来进行数据空间的存储管理。

为了能进行过程的正确调用和返回，应该了解过程是在哪一层定义的。为了了解这一点，我们可以简单地对过程定义的层次进行编号，一般将主程序定为 0 层，向内依次为 1 层、2 层、……，并将过程定义的层次值作为过程名的一个属性记录在符号表中。在编译过程中确定过程定义的层次值的方法也很简单，就是在编译时使用一个计数器，其值如下：

①初值为 0，即主程序的层次值；

②每当遇到一个过程说明语句，就将该计数器值加 1，从而得到该内层过程的层次值；

③每当遇到一个过程结束语句，就将该计数器值减 1，从而回到直接外层的层次值。

2）允许内层过程引用包围它的任一外层过程说明的变量。

每一层过程定义的变量的存储单元都在该过程的活动记录中，当内层过程引用外层过程定义的变量时，就要访问外层过程的活动记录中的某个单元。那么，在一个过程中如何才能访问到它的任何一个外层过程定义的变量呢？为此，在过程的活动记录中加入一项内容——**嵌套层次显示表**（DISPLAY 表），它本身也是一个栈，自顶向下依次记录本过程的、直接外层过程的、……、最外层（主程序 0 层）过程的最新活动记录的起始地址（SP 值），根据这些 SP 值，过程就可访问包围它的所有外层过程中的变量。此时，一个在 n 层定义的过程 P 的活动记录结构如图 8-7 所示。

其中，作为连接数据之一的"全局 DISPLAY 地址"是过程的直接外层过程的最新活动记录的 DISPLAY 表起始地址，根据这个值，过程可方便地建立自己的 DISPLAY 表——直接外层过程的 DISPLAY 表加上自身这一层过程的 SP 值即可。

因为过程的层次是可以静态确定的，所以每个过程的活动记录中的 DISPLAY 表的大小也是静态确定的，因而从结构上来看，嵌套过程语言的过程活动记录的体积在编译时也是可以完全确定的。

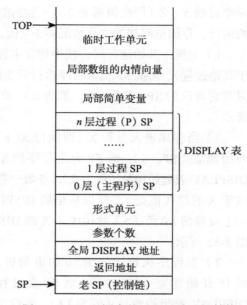

图 8-7　Pascal 语言的过程活动记录结构

【**例 8-2**】Pascal 源程序示意如下：

```
Program main;
    Var  a , b , c : integer ;
    Procedure  X( i , j : integer );
        Var  d , e : real ;
        Procedure  Y;
            Var  f ,g : real ;
            begin
                ...
            end ;
        Procedure  Z( k : integer );
            Var  h , i , j: real ;
            begin
                ......
            end ;
        begin
            ......
            10 : Y ;
            ......
            11: Z (d) ;
            ......
        end ;
    begin
        ......
        X( a , b ) ;
```

図 8-7 内の表（上から下）:

TOP

| 临时工作单元 |
| 局部数组的内情向量 |
| 局部简单变量 |
| n 层过程（P）SP |
| …… |
| 1 层过程 SP |
| 0 层（主程序）SP |
| 形式单元 |
| 参数个数 |
| 全局 DISPLAY 地址 |
| 返回地址 |
| 老 SP（控制链） |

DISPLAY 表（n 层过程（P）SP 至 0 层（主程序）SP）

SP

```
        ......
    end .
```

其中，主程序 main（层次值为 0）定义了一个过程 X（层次值是 1），X 中又定义了两个过程 Y、Z（层次值都是 2）。当存储空间采用栈式动态存储分配策略时，随着程序的运行，存储空间栈的变化情况如下（假设栈的起始地址为 0）：

1）主程序开始运行时，栈中建立主程序的活动记录，它的活动记录较为简单（不同于其他过程）：系统 SP 值和程序执行后返回的系统地址，没有参数信息，DISPLAY 表中只有它自己的 SP（记作 SP_0，值为 0），有三个变量单元（a、b、c），栈中情况如图 8-8a 所示。

2）当程序进入过程 X（即执行 X(a，b)）时，栈顶建立 X 的活动记录：从地址 6 开始建立（SP_X=6），老 SP 为主程序的 SP_0（值为 0），全局 DISPLAY 地址为主程序的 DISPLAY 表起始地址（值为 2），参数个数为 2，形式单元为 i（实参为 a）、j（实参为 b），由于 X 的层次值是 1，所以从全局 DISPLAY 地址开始抄一个单元的内容（即 SP_0），再加上自身的 SP 值（6）就构成了 X 的 DISPLAY 表，局部变量有 d、e，这时栈中情况如图 8-8b 所示。

3）当程序执行标号为 10 的语句进入过程 Y 时，栈顶建立 Y 的活动记录：从地址 16 开始建立（SP_Y=16），老 SP 为过程 X 的 SP_X（=6），全局 DISPLAY 地址为 X 的 DISPLAY 表起始地址（值为 12），参数个数为 0，形式单元没有，由于 Y 的层次值是 2，所以从全局 DISPLAY 地址开始抄两个单元的内容（即 SP_0=0、SP_X=6），再加上自身的 SP 值（16）就构成了 Y 的 DISPLAY 表，局部变量有 f、g，这时栈中情况如图 8-8c 所示。

4）当标号为 10 的语句执行完，退出过程 Y 时，Y 的活动记录退栈，存储空间栈又回到图 8-8b 所示的情况。

5）当程序执行标号为 11 的语句进入过程 Z 时（即执行 Z(d)），栈顶建立 Z 的活动记录：从地址 16 开始建立（SP_Z=16），老 SP 为过程 X 的 SP_X（=6），全局 DISPLAY 地址为 X 的 DISPLAY 表起始地址（值为 12），参数个数为 1，形式单元为 k（实参为 d），由于 Z 的层次值是 2，所以从全局 DISPLAY 地址开始抄两个单元的内容（即 SP_0=0、SP_X=6），再加上自身的 SP 值（16）就构成了 Z 的 DISPLAY 表，局部变量有 h、i、j，这时栈中情况如图 8-8d 所示。

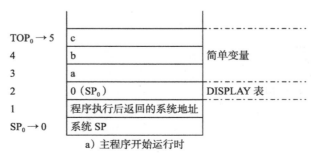

a）主程序开始运行时

图 8-8　程序运行过程中存储空间栈的变化情况

地址	内容	说明
TOP$_X$ → 15	e	简单变量
14	d	
13	6 (SP$_X$)	DISPLAY 表
12	0 (SP$_0$)	
11	j (=b)	形式单元
10	i (=a)	
9	2	参数个数
8	2	全局 DISPLAY 地址
7	返回地址	
SP$_X$ → 6	0	老 SP
TOP$_0$ → 5	c	简单变量
4	b	
3	a	
2	0 (SP$_0$)	DISPLAY 表
1	返回系统地址	
SP$_0$ → 0	系统 SP	

b）程序进入过程 X 时和退出过程 Y 时

地址	内容	说明
TOP$_Y$ → 24	g	简单变量
23	f	
22	16 (SP$_Y$)	DISPLAY 表
21	6 (SP$_X$)	
20	0 (SP$_0$)	
19	0	参数个数
18	12	全局 DISPLAY 地址
17	返回地址	
SP$_Y$ → 16	6	老 SP
TOP$_X$ → 15	e	简单变量
14	d	
13	6 (SP$_X$)	DISPLAY 表
12	0 (SP$_0$)	
11	j (=b)	形式单元
10	i (=a)	
9	2	参数个数
8	2	全局 DISPLAY 地址
7	返回地址	
SP$_X$ → 6	0	老 SP
TOP$_0$ → 5	c	简单变量
4	b	
3	a	
2	0 (SP$_0$)	DISPLAY 表
1	返回系统地址	
SP$_0$ → 0	系统 SP	

c）程序进入过程 Y 时

图 8-8 （续）

地址	内容	说明
TOP$_Z$ → 26	j	简单变量
25	i	
24	h	
23	16 (SP$_Z$)	DISPLAY 表
22	6 (SP$_X$)	
21	0 (SP$_0$)	
20	k (=d)	形式单元
19	1	参数个数
18	12	全局 DISPLAY 地址
17	返回地址	
SP$_Z$ → 16	6	老 SP
TOP$_X$ → 15	e	简单变量
14	d	
13	6 (SP$_X$)	DISPLAY 表
12	0 (SP$_0$)	
11	j (=b)	形式单元
10	i (=a)	
9	2	参数个数
8	2	全局 DISPLAY 地址
7	返回地址	
SP$_X$ → 6	0	老 SP
TOP$_0$ → 5	c	简单变量
4	b	
3	a	
2	0 (SP$_0$)	DISPLAY 表
1	返回系统地址	
SP$_0$ → 0	系统 SP	

d) 程序进入过程 Z 时

图 8-8 （续）

2. 嵌套过程语言过程的执行

由于过程活动记录内容的不同，在过程执行时要完成的工作也有所不同。

我们仍以 Pascal 语言为例讨论嵌套过程语言的过程执行情况。

（1）过程的调用

对于指令"par a_i"，因为相对于简单程序设计语言来说活动记录中多了一个连接数据——全局 DISPLAY 地址，所以若参数传递方式为传值，则相应的目标代码应为：

```
(i+4)[TOP]:=a_i
```

若参数传递方式为传地址，则相应的目标代码应为：

```
(i+4)[TOP]:=addr(a_i)
```

对于指令"call P，n"，也要多做一项工作——保存全局 DISPLAY 地址，所以对应的目标代码为：

```
1[TOP]:=SP
3[TOP]:=SP+d
4[TOP]:=n
JSR  P
```

第二条指令中的 d 为老 SP 到最后一个形式单元的存储单元总数，这条指令就是将直接外层过程的 DISPLAY 表的开始地址作为 P 的全局 DISPLAY 地址。

（2）过程的进入和返回

嵌套过程语言进入过程 P 时的操作与简单程序设计语言是一样的，首先要定义 P 的新过程活动记录的 SP，保存返回地址，定义新过程活动记录的 TOP，指令为：

```
SP:=TOP+1
1[SP]:= 返回地址
TOP:=TOP+L
```

此外，还应建立过程活动记录中的 DISPLAY 表，方法是按已有的全局 DISPLAY 地址（3[TOP] 中的值）自底向上抄录 m 个单元的内容（m 为 P 的层次值），再加上现行 SP 值（P 自身的 SP）。

嵌套过程语言过程返回的操作与简单程序设计语言是一样的，释放当前过程的活动记录，由以下四条指令完成：

```
TOP:= SP -1
SP:=0[SP]
X:=2[TOP]
UJ  0[X]
```

8.4　练习

1. 运行阶段的存储组织与管理的目的是什么？
2. 过程活动记录中，有哪些连接数据？
3. 堆式动态分配中，申请和释放存储空间遵循什么原则？
4. 若过程的活动记录中没有 DISPLAY 表，则说明程序具有什么特性？
5. 栈式动态存储分配方案中，嵌套层次显示表 DISPLAY 的作用是什么？
6. C 语言中有函数 sizeof，若引用该函数，则它的计算是在程序编译时完成还是在程序运行时完成？为什么？
7. 简述什么是静态存储分配？什么是动态存储分配？这两种分配策略在同一种程序设计语言中是否可以同时使用？
8. 有一个 C 语言程序，含主函数 main、函数 A、函数 B、函数 C，若程序按以下两种过程运行，试分别给出数据存储空间栈的情况：

　　（1）主函数 main 调用函数 A，A 又调用函数 B，B 又调用函数 C，C 又递归调用自身一次（即 A → B → C → C）。

（2）主函数 main 调用函数 A，A 又调用函数 C，C 又递归调用自身两次（即 A → C → C → C）。

9. 下面是一个 Pascal 程序：

```
Program  PP( input , output ) ;
    Var  k : integer ;
    Function  F( n : integer ) : integer ;
        begin
            if  n<=0  then  f:=1
                else  F:=n*F(n-1) ;
        end ;
     begin
       K:=F(10) ;
       ......
     end .
```

若程序运行时的存储空间采用栈式动态分配方案，当第三次（递归地）进入 F 后，请问 DISPLAY 的内容是什么？当时整个运行栈的内容是什么？

10. 有如下的 Pascal 源程序：

```
Program main;
    Var  a , b , c : integer ;
    Procedure  X( i , j : integer );
        Var  d , e : real ;
        Procedure  Y;
            Var  f ,g : real ;
            begin
                ...
            end ;
        Procedure  Z( k : integer );
            Var  h , i , j : real ;
            begin
                ......
            end ;
        begin
            ......
            10 : Y ;
            ......
            11: Z (d) ;
            ......
        end ;
    begin
        ......
        X( a , b ) ;
        ......
    end .
```

当运行主程序而调用过程 X 时，试分别给出以下时刻的运行栈的内容和 DISPLAY 的内容。

（1）已开始而尚未执行完毕标号为 10 的语句。

（2）已开始而尚未执行完毕标号为 11 的语句。

第9章 代码优化

代码优化是对代码进行等价变换，使变换后的代码运行速度更快、占用空间更少，尽可能以较低的代价取得较好的优化效果。代码优化这一阶段并不是编译程序所必需的，不优化而直接进入下一阶段（生成目标代码）也是可以的，但有了这一阶段可以使生成的目标代码更为有效。代码优化技术多种多样，如删除公共子表达式、强度削弱、代码外提、合并已知量，等等。代码优化在现代编译器设计中是一个相当复杂的部分，本部分仅就代码优化的基本知识做相关介绍。

9.1 代码优化概述

优化工作可以针对以下三种代码进行：

1）源程序：主要是指程序员在编写源程序时应采用较好的数据结构和算法，从而编写出质量较高的程序，提高程序效率，但这种优化与编译程序没有太大的关系。

2）中间代码：在编译程序对源程序进行分析和翻译生成中间代码程序之后，对所生成的中间代码程序进行优化，这种优化是编译程序的任务之一，也正是本章所要讨论的内容。

3）目标代码：在编译生成目标代码程序之后对目标代码程序进行优化，这种优化与具体机器有关，本章不进行讨论。

因此，本章介绍的代码优化是指对各级中间代码的优化，完成中间代码优化的程序也称为代码优化器。代码优化器以中间代码程序为输入，以优化了的中间代码程序为输出，如图 9-1 所示，当然在优化过程中也少不了对符号表的使用和操作。

中间代码程序 ——————→ 代码优化器 ——————→ 中间代码程序

图 9-1 代码优化器

中间代码的优化按照优化所涉及的程序范围的不同，分局部优化、循环优化和全局优化三种。局部优化是相对比较简单的，也比较容易实现。循环优化则非常重要，虽实现的代价较高，但优化的效果较好。全局优化比较复杂，涉及整个程序的数据流和控制流的分析。本章仅介绍局部优化和循环优化的相关技术和实现方法。

9.2 局部优化

局部优化是指在程序的一个基本块内进行的优化。优化的基本思想是，将程序（中间代码程序）划分成一个个的基本块，然后针对每个基本块进行优化。在这种优化过程中考虑的仅仅是在一个基本块的内部可以如何进行优化的问题，不考虑其他基本块以及基本块之间的相互影响。显然，这种优化实现起来应该是比较简单的。

9.2.1 基本块及其划分

1. 基本块

基本块是程序中的一个顺序执行的指令序列，它只有一个入口（即基本块的第一条指令）和一个出口（即基本块的最后一条指令）。

一个基本块可以含有一条或多条指令，在执行一个基本块的指令时，必定是从它的入口指令开始执行，然后依次执行它的每一条指令，且每条指令仅执行一次，直到出口指令执行完毕，这时整个基本块的执行也就宣告结束。因此，在一个基本块内是不存在块内指令间的转移的。

【**例 9-1**】指令序列

```
t1:=2
t2:=10/t1
t3:=S-R
t4:=S+R
A:=t2*t4
B:=A
t5:=S+R
t6:=t3*t5
B:=t6
```

可以看出，这是一个顺序执行的指令序列，其中不存在任何块内转移操作，所以构成一个基本块。

2. 基本块的划分

如何将一个程序划分为一系列的基本块呢？

划分的方法是：先在程序中找出所有的基本块入口指令，然后对每个入口指令构造相应的基本块，即找出以该指令为入口指令的基本块。

可以作为基本块入口的指令有以下三种：

1）程序的第一条指令；

2）if 语句的转移目标指令；

3）紧跟在 if 指令后面的那条指令。

每一条入口指令对应的基本块为该入口指令到第一条以下三种指令之一之间的指令序列：

1）下一入口指令，但不包含下一入口指令；

2）转移指令，且包含该转移指令；

3）stop 指令（即程序结束指令，且含该指令）。

按以上方法就可以将程序划分成一个个的基本块。如果程序中有一些未纳入任一基本块的指令，则说明这些指令是程序不可到达的（即执行不到的指令），删去即可。

【例9-2】有如下四元式序列：

1)   J:=0

2) L$_1$: I:=0

3)   if I<8 goto L$_3$

4) L$_2$: A:=B+C

5)   B:=D*C

6) L$_3$: if B:=0 goto L$_4$

7)   write B

8)   goto L$_5$

9) L$_4$: I:=I+1

10)   if I<8 goto L$_2$

11) L$_5$: J:=J+1

12)   if J≤3 goto L$_1$

13)   stop

其中，基本块入口指令有：1、2、4、6、7、9、11、13。

根据上面的方法将程序划分成以下8个基本块：

① { 1)   J:=0

② { 2) L$_1$: I:=0

    3)   if I<8 goto L$_3$

③ { 4) L$_2$: A:=B+C

    5)   B:=D*C

④ { 6) L$_3$: if B:=0 goto L$_4$

⑤ { 7)   write B

    8)   goto L$_5$

⑥ { 9) L$_4$: I:=I+1

    10)   if I<8 goto L$_2$

⑦ { 11) L$_5$: J:=J+1

    12)   if J≤3 goto L$_1$

⑧ { 13)   stop

3. 程序控制流程图

将程序划分成一个基本块序列后，可以画出以基本块为结点的程序控制流程图。

程序控制流程图的画法是，一个基本块为一个结点，当以下情况之一出现时从结点a到结点b画一条有向边：

1) 在程序的指令顺序上b是紧跟在a之后的，且a的出口指令不是无条件转移指令或stop（停）指令；

2）a 的出口指令是转移指令，且其转移目标是 b 的入口指令。

关于程序控制流程图有以下术语：

1）**初始结点**：若一个结点的基本块入口语句是程序的第一个语句，则称此结点为初始结点。

2）**前驱和后继**：若按执行顺序，结点（基本块）b 紧跟在结点 a 之后（即图中有 a→b），则称 a 是 b 的前驱，b 是 a 的后继。

3）**必经结点和必经结点集**：若从初始结点开始，每条到达结点 a 的路径都要经过结点 b，则称结点 b 是结点 a 的必经结点，记作 b dom a。结点 a 的所有必经结点构成的集合称为 a 的必经结点集，记作 D(a)。显然，每个结点是它本身的必经结点。

4）**回边**：若从结点 a 到结点 b 有一条有向边（a→b）且有 b dom a（b 是 a 的必经结点），则称 a→b 为控制流程图中的一条回边。

【**例 9-3**】例 9-2 中的程序已划分出了基本块，按照以上流程图的画法画出的以基本块为结点的程序控制流程图如图 9-2 所示。

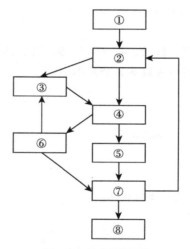

图 9-2　控制流程图

其中，结点②是结点③④的前驱，结点④是结点⑤⑥的前驱，反过来说，结点③④是结点②的后继，结点⑤⑥是结点④的后继。

各结点的必经结点集如下：

D(①)={ ① }

D(②)={ ①，② }

D(③)={ ①，②，③ }

D(④)={ ①，②，④ }

D(⑤)={ ①，②，④，⑤ }

D(⑥)={ ①，②，④，⑥ }

D(⑦)={ ①，②，④，⑦ }

D(⑧)={ ①，②，④，⑦，⑧ }

回边可以通过必经结点集求得，方法是：对 D(a)，若 b ∈ D(a) 且有 a → b，则 a → b 为回边。图中②∈ D(⑦) 且有⑦→②，所以⑦→②是回边。本例中没有其他回边。

9.2.2　基本块的优化技术

在基本块中可以使用的优化技术有合并已知量、删除公共子表达式、删除无用赋值和复写传播。

1. 合并已知量

若一个四元式的运算对象的值是已知的，则在编译的优化过程中就直接完成其运算，并将结果赋给该四元式的结果变量，这样在目标程序中出现的就是直接将一个常数赋给结果变量的指令而不是进行运算的指令（即目标程序中不再进行这一运算），这种优化称为**合并已知量**，即将已知量的运算直接合并成运算的结果，从而在目标代码中取消了运算的过程。

【例 9-4】 例 9-1 中的基本块中有指令：

```
t1:=2
t2:=10/t1
```

对于指令" t2:=10/t1"来说，它的两个运算对象的值是已知的，一个是常数 10，一个是临时变量 t1，而 t1 在上一条指令中被赋予了常数 2，所以在编译时就可以直接算出

```
t2=10/t1=5
```

在优化时直接将指令"t2:=10/t1"改为

```
t2:=5
```

这样在目标程序中对 t2 的操作就是直接赋值"5"，而不进行"/"运算了。

2. 删除公共子表达式

若某个表达式在两个或两个以上的四元式的右部出现，且表达式中各运算对象的值是一样的，则这个表达式称为公共子表达式，显然对这样的表达式不必进行多次计算，只要计算一次，而将结果赋给各四元式的结果变量就可以了，这种优化就叫作**删除公共子表达式**，即公共子表达式只保留第一次的计算代码，而后面那些相同的子表达式的计算代码就被删除了。这种优化技术也称为**删除多余运算**。

【例 9-5】 例 9-1 中的基本块中有指令：

```
......
t4:=S+R
A:=t2*t4
B:=A
t5:=S+R
......
```

临时变量 t4、t5 的赋值指令中计算表达式是一样的，并且在两条指令之间没有对

表达式中的运算对象 S、R 的值进行过修改，因此两个表达式的计算结果必然相同，这两个表达式就是公共子表达式。进行"删除公共子表达式"优化的结果是将指令"t5:=S+R"改为

```
t5:=t4
```

3. 删除无用赋值

若变量被赋值了而又不被引用，那么这样的赋值就毫无价值，所以可以删去。

【例 9-6】例 9-1 中的基本块经过合并已知量、删除公共子表达式的优化后，指令序列变为

```
t1:=2
t2:=5
t3:=S-R
t4:=S+R
A:=t2*t4
B:=A
t5:=t4
t6:=t3*t5
B:=t6
```

其中，临时变量 t1 在赋值后没有被引用（假设仅在一个基本块内考虑临时变量的有效性），因此对 t1 的赋值就没有意义了，该赋值指令可以删去。

另外，对变量 B 有两次赋值，且第一次的赋值并未被引用，所以第一次赋值也是无用的，也可以删去。

这个基本块在经过"删除无用赋值"的优化后，指令序列成为

```
t2:=5
t3:=S-R
t4:=S+R
A:=t2*t4
t5:=t4
t6:=t3*t5
B:=t6
```

4. 复写传播

形如 a:=b 的指令称为**复写指令**，这一操作也简称为**复写**。复写传播这种变换的做法是：在复写指令 a:=b 的后续指令中尽可能用 b 代替对 a 的引用。

【例 9-7】例 9-6 优化后的基本块中有：

```
t4:=S+R
……
t5:=t4
t6:=t3*t5
```

按复写传播的做法应该改为

```
t4:=S+R
```

```
......
t5:=t4
t6:=t3*t4
```

复写传播使得变量的赋值成为无用的机会增加了。因为在 a:=b 后尽量使用 b，就有可能使得 a 不被后续指令所引用，这样 a:=b 也就成为无用赋值了，可以将该指令删去，从而精简指令和变量。

本例中的临时变量 t5 既然不被引用，也就不必赋值了，所以指令"t5:=t4"也可以删去。经过这一优化，基本块的指令序列便成为

```
t2:=5
t3:=S-R
t4:=S+R
A:=t2*t4
t6:=t3*t4
B:=t6
```

9.2.3 基本块优化技术的实现

1. 基本块的 DAG 表示

如何实现基本块的各种优化技术呢？采用的方法是，将一个基本块表示成一个 DAG，然后再根据 DAG 重写四元式序列。

那么，什么是 DAG 呢？

一个 DAG 是一个有向图，其中的每个结点有一编号 n_i，图中若结点 n_i 到结点 n_j 有一条有向边（$n_i \rightarrow n_j$），则称结点 n_i 是 n_j 的前驱（父结点），n_j 是 n_i 的后继（子结点）。若有有向边序列 $n_i \rightarrow \cdots \rightarrow n_k$，则称 n_i 到 n_k 有一条通路。若通路的起点和终点为同一结点（$n_i = n_k$），则称该通路为环路。若在这样的有向图中，任何一条通路都不是环路，则称之为**有向无环路图**，英文全称是 Directed Acyclic Graph，简称为 DAG。

在编译中用到的 DAG 是一种结点带有标记或附加信息的 DAG：

1）图的叶结点（无后继的结点）：以标识符（变量名）或常数作为标记，表示该结点代表的那个变量或常数的值或**地址**。若代表的是变量 A 的地址，则以 addr(A) 为该结点的标记。

2）图的内结点（有后继的结点）：以一运算符作为标记，表示用该运算符对后继结点代表的值进行运算的**结果**。

3）图中各结点可以附加一个或多个标识符，表示这些变量均具有该结点所代表的值，所以每个结点有一个**附加标识符集合**。

这种 DAG 可以用来描述计算过程，所以也称为**描述计算过程的 DAG**。

程序设计语言的每一条中间代码指令（四元式）都可以表示成 DAG 的形式。按运算结点的后继结点个数的多少对四元式进行分类：0 型（无后继）、1 型（1 个后继）、2 型（2 个后继）和 3 型（3 个后继）。各类四元式及其对应的 DAG 如表 9-1 所示，表中总是将父结点（一定是以运算符为标记的结点）画在上方，而将子结点（代表的是运算对象）画

在下方，所以省略了父、子结点间箭弧上的箭头。为叙述方便，对每种形式的四元式进行了编号。

表 9-1　四元式及其对应的 DAG

编号	类型	四元式形式	DAG
1	0 型	A := B	n_1 A B
2	1 型	A := op B	n_2 A op n_1 B
3	2 型	A := B op C	n_3 A op n_1 B　n_2 C
4	2 型	A := B[C]	n_3 A =[] n_1 B　n_2 C
5	2 型	if B rop C goto(s)	n_3 (s) rop n_1 B　n_2 C
6	3 型	D[C]:=B	n_4 []= n_1 D　n_2 C　n_3 B
7	0 型	goto (s)	n_1 (s)

　　表 9-1 是单个的四元式所对应的 DAG，那么，如何将一个基本块（四元式序列）表示成一个大的 DAG 呢？

　　为简单起见，假设基本块内仅含编号为 1、2、3 的三种类型的四元式，并假设 DAG 的各结点信息（包括结点和结点间的联系）用某种适当的数据结构（如链表）来保存，同时设置一张称作**元表**的标识符（包括常数）与结点的对应表（如表 9-2 所示），NODE 为一函数，用于描述这种对应关系，其参数为结点的标记或附加标识符，函数值为一结点的编号或无定义，即

$$NODE(A) = \begin{cases} n_i & \text{A 为结点 } n_i \text{ 的标记或附加标记} \\ \text{无定义} & \text{没有以 A 为标记或附加标记的结点} \end{cases}$$

表 9-2　元表

标识符或常数	NODE（结点编号）	标识符或常数	NODE（结点编号）
x1	5	b	8
x2	3	c	1

以下是基本块的 DAG 构造算法。

算法 9-1　基本块的 DAG 构造算法（基本块中四元式的形式为 A := B 或 A := op B 或 A := B op C）

```
{
    DAG 置空 ;
    元表置空 ;
    从入口指令开始对基本块的每一个四元式依次做
    {
        在元表中查 NODE(B) ;
        if  (NODE(B) 无定义 )
            构造一标记为 B 的叶结点并定义 NODE(B) 为这个结点 ;
        switch  ( 四元式类型编号 )
        { case 1 :  { n= NODE(B);  break ; }
          case 2 :  { if (NODE(B) 为标记为常量的叶结点 )    // 做常数的 op 运算
                        { 执行 op B;                       // 合并已知量
                          令得到的新常数为 P;
                          if  (NODE(B) 是处理当前四元式时新构造的结点 )
                              删除 NODE(B);
                          if  (NODE(P) 无定义 )
                              {
                                  构造一用 P 作为标记的叶结点 ;
                                  定义 NODE(P) 为该结点 ;
                              }
                          n=NODE(P);
                          break;
                        }
                      if  (DAG 中有一个唯一后继为 NODE(B) 且标记为 op 的结点 )
                      { n=该结点 ; break; };              // 公共子表达式
                      else  {                            // 生成运算结点
                          在 DAG 中构造唯一后继为 NODE(B) 且标记为 op 的结点 ;
                          n= 该结点 ;
                          break;
                      }
                    }
          case 3 :  {
                      if  (NODE(C) 无定义 )
                          构造标记为 C 的叶结点并定义 NODE(C) 为这个结点 ;
                      if  (NODE(B) 和 NODE(C) 都是标记为常数的叶结点 )
                          {                               // 合并已知量
                              执行 B op C;
                              令得到的新常数为 P;
                              if  (NODE(B) 或 NODE(C) 是新构造的结点 )
                                  删除 NODE(B) 或 NODE(C);
                              if  (NODE(P) 无定义 )
```

```
                              {
                                  构造一用 P 作为标记的叶结点 ;
                                  定义 NODE(P) 为该结点 ;
                              }
                              n=NODE(P);
                              break;
                      }
          if  ( DAG 中有一左后继为 NODE(B)、右后继为 NODE(C)
               且标记为 op 的结点 )
               { n= 该结点 ; break; };           // 公共子表达式
               else {                            // 生成运算结点
                       在 DAG 中构造左后继为 NODE(B)、右后继为 NODE(C) 且标记
                           为 op 的结点 ;
                       n= 该结点 ;
                       break;
                   }
              }
          }
      } // switch 的结束
      if  (NODE(A) 无定义)                        // 定义运算结果结点
          { 把 A 附加到结点 n 上 ; NODE(A)=n;}
      else {
          if   (NODE(A) 不是叶结点 )
              把 A 从 NODE(A) 结点的附加标识符集中删除 ;
              把 A 附加到新结点 n 上 ;
              NODE(A)=n;
          }
      }
  }
```

【例 9-8】例 9-1 中的基本块的 DAG 构造过程如图 9-3a~i 所示。

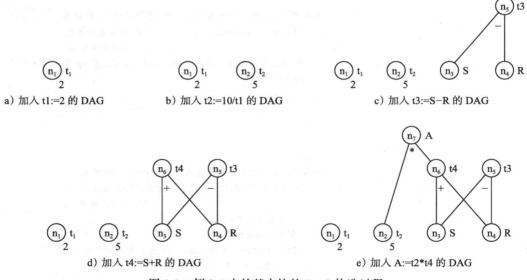

图 9-3　例 9-1 中的基本块的 DAG 构造过程

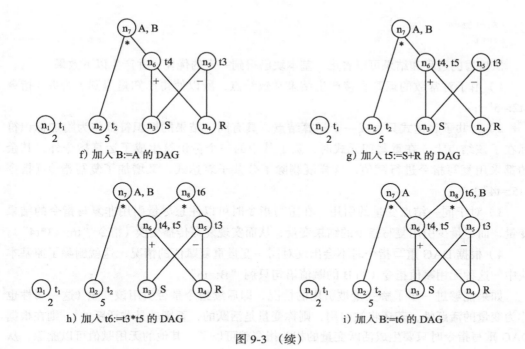

f) 加入 B:=A 的 DAG   g) 加入 t5:=S+R 的 DAG

h) 加入 t6:=t3*t5 的 DAG   i) 加入 B:=t6 的 DAG

图 9-3 （续）

从算法及本例中可以看出：

1）当运算对象是常数时并不产生运算的内结点，而是直接执行该运算，对运算结果生成一个叶结点，这就完成了合并已知量的工作，如本例中对指令"t2:=10/t1"的处理。

2）若查出 DAG 中已有计算该表达式的内结点，则不再产生新的运算结点，直接把结果变量附加到该内结点上，这样就完成了删除公共子表达式的工作，如本例中对指令"t5:=S+R"的处理。

3）在对结果变量进行处理时，先检查结果变量是否已附加在某一结点上，若有，则加以删除，然后再将其附加到新的结果结点上。这一过程实际上是删除了对结果变量的重复赋值（前面的赋值是没有意义的无用赋值），如本例中对指令"B:=t6"的处理。

2. 优化技术的实现

基本块表示成 DAG 后，只要根据 DAG 重写四元式序列就可以得到优化了的基本块的指令序列。

【例 9-9】将图 9-3i 中的 DAG 按结点构造顺序重写指令（包含各结点所有标识符的赋值指令），则例 9-1 中基本块的指令序列被改造成：

```
t1:=2
t2:=5
t3:=S-R
t4:=S+R
t5:=t4
A:=5*t4                   （运算结点是常数时，直接使用该常数）
```

```
t6:=t3*t4
B:=t6
```

从重写的过程和结果可以看出，基本块已得到一定的优化，并产生以下效果：

1）由于对常数的运算直接产生结果常数结点，所以使得已知量得到了合并（指令"t2:=5"）；

2）公共子表达式只生成一个运算结点，具有同一结果的标识符都作为附加标识符标在了该结点上。在重写四元式时，除了其中的一个标识符生成了运算指令外，其余的都采用复写指令进行赋值，这样既删除了公共子表达式，又增加了复写指令（指令"t5:=t4"）。

3）对于同一结点变量的引用，在重写指令时可以注意尽量引用非复写指令的结果变量，而尽量少引用复写指令的结果变量，从而实现复写传播变换（指令"t6:=t3*t4"）。

4）根据 DAG 重写指令时不会出现对同一变量重复赋值的情况，这就删除了原基本块中的这种无用赋值指令（如 B 的赋值语句只剩"B:=t6"）。

如果能够进一步了解变量被引用的情况，即后续指令是否引用该变量（这一属性也称为变量的**活跃性**，若还将被引用，则称变量是活跃的，否则就是非活跃的），则在根据 DAG 重写指令时只要生成活跃变量的相关指令就可以了，其他的无用赋值可以删除，从而使得基本块得到更进一步的优化。

本例中，假设非临时变量 A、B 在出基本块后是活跃的，块中的 ti 均为临时变量，且仅在基本块内有效，出了基本块后 ti 均是不活跃的，则可得到以下重写的指令序列：

```
t3:=S-R
t4:=S+R
A:=5*t4
B:=t3*t4
```

显然，这是一个很好的优化结果。

在 DAG 上还可以得到以下信息：

1）在基本块外被定值并在基本块内被引用的标识符一定是 DAG 中叶结点上的标记。

2）在基本块内被定值并能够在后续指令中被引用的标识符是 DAG 各结点上的所有那些附加标识符。

重写四元式时还有一个按何种顺序重写的问题，可以按原来构造结点的顺序进行，也可采用其他的顺序（这样还将有可能生成更为有效的目标代码），关于这一问题将在后面章节中做简要的讨论，但不管按哪种顺序，有一个原则是必须遵守的——先生成子结点的指令，后生成父结点的指令。

9.3 循环优化

9.3.1 程序中的循环

程序中循环的形成一般有两种情况：

1）由循环语句引发的循环，这种循环的结构相对固定；

2）由条件转移语句或无条件转移语句引发的循环，这种循环的结构可能比较复杂。

当源程序翻译成中间代码后，在中间代码程序中，循环实际上都是以第二种形式出现的，即由转移指令构成循环。

那么，如何才能在中间代码程序中找到循环呢？这就要用到前面介绍的程序控制流程图、必经结点、回边等概念。

一个循环应该有以下两个特点：

1）必须有一个唯一的入口结点，称为循环的**首结点**，它是循环中所有结点的必经结点；

2）至少有一条路径回到首结点，即循环中一定有一条到首结点的回边。

可见，通过回边可以求得循环，每一条回边构成一个循环——若有一回边 $a \rightarrow b$，则该回边构成的循环包含以下结点：a、b 及不经过 b 而能到达 a 的所有结点，而 b 就是这个循环的首结点。

【例 9-10】在例 9-3 中，唯一的回边⑦→②构成的循环所包含的结点可以这样找到：

- 首先，结点②为循环的首结点；
- 其次，能到达结点⑦而不经过结点②的结点有③④⑤⑥；
- 因此，该回边构成的循环所含的结点的集合为 {②，③，④，⑤，⑥，⑦}

本节给出关于循环的一些算法。

1. 必经结点查找算法

查找必经结点集的基本思想——结点 n 的所有前驱的必经结点集的交集为 n 的必经结点集。

设程序控制流程图的全部结点集为 N，首结点为 n_0，则各结点的必经结点集的查找算法如下。

算法 9-2　必经结点集的查找算法

```
{
    D(n₀)={n₀};                        // 这里的 { } 表示集合
    对每一个 n (n ∈ N-{n₀}) 置 D(n)=N ;    // 置初值
    change = 1;
    while (change ==1)
        {
            change = 0;
            对每一个 n (n ∈ N-{n₀}) 做
                {
                    newd = {n} ∪(∩ D(n)) ;
                              P∈P(n)
                    if  ( D(n)!= newd )
                        {
                            change = 1;
                            D(n)=newd ;
                        }
                }
        }
}
```

说明:

- P(n) 代表结点 n 的前驱结点集;

- $\bigcap\limits_{P \in P(n)} D(n)$ 表示结点 n 的所有前驱的必经结点集的交集。

该算法中,首先将 $D(n_i)$ 置初值为全集 N(除 $D(n_0)$ 外),然后进行迭代,由于程序控制流程图中可能存在循环,后面结点的必经结点集的计算可能影响前面已计算结点的 $D(n_i)$,所以在一轮迭代中若发现某个 $D(n_i)$ 发生变化,就要进行下一轮的迭代,直到所有 $D(n_i)$ 都不再有变化为止。

【**例 9-11**】对图 9-2 中的程序控制流图(为方便起见重新表示为图 9-4)求必经结点的迭代过程如下。

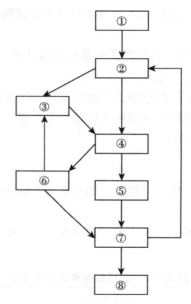

图 9-4   程序控制流程图

首先置初值:

D(①)={ ① }

D(②)= D(③)= D(④)= D(⑤)= D(⑥)= D(⑦)= D(⑧)
　　= { ①, ②, ③, ④, ⑤, ⑥, ⑦, ⑧ }

第一次迭代:

D(②)={ ② } ∪ D(①)= { ①, ② }

D(③)={ ③ } ∪ D(②)={ ①, ②, ③ }

D(④)={ ④ } ∪ (D(②) ∩ D(③))={ ①, ②, ④ }

D(⑤)={ ⑤ } ∪ D(④)={ ①, ②, ④, ⑤ }

D(⑥)={ ⑥ } ∪ D(④)={ ①, ②, ④, ⑥ }

D(⑦)= { ⑦ } ∪ (D(⑤) ∩ D(⑥))={ ①, ②, ④, ⑦ }

D(⑧)= { ⑧ } ∪ D(⑦)= { ①, ②, ④, ⑦, ⑧ }

第二次迭代：没有必经结点集发生变化，迭代过程结束。

本例可能会给读者造成一种错觉——这一迭代算法的效率很高，而事实上，在这一算法中并没有指明结点的计算顺序，若结点的计算顺序选择不当，则可能使迭代次数增加。

本例中，结点的计算顺序为 D(②)～D(⑧)，若将计算顺序改为 D(⑧)～D(②)，则迭代过程（初值不变）如下。

第一次迭代结果：

D(⑧)= D(⑦)= D(⑥)= D(⑤)= D(④)= D(③)= { ①, ②, ③, ④, ⑤, ⑥, ⑦, ⑧ }

D(②)={ ①, ② }

第二次迭代结果：

D(⑧)= D(⑦)= D(⑥)= D(⑤)= { ①, ②, ③, ④, ⑤, ⑥, ⑦, ⑧ }

D(④)= { ①, ②, ④ }

D(③)= { ①, ②, ③ }

D(②)={ ①, ② }

第三次迭代结果：

D(⑧)= D(⑦)= { ①, ②, ③, ④, ⑤, ⑥, ⑦, ⑧ }

D(⑥)= { ①, ②, ④, ⑥ }

D(⑤)= { ①, ②, ④, ⑤ }

D(④)= { ①, ②, ④ }

D(③)= { ①, ②, ③ }

D(②)={ ①, ② }

第四次迭代结果：

D(⑧)= { ①, ②, ③, ④, ⑤, ⑥, ⑦, ⑧ }

D(⑦)= { ①, ②, ④, ⑦ }

D(⑥)= { ①, ②, ④, ⑥ }

D(⑤)= { ①, ②, ④, ⑤ }

D(④)= { ①, ②, ④ }

D(③)= { ①, ②, ③ }

D(②)={ ①, ② }

第五次迭代结果：

D(⑧)= { ①, ②, ④, ⑦, ⑧ }

D(⑦)= { ①, ②, ④, ⑦ }

D(⑥)= { ①, ②, ④, ⑥ }

D(⑤)= { ①, ②, ④, ⑤ }

D(④)= { ①, ②, ④ }

D(③)= { ①, ②, ③ }

D(②)= { ①, ② }

第六次迭代：没有必经结点集发生变化，迭代过程结束。

显然，对于不同的计算顺序，迭代次数是不同的，这直接影响算法的效率。

2. 循环查找算法

查找循环时，先通过边和必经结点找出程序控制流程图中的回边，然后对回边确定构成的循环。具体算法描述如下（其中使用了一个栈 stack）。

算法 9-3　查找回边 a→b 构成的循环 loop 的算法

```
{
stack = 空;
    loop = {b};              // 这里的 { } 表示集合
    insert(a);
    while (stack 非空 )
        {
        从 stack 弹出第一个元素 m;
        if   (m!=b)
            对 m 的每个前驱结点 n 调用 insert(n) ;
        }
    }
```

函数 insert(k) 定义如下：

```
insert(k)
    { if   (k 不在 loop 中 )
        {
            loop = loop ∪ {k};
            将 k 压入 stack;
        }
    }
```

说明：

1）此算法的思想是：对回边 a→b 查找其构成的循环 loop 时，首先可以确定 a、b 必定在循环中，所以先让 loop 集合等于 [a，b]，然后从 a 开始由下至上逐步将结点加入 loop 集合。

2）将结点加入 loop 的方法是：对已在 loop 中的元素，找出其前驱结点，若该前驱结点不在 loop 中，则将其加入，直到 loop 集合不再增大为止。

【例 9-12】例 9-11 中回边⑦→②的循环的查找过程如表 9-3 所示。

表 9-3　循环查找过程

操　作	stack	loop
初值	空	[②]
insert(⑦)	⑦	[②, ⑦]
弹出⑦, insert(⑤)、insert(⑥)	⑤, ⑥	[②, ⑦, ⑤, ⑥]

（续）

操　作	stack	loop
弹出⑥, insert(④)	⑤, ④	[②, ⑦, ⑤, ⑥, ④]
弹出④, insert(③)	⑤, ③	[②, ⑦, ⑤, ⑥, ④, ③]
弹出③, 前驱为②, 无操作	⑤	
弹出⑤, 前驱为④, 已在 loop 中	空	

9.3.2　循环的优化技术及其实现

循环优化的具体方法有代码外提、强度削弱、变换循环控制条件等。

1. 代码外提

循环中有的代码的运算结果可能与循环次数是无关的，即无论循环执行多少次，其运算结果都是不变的，所以也称为**循环不变量**。对于这样的变量，可以在控制流程中增设一个循环的前置结点，并将其运算代码提到该结点中（即提到循环外），这样，这些代码就只执行一次，而在循环中则直接引用代码的运算结果，这样就减少了循环中的代码总数，从而提高了代码的执行效率。

所谓**前置结点**是指为了实现优化而在循环入口结点的前面建立的一个新结点，该结点以循环的入口结点为其唯一后继，而原来控制流程图中从循环外引入到循环入口结点的有向边均改为引入到该前置结点。增加前置结点前后程序控制流程图的变化如图 9-5 所示。

值得注意的是，并非所有循环中的不变运算代码均可外提，这种代码的外提必须满足以下条件：

1）不变运算所在结点必须是循环出口结点的必经结点，或者不变运算所定值的变量在循环出口之后是不活跃的；

2）循环内不变运算所定值的变量只有唯一的一个定值点；

3）外提不变运算指令 " (s) A:=…" 时，循环内所有 A 的引用点必须是而且仅是 (s) 所能到达的（即引用的是 (s) 中对 A 所定之值）。

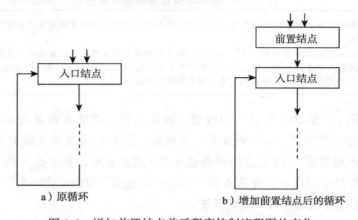

　　　　a）原循环　　　　　　　　　　b）增加前置结点后的循环

图 9-5　增加前置结点前后程序控制流程图的变化

【例 9-13】一个局部的程序控制流程图如图 9-6a 所示。

图中 B_2、B_3、B_4 构成循环，其中的变量 I 和 J 是不变的，但 I 的定值运算 I:=5 在结点 B_3 中，而 B_3 不是循环出口结点 B_4 的必经结点，因而 I:=5 不能被提到前置结点中。

对这个程序的代码外提优化是：建立一个前置结点 B_6，将运算代码 J:=M+N 提到 B_6 中，如图 9-6b 所示。

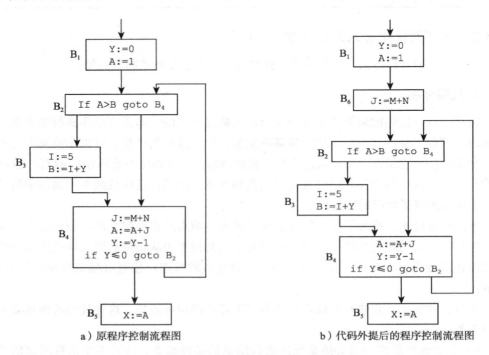

a）原程序控制流程图　　　　　　　　b）代码外提后的程序控制流程图

图 9-6　代码外提前后程序控制流程图的变化

以下是循环不变运算的查找算法，它多次扫描循环中的指令，不断标记循环不变运算，直到过程收敛。

算法 9-4　循环不变运算的查找算法

1）依次查找循环中各基本块的每条指令，如果它的每个运算对象均为常数或定值点在循环外，则将此条指令标记为"不变运算"。

2）依次查看尚未被标记为"不变运算"的指令，如果它的每个运算对象均为常数或者定值点在循环外，或者只有一个**到达一定值点**且该点上的指令已被标记为"不变运算"，则把该指令标记为"不变运算"。

3）重复步骤 2 直到没有新的指令被标记为"不变运算"为止。

这里，提到了"**到达一定值**"的概念，其含义是：变量 A 在某点 d 定值，在另一点 u 被引用，而在流程图中从 d 到 u 有一条通路，且在这条通路上没有对 A 的其他定值点，则称 d 点对变量 A 的定值能够到达 u 点（或说 d 是 u 中变量 A 的"到达一定值点"）。当然，有时引用点 u 中变量 A 的"到达一定值点"可能不止一个。

最后，给出循环优化的**代码外提算法**。

算法 9-5　循环优化的代码外提算法

1）用循环不变运算查找算法找出循环的所有不变运算。
2）对步骤 1 中所找出的每一条不变运算指令"(s) A:=…"，检查它是否满足以下三个条件：
　①指令所在结点是循环的所有出口结点的必经结点，或者 A 在离开循环后不再活跃；
　②A 在循环的其他地方未再定值；
　③循环中所有 A 的引用点只有 (s) 中的 A 的定值才能到达。
3）按步骤 1 所找出的不变运算的顺序，依次把符合步骤 2 中三个条件的不变运算指令 (s) 提到新建的前置结点中。（注意：若 (s) 中的运算对象是在本循环中定值的，则只有当这些给运算对象定值的指令都已提到前置结点中后，才能把 (s) 外提。）

2. 强度削弱

强度削弱是指把强度大的运算换成强度小的运算。

所谓运算强度就是指运算所需时间的长短。在计算机的运算中，乘运算是通过加运算实现的，乘运算所需时间长，加运算所需时间短，所以就说乘运算的强度大于加运算。所谓强度削弱就是指在可能的情况下，将强度大的运算变成强度小的运算，如乘运算变加运算、加变量变为加常数等。

【例 9-14】有图 9-7a 所示的程序控制流程图。

流程图中 B_2、B_3 构成循环，循环控制变量为 I。

循环结点 B_2 中的指令"B:=J+1"里的 J 是在循环外定值的，故该指令是循环不变运算，可以提到前置结点中。

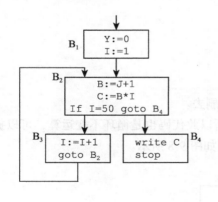

a）原程序控制流程图

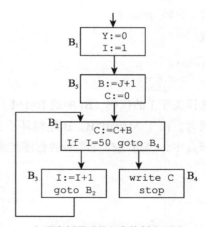

b）强度削弱后的程序控制流程图

图 9-7　强度削弱前后程序控制流程图的变化

在 B_2 中还有指令"C:=B*I"，每循环一次，I 的值加 1，C 的值就增加一个 B，即 C 是随 I 的增加而线性增加的，可以将此条指令改为"C:=C+B"。

这样就将"*"运算改成了"+"运算，运算强度得以削弱。

当然 C 还需要置一个初值，这个置初值的指令"C:=0"也应提到前置结点中，优化后的程序控制流程图如图 9-7b 所示。

3. 删除归纳变量

这种优化也称作变换循环控制条件。先介绍两个名词——基本归纳变量和归纳变量。

1）**基本归纳变量**：若循环中有变量 I，其代码只有唯一的形式 I:=I+C，且 C 为循环不变量，则称 I 为基本归纳变量。

2）**归纳变量**：若循环中有一基本归纳变量 I，同时另有一变量 J，其定值与 I 呈线性函数关系，即 J=a*I+b，其中 a、b 均为循环不变量，则称 J 为该循环中与 I **同族的归纳变量**。

基本归纳变量在循环中的作用比较简单，一般来说有两种：

1）控制循环次数（所以也称为循环控制变量）；

2）计算其他归纳变量。

【例 9-15】对图 9-7a 所示的程序控制流程图，观察 B_2、B_3 构成的循环。

对于变量 I，其代码只有 I:=I+1，用于控制循环，是一个基本归纳变量。

另有 C:=B*I，其中的 B 是循环不变量，所以 C 随 I 线性增长，因而 C 是一个与 I 同族的归纳变量。

经过例 9-14 的强度削弱变换已经看到，本例中基本归纳变量 I 的作用已纯粹是控制循环，而由于 C 随 I 线性增长，I 的变化范围是 $1 \leqslant I \leqslant 50$，这与 C 的变化范围 $B \leqslant C \leqslant 50*B$ 等价，所以可以用 C 来代替 I，即把

```
If  I=50 goto B₄
```

变换成

```
M:=50*B
If  C=M goto B₄
```

这样关于 I 的代码（B_3 中的 I:=I+1）就可以删去。

同时，由于 M:=50*B，B 是循环不变量，所以此代码也是循环不变运算，可以提到前置结点中，经过这样变换后的程序控制流程图如图 9-8 所示。

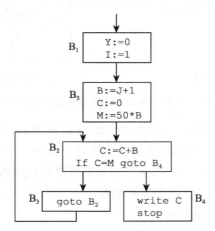

图 9-8　删除基本归纳变量后的程序控制流程图

可见，所谓删除归纳变量就是找出与循环的基本归纳变量呈线性关系的同族归纳变量，然后用某个同族归纳变量替代基本归纳变量以进行循环的控制，而将原来的基本归纳变量及其定值指令删除，从而减少计算基本归纳变量的时间。

从此例也可以看出，删除归纳变量和强度削弱两种变换是相结合的，一般来说删除归纳变量在强度削弱后进行。

删除归纳变量、强度削弱变换算法的描述如下。

算法 9-6　删除归纳变量、强度削弱变换算法

1）利用循环不变信息找出循环中的基本归纳变量 I。
2）找出所有与 I 同族的归纳变量 J 及其与 I 的线性关系 J=a*I+b。
3）强度削弱，将循环中同族归纳变量的算式变换成"自增"型的赋值算式（形如 J:=J+c），并且
　　①在循环的前置结点中加入归纳变量初值的定值代码；
　　②将"自增"型的赋值算式置于循环中原基本归纳变量的自增赋值代码之后。
4）删除归纳变量。如果基本归纳变量 I 在循环出口之后不是活跃的，并且在循环中，除在其自身的自增赋值（I:=I+m）中被引用外，只在形如"if　I rop Y　goto(s)"的指令中被引用，则可选取一个与 I 同族的归纳变量来替换 I 进行条件控制。
5）删除循环中 I 的自增赋值代码。

9.4　练习

1. 什么是程序基本块？

2. 试把以下程序划分为基本块并画出其程序控制流程图。

```
L₀:  read  I, J
     if  I>10 goto L₁
     A:= J+1
     B:=I/J
     C:=A*10
     D:=C+B
     if  D>75 goto L₂
     write D
     stop
L₁:   A:=1*10
     B:=A+J
     write B
     stop
L₂:   B:=D-15
     write B
     goto L0
     I:=I+1
     A:=I*1
     stop
```

3. 试把以下程序划分为基本块并画出其程序控制流程图。

```
read  A, B
F:=1
C:=A*A
```

```
      D:=B*B
      if  C<D goto L₁
      E:=A*A
      F:=F+1
      E:=E+F
      write E
      halt
L₁:  E:=B*B
      F:=F+2
      E:=E+F
      write E
      if  E>100 goto L₂
      halt
L₂:  F:=F-1
      goto L₁
```

4. 给出以下基本块的 DAG 图：

```
a:=x+y
b:=a-y
c:=c+x
d:=x+y
```

5. 对于以下基本块：

```
A:=3*5
B:=E+F
C:= A+12
A:= D+12
C:= C+1
E:= E+F
```

假设在基本块出口后只有 A、C、E 是活跃的，试给出 DAG 图及完成优化后的指令序列。

6. 对以下基本块利用 DAG 进行优化，并就以下情况分别写出优化后的四元式序列：

```
C:=5
A:=C+E
B:= F + C
L:=B
D:=15*C
M:=C+E
B:=D+F
K:=B+M
```

（1）假设只有 A、B、L、K 在基本块出口后是活跃的。

（2）假设只有 B、K 在基本块出口后是活跃的。

7. 对以下基本块：

```
T₀:=3
T₁:=3/T₀
T₂:= F + C
T₃:=F-C
T₄:=T₁/T₂
```

```
R:=T₃*C
H:=R
T₅:=F-C
T₆:= T₅* R
H:=T₄*T₆
```

（1）应用 DAG 进行优化，并写出优化后的四元式序列。

（2）假设只有 R、H 在基本块出口后是活跃的，写出优化后的四元式序列。

8. 求如图 9-9 所示程序控制流程图中的循环。

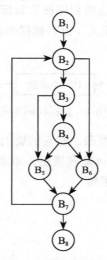

图 9-9　程序控制流程图

9. 以下程序是某程序的最内循环，试对其进行循环优化。

```
      A:= 0
      I:= 1
L1:   B:= J+1
      C:= B+I
      A:= C+A
      if  I<100 goto L₂
      I:= I+1
      Goto L₁
L2:
```

10. 写出以下基本块的四元式序列，并进行优化。

```
B :=2 ;
A := B+D+3+C*D+E*F ;
B := E*F+C*D+(4+12) ;
If  B*2>A  goto L ;
```

第 10 章　目标代码生成

目标代码生成是编译的最后一个阶段，这一阶段的任务就是将中间代码程序转换成等价的目标代码程序，完成这一功能的程序称为**目标代码生成器**。该生成器以中间代码程序（可以是完成优化的程序）为输入，以目标代码程序为输出，如图 10-1 所示，当然其中包括对符号表的操作。

中间代码程序 ⟶ 代码生成器 ⟶ 目标代码程序

图 10-1　目标代码生成器

完整的代码生成器的实现比较复杂，对它的要求也比较高，除了要保证生成的代码必须正确以外，还应该保证代码尽可能高质量。本章仅介绍一种简单的代码生成算法，以使读者对代码生成有一个初步的了解。

10.1　目标代码生成概述

要生成目标代码，首先要弄清目标代码的形式。读者可能以为目标代码一定是可立即执行的机器语言代码，事实上，这只是目标代码的形式之一。一般来说，目标代码的形式可以有以下三种：

1）能够立即执行的机器语言程序；

2）能够装配的机器语言模块，需要时与某些运行程序连接才能产生可执行的机器语言程序；

3）汇编语言程序，需要经过汇编才能产生可执行的机器语言程序。

目前的编译程序大多以汇编语言程序作为目标代码，本章将介绍的代码生成算法就是以一个模型机的汇编语言作为输出的。

在进行代码生成器的设计时，重点应考虑如何才能产生高质量的目标代码程序。虽然前一阶段的代码优化已经为此打下了较好的基础，但在代码生成阶段还可以从以下两个方面来做进一步的工作：

1）使程序运行时尽量占用较少的空间；

2）尽可能减少目标代码的条数，同时充分利用寄存器，尽量少访问内存，从而提高代码的执行效率。

在本章的目标代码生成算法中将给出寄存器的分配算法。

10.2 模型计算机的指令系统

假设所使用的模型计算机共有 n 个通用寄存器，表示为 R_0，…，R_{n-1}，它们既可以作为累加器，又可以作为地址寄存器或变址器。在对两个操作数进行运算时，规定至少有一个操作数在寄存器中。

10.2.1 寻址方式

模型计算机汇编语言指令的寻址方式共有四种，如表 10-1 所示。

表 10-1　模型计算机汇编语言指令的寻址方式

寻址方式	指令形式	意义（设 op 为二目运算符）
直接寻址	op　R_i，M	（R_i）op（M）$\Rightarrow R_i$
寄存器寻址	op　R_i，R_j	（R_i）op（R_j）$\Rightarrow R_i$
变址寻型	op　R_i，$c(R_j)$	（R_i）op（（R_j）+ c）$\Rightarrow R_i$
间接寻型	op　R_i，*M	（R_i）op（（M））$\Rightarrow R_i$
	op　R_i，*R_j	（R_i）op（（R_j））$\Rightarrow R_i$
	op　R_i，*$c(R_j)$	（R_i）op（（（R_j）+ c））$\Rightarrow R_i$

10.2.2 指令系统

1. 运算类指令

运算类指令的形式为：

```
op  arg1 , arg2
```

其中：

1）arg1 为第一操作数，也称为目的操作数，该操作数应在某寄存器中，操作的结果也将存于该寄存器中；

2）arg2 为第二操作数，也称为源操作数，该操作数可以在某寄存器中，也可以在内存中；

3）op 为运算指令，具体的指令符号及表示的运算如表 10-2 所示。

表 10-2　模型计算机的运算类指令

指令符号	ADD	SUB	MUL	DIV	EXP	AND	OR
运算	+	−	*	/	↑	∧	∨

2. 传送类指令

传送类指令完成内存和寄存器间的数据传递，包括 LD 和 ST 两条指令，其指令形式及意义见表 10-3。

表 10-3   模型计算机的传送类指令

指　令	意　义
LD R$_i$, M	将 M 单元的内容取到寄存器 R$_i$，即 (M) $\Rightarrow$ R$_i$
ST R$_i$, M	将寄存器 R$_i$ 的内容存入 M 单元，即 (R$_i$) $\Rightarrow$ M

3. 程控类指令

程控类指令是指比较指令和转移指令，其指令形式及意义见表 10-4。

表 10-4   程控类指令

指　令	意　义
CMP A , B	比较 A、B 单元值，根据情况设置模型计算机的特征寄存器 CT。若 A<B，则 CT=0；若 A=B，则 CT=1；若 A>B，则 CT=2
J X	无条件转向 X 单元
J<X	若 CT=0，转向 X 单元
J $\leq$ X	若 CT=0 或 1，转向 X 单元
J=X	若 CT=1，转向 X 单元
J $\neq$ X	若 CT $\neq$ 1，转向 X 单元
J $\geq$ X	若 CT=1 或 2，转向 X 单元
J>X	若 CT=2，转向 X 单元

10.3   一种简单的代码生成算法

所谓简单的代码生成算法指的是基本块的目标代码生成算法，其实现程序称为**简单代码生成器**。

对于简单代码生成器而言，一个基本块的中间代码序列是它的输入，而上一节介绍的汇编语言指令则为它的输出（如图 10-2 所示）。

图 10-2   简单代码生成器

10.3.1   寄存器的使用原则

前面已经提到，要想生成较优的目标代码，就必须充分合理地利用寄存器，那么如何才能做到这一点呢？有以下三条应遵守的寄存器分配原则：

（1）尽可能让变量的值保留在寄存器中

每一个变量在内存中都拥有自己的存储单元，而在汇编语言指令的操作过程中，刚计算出来的某一个变量的最新值必定是在某一寄存器中的，若要将最新值存入该变量在内存中的存储单元，就必须使用一条存入内存单元的指令（如 ST 指令）。而一个变量的值被计算出来后，在后续指令中是有可能被引用的，为了达到充分利用寄存器的目的，在计算出变量值后，就让这个最新值留在寄存器中，而暂时不给出送内存的指令（此时，该变量的最新值在寄存器中，与其内存单元中的值是不一样的）。这样，当后续指令要引用该变量时就直接从寄存器中读取而不是到内存中读取，由于寄存器的读取速度比内存快，因此就加快了代码的执行速度。

那么一个变量能占用寄存器到何时呢？一般来说，若所占用的寄存器必须用来存放别的变量值，或者对基本块的处理（生成目标代码）已到达了基本块的出口，这时才将变量的值送入内存，从而释放寄存器。

（2）后续的目标代码尽可能引用变量在寄存器中的值

访问寄存器的速度要比访问内存快得多，而变量的值的存放位置有以下三种可能：

1）仅在内存中；

2）仅在某寄存器中——变量被计算出新的值且将该值存在某一寄存器中，在这个最新值没有被送入变量的内存单元之前，该变量内存单元中的值就是旧值，与最新值是不一致的，而对后续指令来说，寄存器中的值才是有效的，所以此时应该认为变量的值仅在寄存器中；

3）寄存器和内存单元中都有——当变量在内存单元中的值被读入某寄存器，或当在某一寄存器中算出了变量的最新值且已将最新值送入了内存单元，这时在这两个存储地点存放着变量的同一个值。

当后续代码引用变量时，对于第一种情况当然只能到内存中去读取变量的值，对于第二种情况也只能引用寄存器中的值，而对于第三种情况则应该引用寄存器中的值，而不是到内存中去读取，这样显然能够提高代码的执行效率。

（3）对于一个在基本块之后不再被引用的变量，其占用的寄存器应及早释放

一个机器的寄存器的个数总是有限的，若一个不会再被引用的变量仍占用着寄存器，岂不是很浪费？所以应该尽早将其所占用的寄存器释放出来，以供其他变量使用。

10.3.2　待用信息和活跃信息

如何才能实现寄存器的三条分配原则呢？可以看出这是需要及时了解变量的一些信息的，如变量最新值的存放位置、变量是否还会被引用等。为此，引入两个术语——活跃信息和待用信息。

1. 活跃信息

简单地说，一个变量如果还将被引用，则称该变量是**活跃的**。一个变量是否活跃与其所在的指令的位置有关，即变量 A 在指令 (p) 是活跃的（说明 (p) 后还有指令要引用 A），而在指令 (q) 则有可能是不活跃的（(q) 后没有指令要引用 A 了）。

在一个基本块范围内讨论变量的活跃性时，做这样的假设——所有的非临时变量都是基本块出口后的活跃变量，所有的临时变量都是基本块出口后的非活跃变量。

在处理完一个基本块，即生成该基本块的所有目标代码之后，将所有活跃变量在寄存器中的最新值送回到变量的内存单元，从而将所有寄存器释放出来，以便在处理下一个基本块时使用。

为了记录指令中各变量的活跃性，为每条指令的每个变量设置活跃信息栏，同时在符号表中设置变量的活跃信息属性。

【例 10-1】有基本块

1）$t_1 := A + B$

2）$t_2 := t_1 * C$

3）$t_3 := B + t_1$

4）$t_4 := t_3 / D$

5）$W := t_2 - t_4$

非临时变量包括 A、B、C、D、W，临时变量包括 t_1、t_2、t_3、t_4。若用数组存放指令（四元式）序列，则增加了活跃信息栏后的四元式序列数组如表 10-5 所示。其中，变量活跃用"Y"表示，不活跃用"∧"表示。

表 10-5　带活跃信息的四元式序列

序号	op	arg1	arg2	result	arg1 的活跃信息	arg2 的活跃信息	result 的活跃信息
1	+	A	B	t_1	Y	Y	Y
2	*	t_1	C	t_2	Y	Y	Y
3	+	B	t_1	t_3	Y	∧	Y
4	/	t_3	D	t_4	∧	Y	Y
5	−	t_2	t_4	W	∧	∧	Y

2. 待用信息

在基本块中，若指令 (p) 对 A 进行定值，而指令 (q) 对 A 进行引用，且从指令 (p) 到指令 (q) 之间没有对 A 的其他定值，则称 (q) 是指令 (p) 的变量 A 的待用信息，或说 (p) 中 A 的待用信息为 (q)（即 (q) 是 (p) 后 A 的第一个引用点）。

如果一个变量 A 的值有多个引用点，则把所有引用点链接起来，建立一条 A 的**待用信息链**——第一个引用点中 A 的待用信息为第二个引用点，第二个引用点中 A 的待用信息为第三个引用点，以此类推。

若指令 (k) 中有 A，而 (k) 后 A 不再被引用，则称 (k) 中 A 的待用信息为**非待用**。

待用信息的记录也跟活跃信息一样，在指令表中增加待用信息栏，同时在符号表中也增加待用信息属性。

【例 10-2】例 10-1 中的基本块增加了活跃信息后如表 10-6 所示（其中非待用也用符号"∧"表示）。

表 10-6　带活跃信息和待用信息的四元式序列

序号	op	arg1	arg2	result	arg1 待用信息	arg1 活跃信息	arg2 待用信息	arg2 活跃信息	result 待用信息	result 活跃信息
1	+	A	B	t_1	∧	Y	3	Y	2	Y
2	*	t_1	C	t_2	3	Y	∧	Y	5	Y
3	+	B	t_1	t_3	∧	Y	∧	∧	4	Y
4	/	t_3	D	t_4	∧	∧	∧	Y	5	Y
5	−	t_2	t_4	W	∧	∧	∧	∧	∧	Y

为简便起见，常用上角标的形式来表示待用信息和活跃信息，即在指令的每个变量的右上角标出该变量的这两个信息，其中第一个为待用信息，第二个为活跃信息。例如表 10-6 可表示为：

1) $t_1^{(2)Y}$:= $A^{\wedge Y}$ + $B^{(3)Y}$
2) $t_2^{(5)Y}$:= $t_1^{(3)Y}$ * $C^{\wedge Y}$
3) $t_3^{(4)Y}$:= $B^{\wedge Y}$ + $t_1^{\wedge\wedge}$
4) $t_4^{(5)Y}$:= $t_3^{\wedge\wedge}$ / $D^{\wedge Y}$
5) $W^{\wedge Y}$:= $t_2^{\wedge\wedge}$ - $t_4^{\wedge\wedge}$

从表 10-6 可以看到，临时变量 t_1 的定值点是四元式 1，之后在四元式 2、3 中进行了引用，所以 1 中 t_1 的待用信息是 2，2 中 t_1 的待用信息是 3，而 3 中 t_1 的待用信息则是非待用（"$\wedge$"），因为 3 后的指令不再引用 t_1，由此形成了一条 t_1 的待用信息链，如图 10-3 所示。

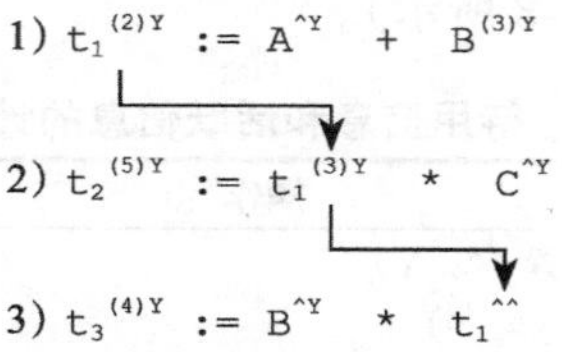

1) $t_1^{(2)Y}$:= $A^{\wedge Y}$ + $B^{(3)Y}$

2) $t_2^{(5)Y}$:= $t_1^{(3)Y}$ * $C^{\wedge Y}$

3) $t_3^{(4)Y}$:= $B^{\wedge Y}$ * $t_1^{\wedge\wedge}$

图 10-3　待用信息链

3. 待用信息、活跃信息的计算

计算基本块每条指令中每个变量的待用信息、活跃信息可以采用以下算法。

算法中，假定基本块内的所有临时变量均为基本块出口后的非活跃变量，所有非临时变量均为基本块出口后的活跃变量，符号表设有变量"待用信息"栏和"活跃信息"栏。

算法 10-1　待用信息、活跃信息计算算法

```
{
    符号表"待用信息"栏、"活跃信息"栏初始化；
    从基本块的出口由后向前依次对每条指令(i)A:=B op C做
    {
        符号表中A的待用信息和活跃信息附加到指令(i)上；
        符号表中A的待用信息置为"^"(非待用)，活跃信息置为"^"(非活跃)；
        符号表中B、C的待用信息和活跃信息附加到指令(i)上；
        符号表中B、C的待用信息置为"(i)"、活跃信息置为"Y"(活跃)。
    }
}
```

说明：

1）算法的基本思想是：从基本块的出口由后向前扫描，将变量的待用信息、活跃信息逐步附加在指令上（填入四元式表）。

2）符号表"待用信息"栏、"活跃信息"栏初始化：将符号表中基本块的所有变量的"待用信息"栏全部设置为"^"(非待用),"活跃信息"栏根据变量在出口处的活跃情况设置为"Y"(活跃)或"^"(非活跃)。这样设置实际上体现了处于基本块出口位置时各变量的"待用"和"活跃"状态。

3)在处理过程中必须先将符号表中的信息附加到指令上,然后再修改符号表中的信息,这种先后次序不能颠倒。

【例 10-3】对于例 10-1 的基本块

1)$t_1 := A + B$

2)$t_2 := t_1 * C$

3)$t_3 := B + t_1$

4)$t_4 := t_3 / D$

5)$W := t_2 - t_4$

待用信息、活跃信息的计算过程如表 10-7 所示(两种信息用(待用信息,活跃信息)形式表示,符号表的变化如表 10-8 所示)。

表 10-7　待用信息和活跃信息的计算过程

步骤	操作对象	操作	结果
1	符号表待用信息、活跃信息	非临时变量置 (^, Y) 临时变量置 (^, ^)	表 10-8 中的初值
2	5)$W := t_2 - t_4$	• 符号表中 W 的信息(初值)抄入四元式,并用 (^, ^) 替换符号表中 W 的信息(形成 W 的"替换 1"); • 符号表中 t_2、t_4 的信息(初值)抄入四元式,并用 (5,Y) 替换符号表中 t_2、t_4 的信息(形成 t_2、t_4 的"替换 1")	5)$W^{\wedge Y} := t_2^{\wedge \wedge} - t_4^{\wedge \wedge}$
3	4)$t_4 := t_3 / D$	• 符号表中 t_4 的信息(替换 1)抄入四元式,并用 (^,^) 替换符号表中 t_4 的信息(形成 t_4 的"替换 2"); • 符号表中 t_3、D 的信息(初值)抄入四元式,并用 (4, Y) 替换符号表中 t_3、D 的信息(形成 t_3、D 的"替换 1")	4)$t_4^{(5)Y} := t_3^{\wedge \wedge} / D^{\wedge Y}$
4	3)$t_3 := B + t_1$	• 符号表中 t_3 的信息(替换 1)抄入四元式,并用 (^,^) 替换符号表中 t_3 的信息(形成 t_3 的"替换 2"); • 符号表中 B、t_1 的信息(初值)抄入四元式,并用 (3, Y)替换符号表中 B、t_1 的信息(形成 B、t_1 的"替换 1")	3)$t_3^{(4)Y} := B^{\wedge Y} + t_1^{\wedge \wedge}$
5	2)$t_2 := t_1 * C$	• 符号表中 t_2 的信息(替换 1)抄入四元式,并用 (^,^) 替换符号表中 t_2 的信息(形成 t_2 的"替换 2"); • 将符号表中 t_1 的信息(替换 1)、C 的信息(初值)抄入四元式,并用 (2, Y)替换符号表中 t_1、C 的信息(形成 t_1 的"替换 2"、C 的"替换 1")	2)$t_2^{(5)Y} := t_1^{(3)Y} * C^{\wedge Y}$
6	1)$t_1 := A + B$	• 符号表中 t_1 的信息(替换 2)抄入四元式,并用 (^,^) 替换符号表中 t_1 的信息(形成 t_1 的"替换 3"); • 符号表中 A 的信息(初值)、B 的信息(替换 1)抄入四元式,并用 (1, Y)替换符号表中 A、B 的信息(形成 A 的"替换 1"、B 的"替换 2")。	1)$t_1^{(2)Y} := A^{\wedge Y} + B^{(3)Y}$

表 10-8　计算待用信息和活跃信息过程中符号表的变化

符号表	初值	替换 1	替换 2	替换 3	符号表	初值	替换 1	替换 2	替换 3
A	(^, Y)	(1, Y)			t_1	(^, ^)	(3, Y)	(2, Y)	(^, ^)

（续）

符号表	初值	替换1	替换2	替换3	符号表	初值	替换1	替换2	替换3
B	(^, Y)	(3, Y)	(1, Y)		t_2	(^, ^)	(5, Y)	(^, ^)	
C	(^, Y)	(2, Y)			t_3	(^, ^)	(4, Y)	(^, ^)	
D	(^, Y)	(4, Y)			t_4	(^, ^)	(5, Y)	(^, ^)	
W	(^, Y)	(^, ^)							

10.3.3　寄存器描述和变量地址描述

要将寄存器充分合理地分配给变量使用，就必须随时了解寄存器的分配状况和变量的存储状况，为此建立两个编译用的数组 RVALUE 和 AVALUE。

1. 寄存器描述数组 RVALUE

数组 RVALUE 的作用是动态记录每个寄存器的状态。

RVALUE 的每个数组元素对应一个寄存器，描述该寄存器的被占用情况，其值为一个集合，即具有该寄存器现行值的那些变量的集合，如

```
RVALUE[R_i]={A, C}
```

表示寄存器 R_i 的现行值为变量 A、C 的值。

这个数组的元素的值要随着寄存器状况的变化而不断变化，在任何时刻都必须始终跟寄存器保持一致。

2. 变量地址描述数组 AVALUE

数组 AVALUE 的作用是动态记录各变量现行值的存放位置。

AVALUE 的每个数组元素对应一个变量，描述该变量的最新值的存放位置，其值为一个集合，该集合的值为以下三种之一：

1）AVALUE[A]={A}　　　表示变量 A 的最新值仅存放在其内存单元中

2）AVALUE[A]={R_i}　　表示变量 A 的最新值仅存放在寄存器 R_i 中

3）AVALUE[A]={ R_i, A}　表示变量 A 的最新值同时存放在内存单元和寄存器 R_i 中

这个数组的元素的值也要随着变量值存储状况的变化而变化，在任何时刻都必须始终跟变量的存储情况保持一致。

10.3.4　基本块的代码生成算法

1. 基本块的代码生成算法

在介绍基本块的代码生成算法时，假设基本块中的每条指令都形如 (i)A:=B op C（如有其他形式的指令，也不难依照以下算法写出对应的算法）。

算法 10-2　基本块的代码生成算法

{

从基本块的入口开始，从前向后对每条指令 (i)A:=B op C 依次做

```
        {
             GETREG((i)A:=B op C);                        /* 得到一个寄存器 R*/
             确定 B、C 的现行值存放位置 B′、C′ ;
        if  ( B′ ≠ R)                                    /* 生成目标代码指令 */
             {
                   生成以下两条目标代码指令:
                       LD  R, B′
                       op  R, C′
             }
        else {
                   生成目标代码指令 op  R, C′ ;
                   if  (B 不是 A)  删除 AVALUE[B] 中的 R ;  /* 修改 R 的状况描述 */
             }
        if  (AVALUE[A] ≠ {R})              /* 修改 A 的地址描述和 R 的状况描述 */
             {
                   AVALUE[A] ={R};
                   RVALUE[R] ={A};
             }
        if  (B 的信息为 (^, ^) && 占用某寄存器 Rⱼ)        /* 释放 B 所占寄存器 */
                   RVALUE[Rⱼ]= RVALUE[Rⱼ]-{B};
        if  (C 的信息为 (^, ^) && 占用某寄存器 Rₖ)        /* 释放 C 所占寄存器 */
                   RVALUE[Rₖ]= RVALUE[Rₖ]-{C};
        }
  }
```

说明：

1）GETREG((i)A:=B op C) 的功能是找到一个合适的寄存器 R，它将作为存放 A 的现行值的寄存器（即该指令的计算结果将存于 R）。该过程的算法将在后面给出（算法 10-3）。

2）B、C 的现行值存放位置 B′、C′ 的确定方法是：查变量地址描述数组的元素 AVALUE[B]、AVALUE[C]，若它们的现行值既在内存中又在某寄存器中，则将寄存器取作 B′、C′，这样也就实现了"后续目标代码尽可能引用变量在寄存器中的值"这一寄存器使用原则。

3）在生成了目标代码指令后，对有所改变的 AVALUE、RVALUE 元素要进行及时的修改，以保持存储状况与描述的一致性。

4）最后，若 B 或 C 的现行值在基本块中不会再被引用，也不是基本块出口之后的活跃变量（这些都可以从该指令 (i) 上的附加信息知道），并且其现行值在某寄存器 R_k 中，则要删除 RVALUE[R_k] 中的 B 或 C，表示 R_k 不再为 B 或 C 所占用，这样也就实现了"对于一个在基本块的后边不再被引用的变量，其占用的寄存器应及早释放"这一寄存器使用原则。

需要提醒的是，当按算法 10-2 生成了一个基本块的所有指令的目标代码后，还应做一件事情——若存在基本块出口后的活跃变量，其现行值又**仅在**某寄存器中（相应内存单元中没有），则还要生成相关的 ST 指令，将其在寄存器中的现行值存放到它的内存单元中，以便腾出寄存器供生成其他基本块的目标代码使用，这样就使得在生成一个新的基本块的目标代码时所有的寄存器都是可用的。

2. 寄存器分配算法

上面提到了过程 GETREG((i)A:=B op C)，这是一个寄存器分配程序，其功能是找到一个合适的寄存器 R，将它作为存放 A 的现行值的寄存器，具体算法描述如下。

算法 10-3　寄存器分配算法 GETREG((i)A:=B op C)

```
{
    if  (B 的现行值在某 Rᵢ 中 && RVALUE[Rᵢ] 只包含 B)      /* 第一种情况 */
        if  (B 与 A 是同一标识符 || B 的信息为 (^,^))
            {
                选 Rᵢ 为 R;
                return;
            }
    if  (有尚未分配的寄存器)                              /* 第二种情况 */
        {
            从中选一个 Rᵢ 为所需的寄存器 R;
            return;
        }
    从已分配的寄存器中选一个 Rᵢ 为所需的寄存器 R;          /* 第三种情况 */
    对 RVALUE[Rᵢ] 中的每一变量 M 做
        {
            if  (M 不是 A && AVALUE[M] 不包含 M)    /*M 的最新值不在内存中 */
            生成目标代码    ST  Rᵢ,M ;
            if  (M 不是 B)
                AVALUE[M]={M};
                else  AVALUE[M]={M, Rᵢ};
            RVALUE[Rᵢ]= RVALUE[Rᵢ]-{M};              /* 删除 RVALUE[Rᵢ] 中的 M*/
        }
    return;
}
```

说明：

1）算法中对寄存器的选择分三种情况进行：一是 B 已占用了寄存器而且可以拿来使用；二是从空闲的寄存器中直接选一个；三是所有的寄存器都已被占用时腾一个出来。

2）当从已分配的寄存器中腾出一个寄存器 R_i 时，选择的原则是：占用 R_i 的变量的值同时也在内存中，或者基本块中的下一个引用位置最远（引用位置可从待用信息得知）。在选择了这样的 R_i 后，还必须对 R_i 的状况（RVALUE[R_i]）及其原来所含变量的存储情况（AVALUE）进行修改。

【例 10-4】 设可用寄存器有 R_0、R_1，基本块如下：

1) $t_1^{(2)Y}$:= $A^{\wedge Y}$ + $B^{(3)\,Y}$
2) $t_2^{(5)Y}$:= $t_1^{(3)Y}$ * $C^{\wedge Y}$
3) $t_3^{(4)Y}$:= $B^{\wedge Y}$ + $t_1^{\wedge\wedge}$
4) $t_4^{(5)Y}$:= $t_3^{\wedge\wedge}$ / $D^{\wedge Y}$
5) $W^{\wedge Y}$:= $t_2^{\wedge\wedge}$ - $t_4^{\wedge\wedge}$

在计算出各指令的每个变量的待用信息和活跃信息后，利用上述算法生成目标代码的过程如表 10-9 所示。

表 10-9　目标代码生成过程

指令	GETREG 返回寄存器	操作数 存储位置	生成代码	RVALUE R_0	RVALUE R_1	AVALUE
1) $t_1^{(2)\gamma}:=A^{\wedge\gamma}+B^{(3)\gamma}$	R_0	A、B 均在内存中	LD　R_0，A ADD　R_0，B	t_1	空	AVALUE$[t_1]=\{R_0\}$
2) $t_2^{(5)\gamma}:=t_1^{(3)\gamma}\ast C^{\wedge\gamma}$	R_1	t_1 在 R_0 中，C 在内存中	LD　R_1，R_0 MUL　R_1，C	t_1	t_2	AVALUE$[t_1]=\{R_0\}$ AVALUE$[t_2]=\{R_1\}$
3) $t_3^{(4)\gamma}:=B^{\wedge\gamma} + t_1^{\wedge\wedge}$	R_1	B 在内存中，t_1 在 R_0 中	ST　R_1，t_2 LD　R_1，B ADD　R_1，R_0	空（t_1 被删除）	t_3	AVALUE$[t_2]=\{t_2\}$ AVALUE$[t_3]=\{R_1\}$
4) $t_4^{(5)\gamma}:=t_3^{\wedge\wedge} / D^{\wedge\gamma}$	R_1	t_3 在 R_1 中，D 在内存中	DIV　R_1，D	空	t_4	AVALUE$[t_2]=\{t_2\}$ AVALUE$[t_4]=\{R_1\}$
5) $W^{\wedge\gamma}:=t_2^{\wedge\wedge} - t_4^{\wedge\wedge}$	R_0	t_2 在内存中，t_4 在 R_1 中	LD　R_0，t_2 SUB　R_0，R_1	W	空（t_4 被删除）	AVALUE$[W]=\{R_0\}$
			ST　R_0，W			

在本例中，基本块出口后的活跃变量有 A、B、C、D、W，其中只有 W 在块中重新赋值了，且其最新值仅在寄存器 R_0 中，所以在生成了所有指令的目标代码后，还要生成将 W 送入内存的指令 "ST　R_0，W"。

10.4　DAG 的目标代码生成

由第 9 章介绍的基本块中间代码的 DAG 优化可知，通过 DAG 重写中间代码可以得到较优的中间代码序列。本章又介绍了基本块的目标代码生成算法，从而完成了对基本块的处理。但是，还有一个问题是值得思考的，那就是根据 DAG 重写中间代码的顺序问题，即按什么顺序重写中间代码序列，不同的重写顺序对生成的目标代码有无影响？

【例 10-5】基本块的 DAG 如图 10-4 所示。

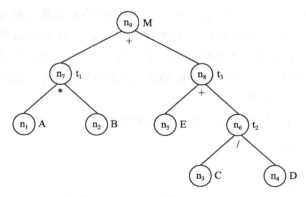

图 10-4　一个基本块的 DAG

根据该 DAG，可以重写出以下两种顺序的中间代码序列：

（1）$t_1:=A*B$
　　　$t_2:=C/D$

（2）$t_2:=C/D$
　　　$t_3:=E+t_2$

$t_3:=E+t2$	$t_1:=A*B$
$M:=t_1+t_3$	$M:=t_1+t_3$

按基本块代码生成算法生成的目标代码分别如下：

（1）
```
LD   R0, A
MUL  R0, B
LD   R1, C
DIV  R1, D
ST   R0, t1
LD   R0, E
ADD  R0, R1
LD   R1, t1
ADD  R1, R0
ST   R1, M
```

（2）
```
LD   R0, C
DIV  R0, D
LD   R1, E
ADD  R1, R0
LD   R0, A
MUL  R0, B
ADD  R0, R1
ST   R0, M
```

显然，（2）比（1）少了两条代码：

```
ST   R0, t1
LD   R1, t1
```

造成这一现象的原因是：（2）中的 M 是紧接着其左运算对象（第一操作数）t_1 的计算后计算的，这样就有效地利用了 t_1 在寄存器中的值，从而避免了（1）中"先算出 t_1→将其送入内存以腾出寄存器 R_0 供计算其他变量→计算 M 时再将 t_1 从内存读出"的过程。

由此可见，根据 DAG 重写中间代码，其重写顺序将直接影响目标代码的质量。那么，究竟该如何确定中间代码的重写顺序呢？

分析以上例子，该 DAG 计算的表达式是：

```
M:=A*B+(E+C/D)
```

顺序（1）的中间代码序列是将该表达式从左算到右，而顺序（2）的中间代码序列则是将该表达式从右算到左，这样就使得对每一个变量的计算总是紧接在其左运算对象的计算之后，体现在 DAG 重写中间代码的过程中，就是要求对 DAG 中的结点计算顺序进行适当的排序，之后才能实现这种运算顺序。关于具体的排序算法本书不进行介绍，读者若有兴趣可参阅相关书籍。

10.5　练习

1. 一个编译程序的代码生成需考虑哪些问题？

2. 计算以下基本块的活跃信息、待用信息，并生成其目标代码，同时列出代码生成过程中的寄存器描述和变量地址描述（假设可用寄存器为 R_0 和 R_1，T_i 均为临时变量）。

$T_1:=E/F$

```
T₂:=D + T₁
T₃:= T₂ + G
T₄:=C * T₃
T₅:=T₁* T₂
T₆:=T₃ + T₄
A:= T₅ + T₆
```

其中，假设所有 T_i 在基本块出口后都不活跃，R0、R1 是可用寄存器。

3. 假设允许使用 R_0 和 R_1 两个寄存器，试把下面的表达式翻译为目标代码：

$(A*(B-C))*(D+E*F)-(E*F+(B-C)/D)$

4. 计算以下基本块的活跃信息、待用信息，生成本章模型计算机的汇编语言指令，并给出代码生成过程中的寄存器描述和变量地址描述（假设可用寄存器有 R_0 和 R_1，基本块中的 t_i 均为临时变量，基本块出口后不活跃）：

（1）$t_1 := X / B$

（2）$t_2 := A + X$

（3）$t_3 := Y * Z$

（4）$D := t_1 - Z$

（5）$B := t_2 - t_3$

5. 画出上题基本块的 DAG 图，写出由该 DAG 生成的另一顺序的指令序列，并给出该指令序列的目标代码，比较与上题生成的目标代码的不同之处。

6. 对以下基本块，：

```
T₀:=3
T₁:=3/T₀
T₂:= F + C
T₃:=F-C
T₄:=T₁/T₂
R:=T₃*C
H:=R
T₅:=F-C
T₆:= T₅* R
H:=T₄*T₆
```

（1）应用 DAG 进行优化，并写出优化后的四元式序列。

（2）假设只有 R、H 在基本块出口后是活跃的，写出优化后的四元式序列。

（3）假定只有两个寄存器有 R_0 和 R_1，试写出（2）中优化后的四元式序列的目标代码。

参考文献

[1] Alfred V Aho, Monica S Lam, Ravi Sethi, et al. 编译原理 [M]. 赵建华，等译. 北京：机械工业出版社，2008.

[2] Andrew W Appel, Maia Ginsburg. 现代编译原理：C 语言描述 [M]. 赵克佳，等译. 北京：人民邮电出版社，2018.

[3] 陈火旺，等. 程序设计语言编译原理 [M]. 3 版. 北京：国防工业出版社，2004.

[4] 王生原，等. 编译原理 [M]. 3 版. 北京：清华大学出版社，2017.

[5] Peter Linz. 形式语言与自动机导论 [M]. 孙家骕，等译. 北京：机械工业出版社，2005.

[6] 蒋宗礼. 形式语言与自动机理论 [M]. 3 版. 北京：清华大学出版社，2013.

[7] 肖军模. 程序设计语言编译方法 [M]. 大连：大连理工大学出版社，2001.

[8] 张幸儿. 编译原理——编译程序构造与实践 [M]. 北京：机械工业出版社，2008.

[9] 云挺，等. 编译原理及编译程序构造 [M]. 3 版. 南京：东南大学出版社，2019.

[10] 陈意云. 编译原理和技术 [M]. 合肥：中国科学技术大学出版社，2005.

[11] 贺汛. 编译方法学习指导与实践 [M]. 北京：机械工业出版社，2004.

[12] 吴哲辉，等. 形式语言与自动机理论 [M]. 北京：机械工业出版社，2007.

[13] 陈英，等. 编译原理 [M]. 北京：清华大学出版社，2009.

[14] 伍春香. 编译原理——习题与解析 [M]. 2 版. 北京：清华大学出版社，2006.

[15] 胡元义，等. 编译原理课程辅导与习题解析 [M]. 北京：人民邮电出版社，2002.

推 荐 阅 读

2020年图灵奖揭晓!
经典著作"龙书"两位作者Aho和Ullman共获大奖

编译原理（第2版）

作者：Alfred V. Aho Monica S.Lam Ravi Sethi Jeffrey D. Ullman 译者：赵建华 郑滔 戴新宇
ISBN：7-111-25121-7 定价：89.00元

编译原理（第2版 本科教学版）

作者：Alfred V. Aho Monica S. Lam Ravi Sethi Jeffrey D. Ullman 译者：赵建华 郑滔 戴新宇
ISBN：7-111-26929-8 定价：55.00元

　　编译领域无可替代的经典著作，被广大计算机专业人士誉为"龙书"。本书已被世界各地的著名高等院校和研究机构（包括美国哥伦比亚大学、斯坦福大学、哈佛大学、普林斯顿大学、贝尔实验室）作为本科生和研究生的编译原理课程的教材。该书对我国高等计算机教育领域也产生了重大影响。
　　本书全面介绍了编译器的设计，并强调编译技术在软件设计和开发中的广泛应用。每章中都包含大量的习题和丰富的参考文献。

推荐阅读

数据结构：抽象建模、实现与应用

作者：孙涵 黄元元 高航 秦小麟 编著
ISBN：978-7-111-64820-8
定价：49.00元

本书以系统能力培养为宗旨，基于C语言，介绍了数据结构相关知识。本书各章均以实例引入，使学生理解不同数据结构应用于哪些场景。针对每种数据结构，均以理解和实现物理世界里各种联系在信息世界中的逻辑表示和在计算机中实现数据结构的存储和操作两条主线进行讲授。并配有大量的实践练习和教学资源，适合作为高校数据结构课程的教材。

算法设计与分析（第2版）

作者：黄宇 编著
ISBN：978-7-111-65723-1
定价：59.00元

本书系统地介绍了算法设计与分析的理论、方法和技术。内容围绕两条主线来组织。一条主线是介绍典范性的算法问题，如排序、选择、图遍历等。另一条主线是介绍典范性的算法设计分析策略，如分治、贪心、动态规划等算法设计策略和对手分析、平摊分析等算法分析策略。本书中两条主线交替进行，每条主线又各自分为基本和进阶两部分。

Linux系统应用与开发教程（第4版）

作者：刘海燕 荆涛 主编 王子强 武卉明 杨健康 周睿 编著
ISBN：978-7-111-65536-7
定价：69.00元

本书以Fedora 30为蓝本，全面系统地介绍了Linux系统的使用、管理与开发。全书共分为三部分：第一部分介绍Linux的基本知识，使读者快速认识Linux，熟悉Linux操作环境，掌握Linux的基本操作；第二部分介绍软硬件管理、网络管理、网络服务的配置、安全管理、系统定制以及如何对系统进行管理与监视；第三部分介绍Linux下常用的软件开发工具和开发环境，帮助读者迅速了解Linux平台上软件开发的方法和步骤。

软件需求工程

作者：梁正平 毋国庆 袁梦霆 李勇华 编著
ISBN：978-7-111-66947-0
定价：59.00元

本书全面和系统地介绍了软件需求工程的基本概念和原理，以及开发和管理软件需求的方法和技术。此外，本书也介绍了软件需求工程中的一些新方法和技术，并结合了许多典型实例。本书可作为本科生高年级和研究生的教材，也可供从事软件开发工作和研究的专业人员参考和自学。

智能化软件质量保证的概念与方法

作者：聂长海 编著
ISBN：978-7-111-65807-8
定价：59.00元

本教材系统介绍软件质量保证的相关概念、理论和方法，特别是关于软件的一些新概念、新特性、新技术、新平台和新的应用场景对软件质量和软件质量保证提出的一些新要求或提供的一些新手段。

推荐阅读

智能计算系统

作者：陈云霁 李玲 李威 郭崎 杜子东 编著　ISBN：978-7-111-64623-5　定价：79.00元

现代操作系统：原理与实现

作者：陈海波 夏虞斌 等著　ISBN：978-7-111-66607-3　定价：79.00元